"古榆春秋"榆树（第五届世界花卉博览会金奖）
胡乐国作品

REACHING UP TO THE SKY

A COMPLETE COLLECTION OF
MASTER HU LEGUO:

THE PERSON, HIS ART WORKS
AND HIS THEORY

HU XIANGRONG, HU XIANGYANG

向天涯

中国盆景艺术大师

艺术 全集

胡向荣 胡向阳 编著

ZHEJIANG UNIVERSITY PRESS
浙江大学出版社

我的一生，只做一件事，那就是制作盆景。

—— 胡乐国

中国盆景艺术大师

胡乐国

Hu Leguo

Master of the Chinese Penjing Art

（1933—2018）

胡乐国（1933—2018）

中国盆景艺术大师
国际盆栽赏石协会 B.C.I. 认证大师
盆景艺术终生成就奖获得者

胡乐国出生于浙江省温州市，祖籍浙江永嘉。

1959 年进入温州园林管理处工作。1965 年开始主理温州市园林管理处位于妙果寺的盆景园。1979 年参与温州园林系统开办的温州园林技校的教学工作，并基于自己 20 年的工作经验，着手盆景课程教学材料的编写，为温州市园林和盆景事业输送人才。

1979 年代表温州园林界参加在北京北海公园举办的首届全国盆景艺术展，作品获得业界好评，多个作品被收录在纪录片《盆中画影》和首本记录盆景展的图书《盆景艺术展览》中，同时有两个作品入选中国邮政第一套以盆景为主题的特种邮票。

之后从 1979 年到 1999 年的 20 年间，胡乐国代表中国、浙江、温州在众多国际大展、全国各主要盆景展、省市盆景展上得到无数奖项。他的作品被业界认为是中国特色盆景的典范，许多作品成为经典，对后来的盆景创作走向自然、走向注重意境产生了深远的影响。

于此同时，胡乐国还著书立说，文章著作涉及艺术引领、技术交流、风格探讨、后人鼓励、地方支持等。他在国内外发表了近百篇文章，出版了七部学术专著，用自己的影响力向世界介绍中国盆景，以自己的实践认知提出在继承传统的前提下破旧立新，部分文章在业界引起长时间的讨论，起到了抛砖引玉的效果。

胡乐国在长达半个世纪的盆景艺术工作中，始终坚持艺术和技术教育，长年奔波在全国各地的培训班、学术讲座课堂、各种活动表演现场，身体力行地为中国盆景事业的进步作出实际的贡献。

进入21世纪以后，胡乐国用具体行动体现国家级大师的担当。他不顾年迈，频繁访问全国各地的盆景地方组织，为各盆景展做评委，为盆景活动做现场示范表演，热情鼓励各地的盆景事业发展，诚恳指出问题。同时还积极参加世界各重大盆景会议和盆景展，加强中国和世界的交流。

2018年8月11日胡乐国大师因病去世。他病危期间，时任中国风景园林学会花卉盆景分会副理事长李克文先生，中国盆景艺术大师赵庆泉先生，时任《中国花卉盆景》杂志总编刘芳林女士，浙江省风景园林学会盆景艺术分会会长唐宇力先生等都前往温州探望。大师去世后，全国各媒体进行了专题报道，以悼念这位中国当代盆景艺术的先行者。

Mr. Hu Leguo (1933-2018)

Master of the Chinese Bonsai Art
A BCI (Bonsai Clubs International)-Conferred Master of Bonsai & Stone Appreciation
A Receiver of China's Lifetime Achievement Award in Bonsai Art

Mr. Hu was born in Wenzhou, Zhejiang Province. His ancestral home was in Yongjia County, Zhejiang Province.

Mr. Hu was initially employed by the Wenzhou National Landscape Management Division in 1959. By 1965, he was in charge of the Division's bonsai garden located in the Miaoguosi Temple in Wenzhou. He started to give lectures on bonsai art at the Wenzhou Technical Institute of Horticulture in 1979. The course materials he compiled drew heavily on his experience of twenty years. His teaching at the Institute significantly contributed to the nurturing of gardening and bonsai personnel in Wenzhou.

Representing Wenzhou, Mr. Hu participated in the First National Bonsai Art Exhibition held at the Beihai Park in Beijing in 1979. His displays were well received and consequently recorded in both the documentary *Painting Images in Pots* and the book *Bonsai Art Exhibition*, the first of its kind to promote the artform and the exhibition. Particularly, two pieces of his artwork were selected as part of China's first set of postage stamps featuring bonsai in the same year.

For twenty years between 1979 and 1999, Mr. Hu won numerous prizes and awards at local, provincial, national, and international major bonsai exhibitions. His colleagues and fellow artists regarded his works as models of the bonsai art that bare profound Chinese characteristics. Many of his works became classics in the profession, leaving far-reaching impacts on later bonsai creations that would embrace artistic conceptions while being naturalistic.

Mr. Hu was a relentless writer of his profession. His publications advocated artistic guidance, promoted learning and exchanges of techniques, explored artistic styles, encouraged younger generations in the profession, and enlisted local supports for the bonsai art. He published nearly 100 articles for national and international journals and magazines, and authored 7 monographs. Taking advantage of his personal and professional contacts throughout the globe, he actively introduced the Chinese bonsai art to the world. Instead of a mere preserver of the traditional artform, Mr. Hu advocated that bonsai artists and technicians first learn the rich tradition of Chinese bonsai, and then strive to create new conceptions by breaking the old rules. Some of his articles inspired extended discussions and debates among people in the profession, and lead to innovative theories and practices.

During his career that spanned half a century, Mr. Hu also dedicated his time to bonsai art education and training. He traveled all over the country, giving speeches and lectures, delivering workshops, and attending exhibitions and presentations. By way of these fundamental work, he spared no effort to advance the Chinese bonsai art.

Since the turn of the century, Master Hu took on the mission of inspiring creative minds and furthering the spread of the artform both in China and abroad. Despite his old age, he frequently visited bonsai organizations, served on review committees, offered onsite demonstrations, encouraged the growth of local bonsai enterprises, and gave candid comments and suggestions. He helped to strengthen the exchanges between the Chinese and world bonsai communities by traveling to major bonsai conferences and exhibitions outside of China.

Master Hu passed away on August 11, 2018. While he was critically ill, many friends and fellow bonsai artists came to visit him in Wenzhou and paid their respects to him. Among them were Mr. Li Kewen, then vice president, Flower & Penjing Branch of the Chinese Society of Landscape Architecture, Mr. Zhao Qingquan, a master of the Chinese bonsai art, Ms. Liu Fanglin, then editor-in-chief, the China Flower & Penjing Magazine, and Mr. Tang Yuli, president, Bonsai Art Branch of the Zhejiang Society of Landscape Architecture. Upon his death, various media including network media in the country ran special programs in memory of the pioneer of the Chinese bonsai art.

赵庆泉大师和胡乐国大师 2008 年的合影

中国盆景艺术大师——胡乐国

赵庆泉

当今盆景人，大抵可分为三类：一类为职业者，专业从事盆景制作与管理；一类为经营者，以创造经济效益为主；还有一类为爱好者，主要因热爱盆景艺术所致。

胡乐国老师则既是职业者，也是爱好者，更是那种为数鲜少的以盆景为"生命的重要组成部分"的人。

我与胡乐国老师相识、相交、相知40年，耳闻目睹了他的盆景人生中最重要的阶段。

1979年秋，国家城建总局园林绿化局在北京北海公园举办首届全国盆景艺术展览，我和胡老师分别在江苏馆和浙江馆工作。我们很快就熟悉了，有空就在一起聊盆景。胡老师长我十几岁，声调不高，态度平和，但思维敏捷，见解独到。我们越聊越投机。为期一个半月的展览结束后，我们各奔东西，但从此建立了联系。

1983年10月，胡老师来扬州参加全国盆景老艺人座谈会，并和其他与会嘉宾一起参观了我当时工作的扬州红园盆景园。这是自北京分别后的首次重逢，大家都很高兴。此后，随着国内盆景组织的建立以及盆景活动的增多，我们见面的机会越来越多，并经常有工作上的联系。我们一起为盆景培训班授课，一起担任盆景展评委，一起参加各种盆景相关活动，一起出国交流。差不多每年都有很多时间聚在一起，相互的了解也越来越深。当然我们在一起时聊得最多的始终是盆景。

胡乐国老师自1959年进入温州市园林管理处工作，就与盆景结下了不解之缘。他先后在两个盆景园工作了30多年，即使是"文革"期间，也依然坚守着盆景，心无旁骛。在恩师项雁书先生的指导和影响下，他多年潜心自学各种与盆景相关的知识，并去上海、苏州、广州等地拜访殷子敏、周瘦鹃、朱子安、孔泰初、陆学明等中国盆景界前辈名师，博采众家之长。同时还遍游祖国的名山大川，深入观察自然，从千变万化的自然景观中激发出强烈的创新意识，逐渐悟出盆景艺术的真谛。1994 年从温州盆景园退休后，他又在自己居住的楼顶上建起了盆景园，继续潜心于盆景艺术的创作和研究。

我们知道，艺术品可以分为原创作品和复制品。通常把那些最初的、独创的、新颖的形式和风格称为原创，在此基础上的模仿、重复和推广都只是复制。原创侧重于艺术创造，而复制侧重于技术流程。无论是复制别人还是复制自己，都不是原创。胡乐国老师深谙这个道理，一直以原创为追求。

1979 年，北京举办全国盆景艺术展时，中国盆景刚刚从十年浩劫中走出来，尚未恢复元气。参展的作品很多是劫后余生，缺乏新意。但胡老师的作品却不落俗套，透出一股清新自然之气，在展览会上令人侧目。其中《饱经风霜》（圆柏）、《生死恋》（翠柏）这两件作品后来被邮电部选作特种邮票图案出版发行。这些作品即使放在今天，也仍然不失为佳作。

胡老师早年的《向天涯》（五针松）、《傲骨凌云》（五针松）、《天地正气》（圆柏）等作品，枝干舒展，雄秀兼备，已众所周知。而晚年的创作风格更趋向于自然洒脱，从容淡定，不拘一格。无论是《好汉歌》（黄山松）、《一览众山小》（黑松）、《不了情》（黄山松），还是《踏歌行》（黄山松）、《明月松间照》（五针松）等，所用素材都颇为平庸，但一经他手，常常能化腐朽为神奇，让人大有嬉笑怒骂皆成文章之感。

胡老师的作品，很多以原创为主，让人耳目一新，充分体现了自然、画意和创新的理念，洋溢着浓浓的书卷气和鲜明的民族特色，对浙江盆景，乃至中国盆景，都产生了重要的影响。而这些佳作的产生，首先来自他的创作理念。

在数十年的盆景生涯中，胡老师不仅注重艺术实践，同时也勤于思考，写出了很多有创见的文章。这些文章的篇幅并不长，但观点鲜明，内涵丰富，绝不泛泛而谈，发表以后常常在盆景界引起很大反响。

我在与胡老师多年的交往和交流中，很清楚他的盆景理念的形成，都非出于一时，而是经过了深入的思考和长期的探讨。

2005 年，胡老师发表过一篇《盆景是文化》，后来又进一步写了《人才是树，文化是根》，阐明文化在盆景中极其重要的位置，提出"无论我们如何追求造型的老道、技法的创新，文化才是衡量一件作品优劣的终极标尺，才是衡量一个盆景人高下的黄金律条。对于作品来说，文化是魂；对于人才来说，文化是根。"胡老师的所有盆景创作，都是按照这个定位来进行的。

胡老师通过对大量古籍和古画的研究，发现古人的松树盆景作品更带有原生态的自然美和更浓的书卷气，值得我们现代盆景人来学习。他还从古画中总结出了"高干垂枝"这一松树盆景造型。他从对大自然的观察中发现，凡自然界松树枝条的伸展，均有普遍规律，年轻的松树枝条呈上伸式，随着树龄增高，枝条逐渐变为下垂式。从而验证了"高干垂枝"是自然界松树的常态，符合松树生长的自然规律。

"高干垂枝"植根于中国的传统文化，具有飘逸、舒展、潇洒和自然等风格特点，相对于日本松树盆景的矮壮型造型，它更具有民族特色。胡老师也以他本人的一批优秀作品，对"高干垂枝"的理念做了最好的诠释。"高干垂枝"的理念一经胡老师倡导，立刻得到了很多盆景人的赞同。对此，我以前曾在文章中加以推崇，认为这是"最中国化的，最能体现中国松树盆景的风格特点"。

盆景起源于中国，是博大精深的中华文化所致。今天的盆景，正是建立在前人留下的传统基础之上，继承传统无疑非常重要。但是，要继承传统首先就得弄清楚什么是传统的主流。胡老师对盆景传统有着深刻的认识。他通过对许多古代诗文及绘画中有关盆景的资料研究证实，传统盆景的主流并非规则式造型，而是富有诗情画意的自然式。正如明代屠隆《考槃余事》一书记述："最古雅者如天目之松，高可盈尺，本大如臂，针毛短簇，结为马远之'欹斜诘曲'、郭熙之'露顶攫拿'、刘松年之'偃亚层叠'、盛子昭之'拖拽轩翥'等状，栽以佳器，槎牙可观……至于蟠结，柯干苍老，束缚尽解，不露做手，多有态若天生。"可见古代盆景就强调"虽由人作，宛自天成"。此外，从大量中国古代的绘画中，也可以直观地看到传统盆景具有诗情画意的自然式造型。

胡老师在文章中明确指出，"中国盆景艺术的传统所表现的主体特征应为：崇尚自然和借景抒情"，"在盆景制作中凡出现不符合自然的，而又形成一定规则的做法，都该被认为是规则式"。规则式"受凝固的模式约束，受不可变通的规则的限制，它没有任何变化的可能"，"有关盆景造型的艺术表现的手法和盆景艺术最高的追求境界——诗情画意、意境等在规则式盆景中找不到缘分来"。

胡老师的结论是，"自然式盆景是中国盆景艺术的正统，是中国盆景艺术的传统"，"今天我们的盆景艺术创作正是继承了自然式这一优良传统，才能使中国盆景艺术发展走向繁荣昌盛。也正是有自然式这一优良传统，才能使中国盆景走向全世界"。今天，重读胡老师当年发表在《花木盆景》杂志上的《谈"传统"》《再谈"传统"》等文章，依然获益良多。胡老师的这些盆景理念，值得盆景人反复思考。

　　盆景人如果只囿于盆景之内，达到一定程度，就很难再有进步，更难有所突破。胡老师之所以能在盆景艺术的领域中取得如此成就，与他的综合素养是分不开的。胡老师对书法、音乐、美术、园林等很多艺术门类都有着浓厚的兴趣，虽然未从事这些专业，但所有这些兴趣爱好都极大地提升了他的综合素养，最终成就了他的盆景艺术。

　　胡老师对推动盆景事业发展也作出了重要贡献。他第一个倡议成立中国盆景艺术家协会。1988 年，中国盆景艺术家协会成立后，胡老师曾担任过几届副会长。他多次参加全国性盆景展的评比，参加过中国盆景艺术大师的评选，还无数次为盆景培训班授课。数十年来，在国内各种重要的盆景活动中，几乎都能见到他的身影。他还多次出国参展、参会、考察、交流。

　　2013 年，扬州国际盆景大会邀请了 10 位国际盆景大师做示范表演，胡老师就是其中之一。他的精彩表演得到与会中外嘉宾的一致好评，其示范表演的作品今天还保存在扬州瘦西湖风景区"2013 国际盆景大会纪念岛"上。作品的上方是胡老师的石刻头像和他的语录"盆景，我生命的重要组成部分"。

　　为了让盆景艺术薪火相传，胡老师在培养人才方面不遗余力。2016 年，他发表的《人才是树，文化是根》一文中吐露心声："我做了一辈子盆景，活到这个年纪，最希望看到的就是盆景界人才济济，后继有人。岁末年头，这个心愿更是凸显出来，挥之不去。"多年以来，他将自己的盆景技艺和理念，毫无保留地传授给年青一代的盆景人，并要求他们重视文化课的学习，提升文化修养，藉以提高自己盆景创作的艺术水平。在胡老师的学生中，涌现出许多出类拔萃的优秀人才，不少已成为各地盆景界的中坚力量。

胡老师的性格外柔内刚，从艺60年中，和很多人一样，并非一帆风顺，也曾遭遇过一些世事的纷扰。但他是那种将盆景看作生命重要组成部分的人，任何干扰也改变不了他对盆景艺术的矢志追求。在耄耋之年，"仍为之忙碌着，不曾谢幕"。他不辞劳苦地参加各种盆景活动，不遗余力地指导年轻人，甚至在生病以后，依然心系盆景，直至离开我们。可以毫不夸张地说，胡老师的一生，都献给了盆景艺术。

2018年7月，我在国外旅行的时候，获悉胡老师病情急转直下，回天乏术。回国后休息了一天即赶往温州。在胡老师弟子王海平先生和陈文君女士陪同下，去胡老师家中与他见了一面。

幸运的是，那天胡老师特别清醒，见面后一直望着我微笑，几次想说话，但已发不出声。看到眼前胡老师瘦弱的身躯、慈祥的脸庞，回想他曾经的意气风发，我不禁悲从中来……那是我与胡老师的最后一面，时间虽短，却已深深铭刻在心。

8月11日早晨，噩耗传来，一向被大家称为"不老松"的胡老师，这位可亲可敬的长者与世长辞了。

在胡老师离开我们渐行渐远的今天，回眸总结，我更清晰地看到了他的成就与贡献。这是一位在现代中国盆景发展史上具有里程碑意义的大师。他为盆景艺术留下了丰厚文化遗产，他的业绩将永载中国盆景史册。

中国盆景艺术大师　赵庆泉
2020 年 10 月

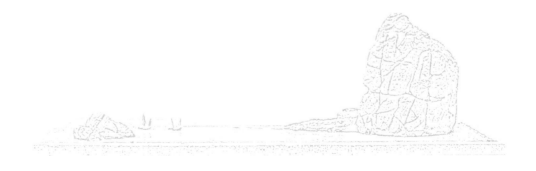

序 一　　　　Foreword I

胡运骅主席和胡乐国大师 1999 年在福建漳州海峡两岸花卉博览会上的合影
自左到右：谢继书、赵庆泉、胡乐国、胡运骅、苏义吉夫妇

序

胡运骅

　　2019年8月10日，胡乐国大师逝世周年之际，台风突袭温州，狂风大作，暴雨倾盆。飞往温州的航班全部停航了，但众多盆景界的著名人士却仍冒着风雨从四面八方赶来参加胡乐国盆景艺术研讨会。日本盆景大师小林国雄先生也先飞抵其他城市再绕道打车前往。

　　会上，与会者对胡乐国大师崇敬、仰慕之情溢于言表，异口同声地颂扬胡大师为盆景事业所作出的重大贡献！

　　众所周知，盆景起源于中国唐代，迄今已有1300多年的历史。但长期以来引领世界盆景潮流的是日本而非中国。世界各国都以日本盆栽为蓝本竞相仿效，连盆景的英文译名也是Bonsai，这始终是中国盆景人的一个心病。经几十年的急起直追，中国盆景突飞猛进。而今，许多方面已赶上甚至超过日本。

　　胡乐国大师始终站在盆景创作实践、创新发展、理论研究、对外交流、人才培育等方面的最前列。中国盆景能迅猛发展，胡乐国大师功不可没！

　　新中国成立之初，常见的盆景以苏州的"六台三托一顶"，扬州的"云片"，南通的"两弯半"，四川的"对拐""方拐""三弯九倒拐"等规则式的居多。因此，都误以为这是中国盆景的传统形式。其实不然，至20世纪80年代初，那些不受任何程式所限的浙江、岭南、上海等地盆景风格争相呈现，其中胡乐国大师参与创立的浙江风格盆景巍然挺立，气宇轩昂，高古脱尘，格调高雅，让人耳目一新，使中国盆景又进入以自然式为主的崭新历史阶段。

　　胡乐国大师早在1959年就开始在专业的盆景园从事盆景的创作和养护管理工作。早年他曾当过音乐老师，受过文化艺术的熏陶，具有深厚的文化艺术功底，故他创作的盆景作品耐人寻味，富有书卷气。胡乐国先生师法自然，经常仔细揣摩大自然中各种树木的形态和生长规律，又认真研究画理，从古画、古籍中汲取有益的营养。经不断地提炼、概括，创作了"高干垂枝"的松树形象。这种树形既具备自然多变端庄大方的外貌，又重意，追求相外之象、言外之意，使盆内充满了诗情画意。因此，胡大师的盆景作品符合自然之理又彰显了中华民族的审美情趣，成为中国盆景创新发展的榜样。胡乐国大师的作品神形兼备，意境深邃，在历届全国盆景大展中屡获金奖乃众望所归。

胡乐国大师技艺精湛，多次作为中国盆景的代表人物在世界盆景协会（BCI）和世界盆景友好联盟(WBFF)举办的世界盆景大会上与世界各国盆景高手同场竞技并深受世界各国盆景界人士的赞赏和好评。

胡乐国大师善于总结，不断提升盆景理论水平，撰写了一大批观点鲜明而具有指导意义的论文，为盆景事业的发展指明了正确的方向。

胡乐国大师曾担任过中国盆景艺术家协会和中国风景园林学会花卉盆景赏石分会的要职，多次担任全国盆景展览的评委和全国盆景培训的教师。他毫不保留地向大家传授盆景技艺……为了表彰胡大师对盆景事业所作的重大贡献，中国风景园林学会特向他颁发了"终生成就奖"。

衷心感谢向阳和向荣姐弟俩倾注了大量的心血，将胡乐国大师生前留下的珍贵资料汇编成《向天涯——中国盆景艺术大师胡乐国艺术全集》。这本著作的出版为中国盆景现代发展史留下了一份极其宝贵的财富，我深信本书的出版一定会深受读者的欢迎！

最后，我谨以中国书法名家高式雄先生生前书写的"德艺周厚"作为对胡乐国大师的褒奖和怀念！

世界盆景友好联盟名誉主席　胡运骅
2021 年 6 月 5 日

德藝周厚

壬辰二月
高志煕

序　二　　　　　Foreword II

2019 年 8 月 10 日，李克文先生主持"胡乐国盆景艺术研讨会"现场

山河壮丽 松柏长青

李克文

胡乐国大师离开我们三周年了。随着时间的推移，我们回首往事，再看今天中国盆景艺术发展的欣欣向荣，方觉先生的身影越发清晰。

先生毕其所有，为中国盆景事业作出了杰出的贡献。他是一位爱家爱国，爱朋友爱学生，善良忠厚，重情重义的慈祥长者；一位有信念有原则，才华横溢，让作品说话，用行动履行大师担当，坚持虚心吸收学习，不断开拓引领，始终行走在理论变革和实践创新的前沿，永远忙碌在盆景专业人员和广大爱好者之间，持续活跃在国内和国际舞台上，不断推动中国盆景事业发展进步的开拓者和活动家。都说上苍眷顾好人，好人长寿。先生终年八十五，应该是高寿了。可我总是觉得先生和我们在一起的时间太短太短，短到我们总感觉在下一个盆景活动中仍然会见到他老人家！

2018 年 8 月 11 日早上 6 时 40 分，先生走了，永远地离开了我们。序写至此，心生悲怆。不禁想起我作为主持人参加先生周年追思纪念活动的那个风雨交加的日子。那是一段感天动地的真实故事，再现了一位大家心目中的先生：2019 年 8 月 10 日，温州——胡乐国盆景艺术研讨会暨先生逝世一周年纪念活动与"利奇马"14 级超强台风同期而至。然而台风没能阻止人们前往的脚步，大家从四面八方赶来，相聚风雨之中的温州，只为了心中的那一份崇敬和念想。相信我们心中的师者、先生归来！那是一个情感与心灵碰撞、道德与艺术升华的场景——天地动容，人神共敬，令人永生难忘。

因为先生爱过我们，所以我们都爱他，感觉先生又和我们在一起了。在我们的心里，永远记住了人世间有这样一位可敬可爱的老人家。如山河壮美，如松柏长青！

先生的子女及其学生团队，在胡乐国大师离开我们三周年之际，全力推出《向天涯——中国盆景艺术大师胡乐国艺术全集》一书，与广大读者一起回顾先生与我们共同度过的不寻常的难忘过往，纪念先生和中国当代盆景艺术发展同历风雨的一生。

　　在书中，我们随着先生85年的人生历程，看到了一位任世事变迁，始终专注如一，胸襟坦荡，内心永远充满阳光，锲而不舍追求盆景艺术升华的一代宗师；一位放眼未来，惜才如命，视学生弟子为至亲己出，视盆景教学为天下己任，为使中国盆景后继有人，为早日实现中国盆景人的强国梦想而呕心沥血、忘我耕耘，甚至在生命最后的病危时刻还用手机指导学生创作的良师益友；一位倡导和坚持"自然式"盆景的中华民族艺术风格并使之得到广泛认同，对提升中国盆景品位和国际影响力，促进中国盆景文化繁荣作出了积极贡献的、具有理论和实践高度素养的先行者！

　　在此文的结尾，我想由衷地感谢向阳、向荣姐弟和先生的学生团队。他们排除各种困难，在三年零三个月这么短的时间里，接连完成了《胡乐国盆景作品》《无声的诗》《胡乐国盆景艺术研讨会》和《向天涯——中国盆景艺术大师胡乐国艺术全集》四本书。这是一件很了不起的事情。这是迄今为止我们所见到的整理记叙得最客观、最完整、最全面的关于中国盆景业内重要人物的系列史料书籍。它让我们认识了一位盆景大师在半个多世纪里（1959—2018）为中国盆景事业作出的贡献和他的精神风貌，同时也是中国盆景事业蓬勃发展的史实脚注。这，也是胡乐国大师对中国盆景事业的又一个贡献。

　　我们相信，《向天涯——中国盆景艺术大师胡乐国盆景艺术全集》一书的出版发行，将会在中国乃至世界盆景界产生积极的反响，并由此成就一部关于中国盆景发展的绝佳史著，一篇令人肃然起敬的金玉文章。先生的杰出贡献给这门中国古老艺术的发展带来的影响之深远，不止于当下，更惠及后人。这本书的出版无疑是给中国盆景人带来了一丝新风，成为2022年的一件大事情。它让我们对先生有了更全面更深刻的认识进而倍加钦佩，它让我们更加深切地感受到了老一辈盆景艺术家所拥有的不可替代的历史地位。也正是因为有了他们的引领，才有了今日中国盆景事业的不断辉煌。他们值得我们永远铭记！

致敬胡乐国大师！

李克文

2021 年 6 月 21 日

2019 年 8 月 10 日，李克文先生主持"胡乐国盆景艺术研讨会"现场

目 录 CONTENTS

二、技艺传授篇

三、盆景作品赏读篇   203

第三章　饱经风霜——生平大事记

第四章　烂柯山中——教学和制作表演现场纪实

第十章　风骨——胡乐国盆景艺术的中外影响

山黄杨，高63厘米，胡乐国作品

向天涯

第一章

向 天 涯

盆景作品选萃

CHAPTER ONE

Reaching up to the Sky – Selected Penjing Art Works

艺术家用作品说话。

在横跨半个多世纪的艺术活动中，胡乐国大师创作了数量众多的盆景艺术作品。这些作品获得过国内外各种重大展览的奖项，也是业界理论或鉴赏类文章使用频繁的经典范例。

我们精选了他的部分作品，分为三个不同的时期展示。遴选作品的标准是具有各个时期的造型风格和理论实践代表性。

一、海淀朝霞：1959—1981 年作品选
二、独领风骚： 1982—1998 年作品选
三、踏歌行： 1999—2017 年作品选

海 淀 朝 霞

1959—1981 年作品选

这个时期的作品基本诞生在温州妙果寺盆景园，是在继承传统盆景制作方法和理念的基础上开始摆脱一些固有概念，走向自然型创作的开始。

这个阶段的作品素材多数取自于温州市园林管理处下辖的几个苗圃的地栽素材，部分采购于温州郊区的延寿寺苗圃等。素材的基本特点是树龄偏低，树型偏小，平庸素材居多。

本辑作品主要摄影师：孙守庄，胡国荣，阮世璜，胡乐国。

1965 年胡乐国在妙果寺盆景园工作照

1980 年胡乐国在妙果寺盆景园留影

温州盆景园原址妙果寺（1982）。照片由孙守庄摄影并提供

「古榆春秋」，榆树，高38厘米，获第五届世界花卉博览会金奖

"饱经风霜"，圆柏，高 70 厘米

该作品入选中国人民邮政
的第一套盆景邮票

发行：1981 年

"海淀朝霞"，海礁石，盆长110厘米

"生死恋"，翠柏，高32厘米

该作品入选中国人民邮政的
第一套盆景邮票
发行：1981年

"狂风动地"，圆柏，高93厘米

"翠羽展翅"，五针松，高54厘米

"迎客"，五针松，横展 140 厘米，高 90 厘米

"共荣图"，桧柏，高76厘米

"清风归月"，真柏附石，高70厘米

真柏，高38厘米

"扶摇直上"，五针松，高 100 厘米　　黄杨，高 45 厘米

微形组合　　　　　　　　黄杨，横展 62 厘米

"妙趣横生"，黑松，高40厘米，1985年首届全国盆景展二等奖

"清荫待锡憩"，圆柏，横展120厘米，高60厘米

榆树

五针松

"相伴"，五针松，高70厘米

"游龙回首"，圆柏，横展 90 厘米

五针松

"盆中情"，五针松

"松石晨景"，罗汉松，高55厘米

"独立寒山"，五针松附石，高58厘米

黑松，高 14 厘米

独领风骚

1982—1998 年作品选

这是胡乐国盆景作品的一个高峰期，作品基本是在原温州妙果寺盆景园素材的基础上，在江心屿温州盆景园制作而成的，其中包括后来成为中国松树盆景的经典作品"向天涯"，高干合栽的范例"傲骨凌云""临风图""信天游""双雄图"等，还有丛林式盆景"烂柯山中"等等。

本辑作品主要摄影师：曹钢，胡乐国。

20 世纪 80 年代在江心屿温州盆景园工作照

20 世纪 90 年代在江心屿温州盆景园工作照

江心屿温州盆景园大门

江心屿温州盆景园盆景展示区（1）

江心屿温州盆景园盆景展示区（2）

"向天涯"，五针松，高 105 厘米

"向天涯" 20 年的历程

1978 年 "扶摇直上"

1981 年树像，1988 年第五期《花木盆景》封面

1990 年 "英姿秀丽"

1992 年 8 月《中国花卉盆景》封二 "英姿秀丽"

1998 年 "向天涯" 定型照

1997年获第四届亚太地区盆景展银奖

名作"向天涯"不同时期的历史记录

这个作品是1970年左右胡乐国在温州妙果寺盆景园用20世纪50年代的地栽20年的素材进行合栽而成。它从初期阶段就开始参展，历经1981年的浙江省第一届盆景艺术展（二等奖），1985年的第一届中国盆景评比展（三等奖），到1997年的首次在中国大陆举行的"亚太地区盆景赏石会议暨展览"（银奖）。

2019 年 8 月 10 日，这个离开了胡乐国 21 年以后
的"向天涯"，在历尽了多年冷落、曾经是中国
最早建立的国有盆景园的"温州盆景园"遭到拆
除后,伤痕斑斑地出现在"胡乐国盆景艺术研讨会"
的现场，令人无比唏嘘。

圆柏名作"天地正气"的历史记录：

中国花卉盆景
CHINA FLOWER & PENJING
07 下半月刊 2018

2018 年 7 月《中国花卉盆景》封面

20 世纪 80 年代树像"游龙回首"，圆柏，横展 90 厘米

20 世纪 90 年代中期"孤高风烈"，获第四届中国盆景评比展一等奖

20世纪90年代末期"天地正气"，
圆柏，高 102 厘米

"傲骨凌云"，五针松，高 104 厘米，获第三届中国花卉博览会一等奖

"临风图"，五针松，高80厘米，获第二届中国花卉博览会一等奖

"独领风骚"，五针松，高85厘米

"双雄图"，五针松，高51厘米

"雄风依旧"，五针松，高78厘米，获第四届中国花卉博览会一等奖

"信天游"，五针松，高 78 厘米，获第三届中国花卉博览会一等奖

"山居图"，五针松，高 59 厘米

"烂柯山中"，丛林式五针松，高 90 厘米，获第一届中国花卉博览会一等奖（佳作奖）

"黛色千秋"，圆柏，高 105 厘米，获第一届中国花卉博览会一等奖（佳作奖）

"谷中风"，五针松，高58厘米，获第三届中国盆景评比展一等奖

"泰岳真趣"，五针松，高90厘米

"暮色苍茫"，五针松，高68厘米

踏 歌 行

1999—2017 年作品选

这是胡乐国年近 70 岁以后的另一个高峰期的作品，基本诞生在他自住的屋顶花园。

这个时期的作品除了延续他原有的儒雅、严谨和清寂的独特风格以外，多了潇洒，多了写意，多了一份年轻的探索，这是一个进入老年的盆景作家艺术青春的延续。

这个时期的作品定型照基本上是温籍著名摄影师邵家业（请阅第七章）拍摄的，其他部分作品的摄影师是黄玲瑜和胡乐国本人。

胡乐国和他的好友著名摄影师邵家业（本辑大部分作品的拍摄者）

屋顶花园一角

屋顶花园 摄影：黄玲瑜

"踏歌行"制作养护过程

《花木盆景》杂志 2014 年 4 月刊的介绍

"踏歌行"，黄山松，高 112 厘米

作者和作品

作品制作和养护过程

《花木盆景》杂志 2017 年 10 月刊封面

"幽谷潜龙"，黄山松，高110厘米

作品诞生过程

《花木盆景》杂志 2004 年 2 月刊，《自励探索 壮心不已——赏胡乐国先生的"风雪练精神"》，作者：郑忠强

"风雪练精神"，刺柏，高 38 厘米

"距离之美"，黑松，高73厘米

作者与作品

《中国花卉盆景》杂志 2015 年 8 月刊
的专题介绍

"黛色参天"，偃柏，高58厘米

"坐看云起时"，五针松，高69厘米

"好汉歌"，黄山松，高80厘米

"劲节孤心好颜色"，瓜子黄杨，高74厘米

"铁骨铮铮"，真柏，高 73 厘米

"风骨"，五针松，高 110 厘米

"从容淡定"，五针松，高72厘米

"喜悦"，茶梅，高 45 厘米

黄山松，高 43 厘米

"风雨过后"，五针松，高 60 厘米

五针松，高 60 厘米

刺柏，高 58 厘米

圆柏，横展 70 厘米

"一览众山小"，五针松，高92厘米

"明月松间照"，五针松，高 78 厘米

"跳跃·飞行"，五针松，横展 38 厘米

"不了情"，黄山松，高 68 厘米

"榆林曲"，榔榆，高 56 厘米 　　　　　　　"苍苔径深"，五针松，高 38 厘米

"秋意浓"，雁荡槭，高 53 厘米 　　　　　　　"清风皓月"，黑松，高 86 厘米

"黑虎雄风"，五针松，高85厘米

"活着"，五针松，高84厘米

"纪念"，锦松，高24厘米

"济苍海"，黄山松，高34厘米

"雨色爱青葱"，偃柏，高67厘米

"天涯孤棹还"，黄山松，高55厘米

"听潺湲"，黄山松，高83厘米

"清风满园"，黄山松，高95厘米

"水云间"，榆树，高48厘米

"张灯结彩"，石榴，高 32 厘米

"此心安处"，刺柏，高32厘米

"盛放"，杜鹃，高55厘米

"遥想"，杜鹃，横展58厘米

"回首问青天"，黑松，横展 45 厘米，高 22 厘米

"岁月静好"，紫藤，高 34 厘米

黄栀（花），高 58 厘米

盆景是文化

第二章

盆景是文化

盆景艺术理论著述汇总

———

CHAPTER TWO

Culture Lives in Penjing – A Summary of His Theories
and Writings on Penjing Art

胡乐国大师在不间断的艺术创作的同时，还坚持笔耕：艺术引领、技术分享、观念更新、国际交流、提携后人等，文章所涉领域广泛，数量众多。在本章，我们整理了他出版的 7 部专著以及在报纸杂志和学刊上发表的 80 多篇文章和大家共享。这里不包括他作为主编的书籍和大部分后续没有在纸媒上刊出的会议发言稿、课堂演讲稿，以及所有的讲学课堂自行编辑的课程讲义等。由于部分文章是同一时期在不同场合或不同媒体所引用的，因此有些文章部分内容重复，为了忠于原著，我们不作任何改动。

　　以下我们将用七个分类，分别以时间顺序，集录了胡乐国涵盖多方面的理论文章和著作，由于篇幅所限，所有书籍只列出书名和专著封面图片。

一、盆景艺术理论探讨篇

1-1 | 《盆景艺术的风格流派及其鉴赏初探》 （1986年）

载于《中国盆景学术论文集》1986年第一届中国盆景学术研讨会论文

一

盆景艺术的风格、流派及其鉴赏问题，自 1985 年上海全国盆展后，就成了盆景界十分突出，人人关心、讨论的问题。

我国盆景远有千余年的悠久历史，但把盆景艺术理论来作全国性学术讨论，始于今朝。过去，我们没有在理论上把盆景艺术提高到艺术领域。所以，我国的盆景事业长期以来处于理论与实践脱节，理论不能指导实践的落后状态，从而大大地影响了我国盆景事业的发展。目前，摆在我们盆景工作者面前的任务，不仅仅是多出艺术性高的作品，还应该努力探索、总结，在理论方面为盆景艺术拓出新路。

1985 年上海全国盆展是对我国盆景创作的一次检阅。来自各省市的参展盆景风格各异，气质迥然，不乏佳作。然而，当评比结束后，人们不禁想到这样一个问题：盆景作品的鉴赏、评定是否具有一定的规律和审美内容？怎样确定风格和划分流派更有利于盆景艺术的发展？

二

风格是一种艺术特色和创作个性。在某一种风格影响下，出现了在一定范围或区域内，从事风格基本相似的艺术创作活动，即成流派。不论哪一风格，哪一流派，都必须按美的原则和时代精神相结合来制作盆景。而对盆景作品的鉴赏同样也是依这个基本原则精神。因此，不论对那一个流派作品的鉴赏，都只能有一个标准，这个标准是"放之四海而皆准"的。这样，盆景艺术的风格、流派与鉴赏，无形中就有一种内在的联系。

我国幅员辽阔，各地气候悬殊，地形复杂，植物、山石资源丰富。我国又是一个历史悠久的文明古国，有着高度发展的文化艺术。盆景起源于我国，为东方传统园林艺术的一颗明星。它源远流长，在长期的发展过程中，逐渐形成了不同地区的不同风格，以至不同流派。一种风格一个流派的形成是这门艺术长期历史发展的结果，不是一创即成。它必须是在前有古人后有来者的前提下，经过长时间的努力实践才能实现。从另一个角度来说，就是要出名家（代表人物）。当名家的艺术思想、创作渐趋成熟时，他的作品便形成一种特殊风格，这种风格为公众所承认、接受，而广为流传推广时，便形成了一个流派。例如孔泰初、素仁等名家不就是岭南派的创始人吗？他们的作品风格不也就是成了岭南派风格的代表吗？所以，一个流派的重要标志是作品要有鲜明的风格特点，也就是作品在艺术上要达到一定的高度，因为它是在一定的审美观支配下从事一定艺术特色的创作。另外，作为一个流派必须要有一个特定的范围（广为流传、推广的范围），而且还必须在艺术上是有发展潜力的。艺术风格得不到发展是僵死的，是丧失艺术生命力的表现。其次，才是独特的造型技法、素材的选择、造型的特征等等条件。

目前，我国对盆景的艺术流派（以树桩盆景为代表）有较多的争议。从 1985 年上海全国盆展后，我国盆景事业出现了新的形势。它的主要特点是：新的具有丰富生命力的地方风格不断涌现，如浙江、安徽、福建、湖北等省，还有北京、南京等地在努力创派等等，而且其中某些省市大有后来者居上之形势。因此，我认为"五大流派"的提法，已不符合形势，不切合客观实际，不利于我国盆景艺术的进一步发展。

那么，我国目前到底有多少流派呢？我认为，只能分为两大流派——南派、北派。

三

南派（岭南派），以广州为中心的两广地区是它的范围。它的造型技法是"蓄枝截干"，造型特征为枝干曲折，枝条呈鹿角式向上自然伸展。植物材料常选用萌发力很强的乡土树种，如九里香、福建茶、叶子花、雀梅、榆、朴树等。此外，它的型式分类（分大树型、高耸型、自然型），欣赏习惯（以欣赏植物造型的骨架美为主），用盆及栽培养护方法的不同等等，综合以上因素的互相作用，使岭南盆景具有异常浓厚的地方色彩和十分鲜明的风格特点。

南派是我国盆景艺苑的一枝瑰丽奇葩，它年轻而富有生命力，它的出现使中国盆景面貌焕然一新，艺术水平达到新的高度，这是一种富有改革创新精神的表现。

四

北派盆景流行区广阔，以江、浙、蜀、沪为中心的长江流域诸大中城市，都有普遍发展。目前华北、西北地区对盆景艺术也都十分重视，都在积极发展盆景生产，可是，他们首先接受的是北派盆景风格的影响。

北派盆景具有悠久历史，传统技艺扎根较深。到目前为止，由于区域广，从事盆景事业的人员多，随着从业人员的经历、情操、艺术修养不同及各地政治经济文化基础的不同，致使各地盆景在继承和发展方面出现了不平衡状态。如苏州、上海、杭州、温州等地的盆景在艺术造型方面有所创新，发展较快。以扬州、南通为首的苏北盆景，则应该说还是以古典式为主。然而如扬州的赵庆泉、南通的吕坚及靖江诸新秀的作品，就是苏北盆景创新的先声。四川盆景的改革创新有待于进一步突破，走向成熟。

北派盆景由于地区广，情况比较复杂，不可否认，它们之间存在着不同条件、不同因素，出现了某些差异。尽管如此，各地盆景都还保持有许多共同之处，它们之间只是大同小异而已。主要表现在：

树种方面，以常绿树为主，它们之间共同采用的树种如罗汉松及其他各种松、柏类植物，杂木类有雀梅、六月雪、榆等。

造型方法：都是以吊扎为主，辅以修剪。

形式特征：枝条处理都采取传统的扎片形式，讲究层次分明，结顶平齐等。

此外，如欣赏习惯、形式分类，用盆栽培养护等，北派各地都基本相似，应归于一个流派，大家都是一条江河里的水，只是上游下游的位置不同而已。这个提法有利于对盆景艺术流派的理解，有利于我国盆景事业的发展，也有利于使我国盆景艺术向世界纵深发展。

五

盆景制作是艺术创作。艺术是随着时代的发展而发展的，因此，鉴赏现代盆景艺术作品，要用现代的艺术观、审美观来衡量。

盆景艺术产生和发展的历史，清楚地告诉我们：盆景是源于自然又高于自然的。它以"缩龙成寸"的手法，将自然山水搬入庭院，又从庭院移入室内，置之几案。产生一种景小如盆、胸怀似海的"小中见大"的艺术效果。由此，现代创作、鉴赏盆景艺术作品的基本原则是"自然"（高于自然），而又必须是"写意"的，这也是当今盆景艺术发展的主要特征。离开了这一基本原则而制作的，拿今天的眼光来看，只能称之为"树的工艺品"，谈不上是"盆景艺术"。

在欣赏、品评过程中，如何具体运用这一原则依据，给盆景艺术品以正确的评价呢？主要有以下四点。

（一）意境是盆景作品的灵魂。盆景艺术和诗、书、画、音乐、舞蹈等一样，都讲究意境，而且把它提得很高，认为是创作追求的最终目的，是作品成败的具体表现，是灵魂。盆景的艺术生命力、美的奥秘就在于此。

意境也是源于自然，它是现实的。意境的组成因素是生活中的景物和人的情感。它的产生是物对心的刺激和心对物的感受反应，而出现情景交融，情景结合。具体简单地说，一只盆景如能具有一种内在的力量，足以引起人们对它产生各种感受的，这只盆景即是具有意境。

意境是产生于外形的塑造，是通过形的存在来表现的。所以，没有形似也就没有意境神韵可言。盆景的意境是多方面的，它因树种的不同、造型技艺的不同、盆景式样的不同等而各具千秋，但更重要的是取决于作者的生活经历、思想情操、文化水平、艺术修养的不同，而制作出各种意境深浅不同的作品。所以，欣赏、品评盆景作品，首先应该从神韵意境开始，从能给你一个美的感受开始，然后逐步深入到对造型技艺进行分析研究。如果没有具备神韵意境的盆景，也就谈不上是艺术创作和艺术作品，它就没有欣赏价值，更没有具备参加评比的条件。

（二）造型是盆景作品的艺术表现。造型要符合美的规律。凡造型优美的盆景作品，它的各个局部必须处处符合盆景美的规律。盆景美的规律是美学形式规律的特殊运用。到底哪些是盆景美的内容呢？拿树桩盆景来说，概括起来有材料的选择，根、干、枝的处理，树冠外轮廓的描画，花盆的选择和种植位置的安排，盆面的处理等等。凡成功的作品，起码的要求，必须是使所有以上提及的各部分本身及互相之间的关系，都能够按照盆景美的特殊规律处理，使之十分统一协调，合自然之理，得自然之趣。

此外，树桩的老壮，枝干的虬曲，人工斧凿痕迹的消失，则树态必老气横秋，说明作品养护时间年长月久，比之年轻的新作品，必然胜过数筹。

（三）完整是盆景美的重要因素。完整和残缺在一只盆景作品中，几乎是同时存在的，是矛盾的双方。可是在盆景的制作实践中，人们对残缺美是比较强调的，总结成若干技巧，著之于书，而对素材的完整性要求却注意不够，而完整也是一种美，而且比之残缺更为重要。

对素材完整性的要求，主要有完整和协调两层意思，一是一棵桩景必须具有裸露于土表的根部，有完整的主干（包括主干基部、主干、顶梢三部分）和枝条，由这三个主要部分组成。如果是观花观果类桩景，展览评比时必须带有繁花硕果。二是根、主干、枝条三者之间的关系，必须自然、匀称、协调。例如老干新枝、老桩嫩梢、粗桩细根等等都属于有缺陷、不完整的表现。这样的作品尽管它在造型方面都符合盆景美的要求，而且难度也大，但终究在它们之间仍缺乏相应的协调美，经不起认真的分析推敲，不耐久赏。因此，作品素材的完整性是作品审美的重要因素。

（四）新意是盆景艺术的追求。盆景的造型有一定的特殊规律，遵循这些规律进行制作，出手的作品，就是一只道道地地的盆景。对每一位作者来说，也各有各的习惯手法。长此下去，这些规律和个人习惯手法，也就成了陈规陋习，成了框框。照规制作，作品虽然没有不成章局的表现，挑剔不出多大毛病，但往往使你感到这些都很面熟，这是缺乏新意的表现。

时代在发展，新的艺术思潮在不断地影

响我们，作者的艺术素质也在不断地提高，而且走向成熟。在这样的基础上，盆景创作必然会出现一些从内容到形式都充满时代气息、富有新意的破格作品，这一类作品才是不愧于时代的最佳作品。

六

最能体现鉴赏的具体内容的是盆景的评比活动。评比是在正确的鉴赏基础上对作品作出正确的恰如其分的评价。评比的结果能对盆景创作起重要的影响。它所肯定的和所否定的内容，都将对盆景艺术今后的发展方向起重大的影响作用。因此，我们必须有一整套的评比鉴赏方法的理论来指导和估价盆景制作。希望这个至关重要的问题能引起盆景艺术界的重视。

盆景评比，首先必须有一个权威性的评委会组织，负责研究本届的评比原则、方法等有关事项。每一个评比委员都必须具有较高的盆景艺术修养。

盆景是艺术品。对它的评比不能像工业产品那样有详细规格标准，也不能像体育运动那样可以用计数来衡量，所以，用打分的办法是不妥当的。对盆景艺术作品的评比方法，不妨参考绘画、雕塑、文学艺术等作品的评论、对比（评评比比）方法来分高下，比较符合对艺术作品评价的客观实际。根据以上观点，盆景作品的艺术水平高低是否可分以下三个品级比较适宜。

（一）**最佳作品**：取材完整，造型技艺上乘，构思新颖，意境深远的破格作品。

（二）**上品**：取材完整，造型符合规律，制作技巧不错，但意境欠佳、缺乏新意的作品。

（三）**中品**：造型符合规律，但取材或技巧方面有某些缺陷者。

1-2 | 《盆景作品的鉴赏》（1987年）

载于《中国花卉盆景》1987年第2期

盆景是以"缩龙成寸"的手法，将自然山水搬入庭院，又从庭院转入室内，置之几案，产生一种景小如盆、胸怀如海的"小中见大"的艺术效果。由此，现代人们创作、鉴赏盆景艺术作品的基本原则是"自然"（高于自然）、"写意"。这是当今盆景艺术发展的主要特征。离开了这一基本原则而制作的，拿今天的眼光来看，只能称之为"树的工艺品"，谈不上是"盆景艺术"。在鉴赏过程中，如何具体运用这一原则，给作品以正确的评价呢？我认为可用以下三点来回答。

一、作品要有意境

盆景艺术和诗、书、画、音乐、舞蹈等一样，都讲究意境，而且把它提得很高，认为是创作追求的最终目的，是作品的灵魂。盆景艺术的生命力及美的奥妙就在于此。

意境的组成因素是生活中的景物和人的情感。它的产生是物对心的刺激和心对物的感受反应。具体地说，一盆盆景如能具有一种内在力量，足以引起人们对它产生各种感受的，这一盆景即是具有意境。意境是产生于对形的塑造，是通过形的存在来表现的。没有形似也就没有意境神韵可言。盆景的意境是多方面的，它因树种的不同、造型技艺的不同、盆景式样的不同而各具千秋，但更重要的是取决于作者的生活经历、思想情操、文化水平、艺术修养，因此，要求鉴赏者也必须具有较高的盆景艺术修养，不然无法领会作者的心意与作品的意境所在。

二、造型要符合美的规律

凡造型优美的盆景作品，它的各个部位都必须处处符合盆景美的规律。哪些是盆景美的内容呢？拿对树桩盆景的造型技术来说，概括起来有素材的选择，根、干、枝的处理，树冠外轮廓线的描划，花盆的选择和种植位置的安排，盆面的处理等等。凡成功的作品，必须是使所有以上提及的各个部分本身及互相之间的关系，都能处理得十分统一协调，使之含自然之理，得自然之趣。

桩景的老壮，枝干的虬曲，人工斧凿痕迹的消失，则树态势必老气横秋，说明作品养护时间已年长月久，比之年轻的新作，必然胜过数筹。

三、完整美比残缺美更重要

完整与残缺在一个盆景作品中，几乎是同时存在的，是矛盾的双方。可是在制作实践中，人们比较强调残缺美，总结成若干技巧，著之为书，而对材料的完整性要求却注意不够。

完整也是一种美，而且比之残缺美更为重要。对材料完整性要求，主要有完整和协调两层意思。

（一）一棵桩景必须具有裸露于土表的根部，有完整的主干（包括主干基部、主干、顶梢）和枝条，由这三个主要部分组成。如果是观花观果类桩景，展览评比时必须带有繁花硕果。

（二）根、干、枝之间的关系，必须自然、匀称、协调。例如老干新枝，老桩嫩梢、粗桩细根等等，都属于有缺陷、不完整。这样的盆景尽管在造型方面都符合盆景美的规律要求，难度也大，但终究在它们之间仍缺乏相应的协调美，经不起认真的分析推敲，不耐久赏。因此，作品的完整性是作品长久的生命力之所在。

载于《中国花卉盆景》1987年第2期

1-3 | 《树木盆景的线条美》（1988年）

载于《中国花卉盆景》1988年第10期

盆景是造型艺术。点、线、面、体……是造型艺术作品的主要结构要素。在盆景构图中，线条是最重要最基本的因素，就树木盆景而言，树木的根、干、枝即线条组织。成功作品的线条安排组织乃至构图，总给人以自然舒展、协调适中的美感。

一、线条的形式、性质及处理原则

线条可表现为各种不同的形式和运动趋势。不同形式的线条具有不同的性质（即不同的性格表现），表示不同的含义，如直线刚劲，曲线柔美，粗线庄重，细线纤弱，斜线表示动态，横线表示平稳等等，所以，在进行盆景的艺术构思时必须注意作品主题、树种特征与线条性格的结合。力求准确、灵活、生动、鲜明地运用线条。

"刚柔相济"是一般对线条的处理原则，即在一根线条里要刚柔并存，以显得有对比、有变化，使欲刚者更刚，欲柔者更柔。这种刚柔相济的线条包括直线、圆弧线（又可分成长、短、粗、细的线段）以及由它们相交出来的硬角、软角等。将这些不同性质的线段有机地组织在一根线条中，略呈不规则的变化，便会给人以自然舒展、协调适中的美感，为此必须避免一部分规则线条，如：

〜〜〜　〜　⌒　——
（1）　　（2）　　（3）　　（4）

（1）（2）两种线条虽有变化，但过于单调重复，缺乏有幅度的跳跃。（3）（4）两种线条缺少变化，过于单一。

二、主干线条的处理

我国树木盆景主干线条的处理，大体分两种类型：(1)直线处理；(2)曲线处理（"S"的变形）。不论哪种，都要求自下而上逐渐由粗变细，以构成完整的自然美。如果几根主干线条联合组成一个构图，那么除主要的主干线条要具有完整美外，所有的主干线条都应具有性质相似、方向相近、长短粗细变化不同的特点。布置在花盆空间内，还要有前后、左右、疏密、聚散等相互呼应的效果。

三、枝线条的处理

枝线条都是沿干线向外伸展的，一般分三种类型：（1）上伸式；（2）

平展式；（3）下垂式。在一个构图画面里，一般只以一种线条类型为主。

枝线条应该有粗细、长短的变化。最下部的线条最粗最长，越上部的线条越细越短。一根枝线条组成一个块面，一盆盆景中的所有块面，应该随着枝线条长短粗细的变化而变化，要有大小和形状的不同，必须错落有致，自然灵活。此外，线条与线条之间的距离要有疏密变化，最下部枝线条间的距离最大，越上部的距离越密。各枝线条最外端的连接线，很自然地形成一个三角形（最好是不等边三角形），这就是树冠外沿轮廓线。它并非整齐的直线，而是一条因枝线条长短、疏密布置的不同而呈现的有起伏、有节奏的自由曲线。

四、根线条的处理

根线条是指根裸露于土表的那部分。它应该粗犷简洁，给人以安稳扎实的感觉。此外，由于它与主干线条、枝线条是一个有机的整体，所以在处理时，要和它们相互协调，起到均衡构图的作用。

总之，要想把各种不同性质的线条统一在一个盆景构图中，必须处理好主次、虚实、曲直、疏密、粗细、高低、刚柔、巧拙等一系列矛盾，才能达到自然舒展、协调适中的艺术美的境界。

1-4 《盆景作品的健康美》（1993年）

载于《中国花卉盆景》1993年第4期

在艺术领域里，要算盆景艺术是最独具特性了。

它用活的、有生命的树木为素材，按照盆景美的规律来造型、经过长达数年或更多时间的养护完善过程，最后成为既高于自然、又有深邃意境的艺术作品。针对盆景作品的这一特点，我想就盆景的健康美谈点看法。

树木盆景是否健康，不能简单地理解为树木是否患有病虫害或以是否虚弱来判断，它只是其中的一方面，而应该从广义、全面发展来衡量。愚以为树木盆景健康美的内容主要有：

树木盆景的骨架结构是否尽善尽美；

树木盆景的养护管理是否科学合理，生长情况是否良好；

树木盆景的意境是否健康。

简言之：一、树姿美；二、长势好；三、意境佳。盆景作品的艺术价值高低，也就取决于以上内容的表现程度。

树姿美是指盆景树木的骨架结构美。树木盆景的造型，必须讲究对素材的选择与根、干、枝的处理。它要求有向四面八方伸展的粗壮简洁的根。剪除、调整、矫正一些有碍生长和观瞻的根，力求树体因根的分布状况而获得安稳感和力量感。

主干要健康完整，线条流畅。如需要制作舍利干，也必须符合生态要求、树种形态特征和画面构图的需要。制作精工，宛若天成。

枝的粗细长短变化，要符合树木的自然规律，并注意有空间变化。树冠不等边三角形的外轮廓线，应是有弯曲变化的自由曲线。枝条的伸展要在自然舒展的前提下作不规则的弯曲变化。要打破团块结构和严整的片子结构，使之成为枝中有枝、片中有片的自然姿态。最后让树本盆景的骨架各部分之间都尽可能做到协调适中、配合默契且线条流畅优美。所以我们常见的如老桩新枝、主干不完整（老桩嫩梢、遍体伤痕等）、枝条伸展不合理……及一切缺乏协调配合的情况，都属于不健康的表现。

养护管理是盆景造型的完善阶段，两者是紧密相配合的。树木盆景通过科学合理的调养，才能生机蓬勃，活力充沛。在养护完善过程中，不断地对树木生长进行平衡控制和调整，使这有生命的艺术体不断克服或避免缺陷，逐渐完善。随着时间的增长，作品将更显得苍劲古雅。

盆景作品的意境美，也可说是气质美。它通过形象来表露作品内涵或主题思想，也是作者内心世界在作品中的反映。所以它有健康向上的，也有消极孤寂的。故要出健康美好的盆景作品，首先作者必须是一个健康、诚实的人，才能使你的作品符合当今时代需要。

盆景的健康美是树姿、长势、意境的综合反映，所以讲造型技艺、养护管理是发展盆景艺术的重要问题。要继承、发扬和提高盆景艺术的创作水平，有赖于作者文化艺术修养等素质方面的提高和社会科技经济的发展。在改革开放的今天，中国与世界走近了。中国盆景与国际盆景是否在同一水平线上，我想大家心里明白。近几十年来，中国盆景有过飞跃发展的时候，出现了不少优秀作品。但平心而论，有这样那样不足的作品为数更多，它虚弱凄凉，和时代精神不相协调。我想这种情况不会持久。92海峡两岸盆景交流研讨会，似飞来一块巨石，落在一湾静水中，激起千堆水花。中国盆景界从此开始反思……我想当人们对自己有了正确认识，审美观念得到改变时，中国盆景就会健步走向世界。

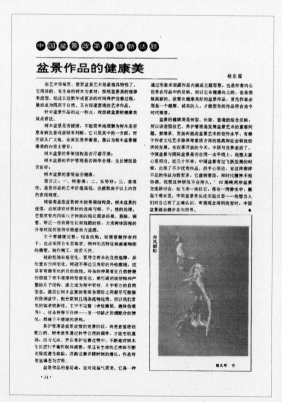

载于《中国花卉盆景》1993年第4期

1-5 《迎着世界潮流走》（1993年）

载于《花木盆景》1993年3月刊

回顾中国盆景史，在20世纪50年代后，中国盆景有过一个飞跃发展的时期，出现了前所未有的新局面，这是众所周知的。90年代改革开放的政策，使中国和世界走近了。外部世界精彩的东西，必然会参与进来，促使中国盆景发生更大的发展和变化。也就是说，盆景艺术的发展，必须和时代脉搏相和谐，我们要迎着世界潮流走。10多年来，我们盆景界人士一直在喊继承和创新问题，欲以此打开盆景创作的新局面。可是，事与愿违，收效甚微。为什么呢？愚以为要在继承、创新问题的讨论上取得进展，必须解决两个前提问题。首先，是对盆景艺术的审美观念的改变，其次有赖盆景艺术界队伍素质的提高。继承和创新问题说到底是提高和发展的问题。所以在没有解决好两个前提之前，继承和创新的研究，无法落到实处和盆景创作活动结合起来。其次，盆景的理论研究没有和改革开放的形势结合起来，没有和世界盆景的现状和发展结合起来。研究工作也无从入手，无法深入。难怪有人说："继承和创新的研究走进了死胡同。"我们今天来

看这个问题，情况就比较清楚了，我们没有找到解决问题的钥匙。这钥匙就是审美观念的改变，观念改变了，概念明确了，才能使前景豁然开朗。

审美观念的改变，有赖于许多主观、客观方面的因素发展。拿中国现状来说，首先是政治气候的改善、经济生活的繁荣、人们文化艺术修养的提高……我们过去比较封闭，这给人们的思想观念、生活方式带来了消极影响，于是乎陶醉在唯我独尊、自我满足的状况之中。这就是我国盆景事业发展缓慢、作品缺乏健康向上奋发争荣的时代气息的原因。改革开放的今天，要求盆景艺术的理论研究和创作实践能紧紧地跟时代合拍。说句本行话，也要像盆景制作那样的讲究配合默契、协调适中、自然流畅。

开展内外交流研讨是好事，是发展我国盆景事业的重要措施之一。不仅要"请进来"，有条件的话，我们还要"走出去"。可是，有的同志对此缺乏认识，缺乏感情，同时也反映了对形势发展缺乏敏感，奉行唯我独尊、自我满足的信条，不了解国外盆景真实情况。睁着眼睛不承认、不愿

接受境外的艺术精华。这些想法和今日世界的差距有多远呀！身处改革开放的今天，要有时代意识，要了解历史上中国盆景是如何传往日本，然后遍及全世界的，要理解今天我们要发展中国盆景、占领世界市场的深远意义。学习国外的，是不会把自己变为外国的。我们生活在华夏这片土地上，受中华民族文化抚育成长，这是"基因"决定了的。要不是这样，岂不是日本盆景、欧美盆景乃至全世界的盆景都是一个风格——中国风格的盆景了吗？因为盆景起源于中国。

我想：任何艺术的发展，必然是要从传统走向现代，从民族走向世界。这才叫继承和创新，这才叫弘扬民族文化。

盆景作品的健康美，是个概念问题，也是一个观念问题。树木盆景是否健康，不能单纯地以树木是否患有病虫害或长势是否虚弱来判断，这只是健康的一个方面。应该广义地从全面发展来衡量。我的理解，树木盆景健康的内容有三：

树木盆景的骨架结构是否尽善尽美。

树木盆景的养护管理是否科学合理，生长情况是否良好。

树木盆景是否有诗情画意，意境是否健康。

简言之：树木盆景的健康美的标准：一、树姿美；二、长势好；三、意境佳。盆景作品艺术价值的高低，也就是取决于以上内容的表现程度。树姿美主要是指盆景树木骨架结构的美。树木盆景的造型，必须讲究素材的选择及根、干、枝的处理。它要求有向四面八方伸展的粗壮简洁的根。剪除、调整、矫正一些有碍生长和观赏的根。力求树体因根的分布状况而获得安稳与力量感。

主干要健康完整、线条流畅。如需要制作舍利干，也必须符合生态要求、树种特性和画面构图需要。制作要精工，宛若天成。

枝条的长短粗细处理要符合树木的自然规律，注意有空间变化，树冠外轮廓线要活跃，枝条伸展要自然舒展，有不规则的弯曲变化。要打破团块结构和严整的片子结构，使成为枝中有枝、片中有片的自然姿态。最终让树木盆景的骨架各部位之间都协调适中，配合默契，线条舒展流畅。所以凡不符合盆景美要求的，均属不健康的表现。

养护管理是盆景造型的完善阶段。

两者是紧紧相结合的。树木盆景通过科学合理的调养，才能生机蓬勃，活力充沛。在树木生长过程中，不断地对树木进行平衡控制和调整，使有生命的艺术体克服和避免缺陷，逐渐完善。随着时间的增长，作品将更显得苍劲古雅。

盆景作品的意境美，也可说是气质美。它通过形象表露作品内涵或主题思想，是作者内心世界在作品中的反映。所以它有健康向上的，也有凄凉孤寂的……故要制作出健康美好的盆景作品，首先作者应是健康真实的人。

盆景的健康美是树姿、长势、意境的综合反映。所以讲究造型技艺和养护管理是发展盆景艺术的重要问题。要提高盆景艺术的创作水平，首先有赖于作者的文化艺术修养的提高和社会、科技、经济的发展。在改革开放的今天，内外交流多了，中国盆景和世界盆景目前是否处在同一水平线上，我想大家心里明白。近年来出现了不少优秀作者与获奖作品，但在历次展览会中，有这样那样不足的作品却为数不少。它残缺、虚弱、凄凉。我相信这种情况不会持久。中国盆景界必须正视现实，对自己对人家有个正确的认识，中国盆景定能健步走向世界。

载于《花木盆景》1993年3月刊

1-6 | 《让中国盆景朝着健康的方向发展》 （1993年）

载于《花木盆景》1993年4月

第三届中国花卉博览会上的盆景展品，与前几届相比，觉得这次的盆景作品中，正统的传统作品几乎没有了。这一现象看起来似乎有所失落，也未免有人会为之可惜，认为是失传了。但就事物发展规律看，这都是必然的过程，是一种发展，是一种进步。盆景艺术造型"源于自然"，"师法自然"，更要"高于自然"。过去传统观念扎根较深的地区，尽管它的展品大部分还没有完全摆脱旧观念的束缚，展品不尽如人意，但在取材上有了很大进步，并也能出现一些符合自然规律和艺术规律的作品，这是一种可喜的进步。

纵观整个盆景展览，觉得浙江、江苏、上海、湖北四馆的盆景最为好看。松柏类盆景首推浙江，但湖北的杂木盆景，阵营整齐，山水盆景也不错。湖北省的盆景发展较之江、浙、沪、粤来，起步晚了一点，但发展速度很快，总体构思、表现手法有特点，作品有水平，佳作也不少。江苏省这次展出的展品，在水平上显得不够整齐。但江苏毕竟是一个盆景实力雄厚的地方，它那里出人才。"本固枝荣"是一盆获金奖的榆树作品，可以说，它是给人们印象深刻、最有新鲜感的作品，至少我是这样认为的。它好在哪里？好在"枝荣"。它的枝条处理，吸取了外来表现手法，突破常规，使作品颇具魅力。作者何适创是苏州的年轻人。他的艺术创作能在苏派的基础上予以创新。在苏州像何适创这样的青年何止一人。另一位获金奖的作者叶世树，也是一位颇具才华的青年人。这一切使我们看到苏州盆景在发展中，在向新的高度迈进。

"本固枝荣"的取材，使我想起湖北那盆获二等奖的直干火棘来（徐荣书作），该作品取材更为一般，但这作品却使人深深感觉到作者在养护上、在枝条的处理上能迎风作态，生动活泼，颇具画意，用心非浅。

还有一位获金奖的杭州余德生，他也是一位刚出场的青年作者。他的五针松作品迎风取势、简洁明快。真是名师出高徒，有青出于蓝而胜于蓝的气势。看了诸多新人新作，不禁令人从心底里喜悦，中国盆景在向新的方向发展。在改革开放的今天，我们不妨称之为迎着世界潮流发展。

要问这次展览在盆景方面有哪些地方表现不足？就取材和造型看有：一、贪大；二、好奇；三、不成熟。关于盆景体量的大小，我们的先人早就说得明白："盆景以几案可置者为佳，其次则列之庭榭中物也。"在国际展览上也有规定，一般要求在1米以内。这次展览也明确要求不要超过1.2米。但展品中仍然有超过规定要求的大作品。据透露都是抱着拿金奖的希望送来的。体量大的盆景值钱，这是市场价格。现代一些的大建筑大空间需要它，也是事实。但从艺术角度来看，应是一视同仁。盆景还有一个要求是"小中见大"，所以在能体现艺术价值存在的前提下，小的比大的好。这一点上海做得比较好，大、中、小型都搞，这也是一种盆景艺术水平的表现。在展览会上也有人对此不了解，例如一只小盆景和一只大盆景放在一起，小的能获奖，大的不能获奖，他就要问个为什么？这次江苏馆一只中型杂木盆景获金奖，也就有人表示奇怪。就展览布置看，湖北馆的主展台上的盆景，几乎都是一个规格——大盆景。这不仅过于拥挤，不灵透、不活跃，更使人感到不亲切、不舒适。取材偏大之风必须纠正。建议今后的盆景展览必须逐渐和国际展览的规定接近或一致，并要大、中、小型盆景全面发展，分类评奖。

"好奇"，从我国盆景现状看应包括"老、枯、怪、残"等一切不健康或过分人工造作的现象。对传统的盆景作品，不能一概否定，因为它反映了一定历史时期的社会文化背景，这是历史。现代人应有现代的科学文明头脑，用现代的审美意识来指导盆景艺术的创作，这才能使我们的作品富有时代精神，为当代人所接受、喜爱。

中国盆景的发展，长期以来受封闭式文化与生活的控制，使人们的心态与审美情趣产生变态与扭曲。至今仍误以为"枯、老、怪、残"，程式化或过度人工造作，是中国盆景所追求的特色，于是乎出现了各种各样背离自然树木形态特征或规律的所谓"盆景"。具体地说，展品中像"步步高"之类或四平八稳的展品，也不止在一个馆里出现。

作品不成熟，是指造型方法对路，只待有较长养护完善的时间。上面提过，我们在取材上有贪大的毛病，更显得不少展品桩粗枝细，粗细之间没有适当的过渡，致使展品本身没有健全的体魄和美感的魅力。

改革开放开创了中国盆景艺术发展的新局面，使中国盆景艺术的发展汇集到世界文化艺术发展的大潮流之中。对此，我国盆景界一些人士自然会对某些问题产生不同看法，这并不奇怪，认识的改变需要有一个过程。

盆景艺术发展至今，已普及全世界，成为世界性艺术。从这一点出发，我认为中外盆景作品在创作上有它共同的规律；在盆景美的鉴赏和品评方面也有它大同小异的准则。这也就是说中外盆景从本质上说是一回事。我想这一观点大多数的同行是会赞同的。目前国内一些人的不同看法，首先表现在对中外盆景的名称叫法上。认为中国的是盆景，外国的是盆栽。进而认为，中国的盆景是讲诗情画意，是高等艺术；外国的盆栽是讲自然树相，言下之意，是低层次的。产生这一想法的原因是：一、没有看到中外盆景在本质上的同一性，于是乎出现了概念上的混淆。二、不了解之所以产生不同叫法的历史原因——有一个时间差的问题。产生这种想法的根源是唯我独尊思想在作怪。这是唯心的。它的做法是拿自己的长处去比人家的短

处。观念不改变，其结果是使自己目中无人，丧失竞争进取意识，让后来者居上。

这一观点将不利于交流发展，不利于团结进取。

盆景是文化。它的传播和发展有一个过程。比如日本从中国学得盆景后，它的盆景不可能永远是中国风格的。它必然要和本国的文化、地理、树种诸因素结合起来，然后才能出现日本风格的盆景来。这就是盆景艺术必须植根于本民族文化之中的体现。这是发展。所以从高角度、大视野来看世界盆景，各处盆景只是地区（民族）风格不同而已。我们决不能因风格的不同而贬低人家，因为它们是从我们这儿延伸发展出去的，从本质上说是一回事。

台湾盆景是中国盆景的一部分。台湾盆景的过去和大陆东南沿海各省市盆景一样，有着共同的历史。由于种种原因，台湾和大陆分开先后一个多世纪。台湾在发展现代盆景时学习了日本的技艺和风格。但我们不能忘记台湾是中国的固有领土，台湾同胞同是华夏儿女，他们接受的是中华文化。所以今日的台

湾盆景并不完全如同日本盆景，仍然表现有中国文化气息。在中国的底子上学习一些日本的东西，并没有什么不好。一旦两岸统一，台湾盆景岂不更上一层楼？！

盆景作品的"健康"和"病态"，是一对矛盾，是客观存在的。中国盆景有健康的，也有病态的，外国盆景同样也是如此。所以健康丰满不是外国盆景的专利，病态也不是中国盆景的主要特征。

自然界的树木，因树种的不同或其立地环境的不同等。它的形态表现也就各异，可谓千姿百态，变化无穷。有高大，有矮壮；有威武雄伟，也有婀娜多姿……比如，同是黑松，在日本或我国沿海岛屿上生长，形态自然矮壮威武；在沿海大陆生长，却高大得多。在自然界里，有的树木，不论它的树龄有多大，整个树冠不分层次而自然丰满圆润的也很多。有的树种，它的树冠形状自然地稀疏而又多变化。树木盆景的造型，是根据树种的特征及该素材自身提供的条件来造型制作的（即因材施艺）。所以不能一看到枝繁叶茂、树冠丰满或株矮干壮的树木盆景，就认为是日本风格，是健康的表现。其实，我们的树木盆景中也有树冠丰满、树干矮壮的形式（如我们对树干的处理方法也是一样

的，只不过是强度不同而已），但它没有形成特色、引人注目。

日本的松类盆景中有一种等腰三角形的形式，人们说它象征富士山，几乎说成是日本盆景的代表形式。以敝人之见，这种说法不够确切。以现在的眼光看，等腰三角形只是日本盆景中的一种规则式的盆景。近年来，日本盆景中这种形式的盆景不也是在逐渐地减少吗？这正如我国的"云片式"不能被视为是中国盆景的代表形式一样，它只不过是一种颇有影响的古老形式，现在不是也在逐渐地被淘汰中吗？

台湾杂木盆景中出现一种像头盔似的树冠造型，似乎现正流行。这种状似丰满健康的盆景形式和等腰三角形的盆景一样，它们患有同一个毛病——树冠外轮廓线过于简单。

缺乏韵律和节奏变化，树冠块面封闭得太死，没有留下足够的空间。所以它给人的感觉不是凄凉而是臃肿、闭塞。

其实，高品位的日本盆景和中国盆景一样，都十分讲究骨架构成的原理，讲究聚散、虚实、疏密等变化和统一法则的艺术表现，提倡空间有美。

我举这两个例子。不是对日本盆景、台湾盆景有什么说三道四，而是为了说明一个

道理：国内外的盆景，同样都存在这样那样的病态。同时也更容易使人理解什么叫病态。

"病"是存在的，关键是你如何对待。

"病态"和"健康美"，随时代变迁而有不同的解释。以现在的眼光来看，主要表现在凡违反树木的自然形态特征，违反盆景艺术美的规律，在盆景树木上留下人工造作痕迹的造型，叫"病态"。当然还要结合树木的长势和作品意境的结合反映来决定。

盆景作品的健康美，是盆景树木的骨架美、长势好、意境佳的综合反映（见拙作《中国花卉盆景》1993年第4期《盆景作品的健康美》一文）。现将骨架美部分作些补充。盆景作品的骨架美必须注意素材的选择与根、干、枝的艺术处理。

盆景素材的来源，有人工培养和山采。人工培养的材料一般比较年轻，长势旺盛，要求根、干、枝结构紧凑，裁剪起来有选择余地即可。但对山采材料，就有不同看法，有人固执地认为越老、越大、越奇、越残就越好，这一观点很容易将盆景的发展引入歧途。

盆景是线条艺术。盆景作品在骨架结构方面十分认真地讲究线条（根、干、枝）之间的配合默契、完整协调、舒展流畅，最后达到体态自然优美。这是对一个成功作品的起码要求。在制作时如能注意神枝、舍利干的精工运用，可天衣无缝地达到"虽由人作、宛若天成"的目的。

但"老、大、奇、残"之类材料，天生一副老骨头，很难如愿以偿地达到上述默契、协调、流畅、优美的要求。况且树木的生命活力有限，对长势培养、意境创作同样存在困难。所以树木盆景的创作，应该把根、干、枝的艺术处理摆在首位，把"老、大、奇、残"等放在后头，这样才使人明白盆景艺术创作的真谛，不靠上帝的恩赐，努力追求艺术水平的提高。

树木盆景的创作，是要表现大自然古老大树的风采——美的树姿、旺盛的生命力和表现它和人们在生活中的亲切感情。所以你创作的盆景树木的艺术形象要符合树木的基本形态，还要更高、更美、更好些。不要搞离奇古怪、陈俗虚无，提倡在朴素淡雅中找情趣，见精神。这才是高雅艺术，是高品位的作品。

1-8 《面向世界繁荣中国盆景》（1994年）

载于1994年11月15日《中国花卉报》

盆景作为商品，流通于市场的历史久远，但正式走出国门，进入国际市场恐怕还是最近的事。据近年来盆景作为商品在国内蓬勃发展和结合对欧洲市场及盆景企业的考察来看，我国的盆景进入国际市场的势头是猛的，数量是多的，销路是好的。欧洲多数国家的花卉市场上都能看到中国盆景，中国毕竟是一个盆景大国。但从另一角度看，我国的盆景和日本、欧洲盆景相比，我觉得我们的盆景有优点，但也有不如人家的地方。对此我们必须认真对待，寻找差距，提高自己，繁荣自己。

一、培养人才、提高素质

为了迅速提高我国盆景艺术的创作水平和保证我国盆景在国际市场能站得住、站得稳，必须从对盆景专业人员的培养和素质的提高抓起。

我国现有盆景专业人员队伍庞大。据小范围的了解，人员的文化程度偏低。初中以下的居多，高中毕业的就很少了，大专毕业的就屈指可数了。他们的成长绝大部分是从生产实践中逐渐掌握盆景制作和养护技能。现在就是已经成名成家的或大师们，虽然他们的文化程度相对高些，有高中毕业，个别的也有大专程度，但他们的专业知识和技能，大都是自学而成的。

自学能够成才。这是我国现阶段盆景专业人员成长的主要道路。这条道路今后可能继续是培养盆景人才的主要途径，但它毕竟缺少系统的专业知识学习，知识面较狭，因而成长速度慢，不能适应形势发展的需要。

按国情，我国目前最适宜办一些盆景中专学校或在农校、林校设盆景专业班，加速培养大批中等盆景专业技术人员，充实基层技术力量。有关大专院校，也应增设盆景课程，其目的是培养一批有理论、会实践，进而能上国际讲台又能指导实际生产，具有研究能力的高级盆景艺术人才，使我国的盆景生产、科研、教学、经营全面发展起来。

目前全国和各省份在思想上都十分重视盆景事业，每年也都举办短期培训班或函授班。参加培训的人员也都十分踊跃，成绩不容低估。但这类培训班的培训时间短（一般15天左右），开课项目多（有盆景、插花、庭院设计、根艺、无土栽培等），而习作指导少，因而有不够深入的缺点。如何从实效出发办培训班是个值得研究的问题。

要知道我国目前的盆景生产，基本上还停留在传统的小农经济的基础上，发展缓慢，跟现代化的差距还较远，所以注重教育、抓人才培养是刻不容缓的。

二、发扬优良传统，建设盆景苗圃基地

基地盆景素材的来源，从小苗开始进行人工培育，是我国传统的优良方法，如河南鄢陵、浙江的奉化三十六湾、安徽的卖花渔村……它们都具有从小苗开始培育盆景的悠久历史。但近半个世纪来，这个优良传统被忽视了，凡能从山上挖到的素材就不再人工繁殖培养，这在当时看来是一条捷径。于是乎各地盆景园、盆景专业户都竞向山野大举进攻，人多力量大，致使发达地区周围山区的盆景资源基本被扫荡一空，现正向内地山区发展。这一不节制的行动构成对生态环境和种质资源的严重毁坏，它将给人们生活带来无穷隐患。

随着盆景商品市场的发展，内外销数量的迅速扩大，盆景素材靠山挖桩的办法已不相适应了，各地必须尽快建设盆景苗圃基地。盆景苗圃基地的建立，意味着我国盆景从小农生产方式转向适合现代农业经济的生产潮流。它可以通过集中人力、物力、财力的办法，结合本地区自然地理环境的特点，考虑各自消费对象的需求，选择适当的树种和造型模式，有计划、有目标地发展盆景生产。

它的发展，在全国很自然地将形成各具特色的几大块，如两广福建一大块，江浙沪皖一大块，北方一大块，内地一大块……的局面。盆景苗木基地建设的主要任务，是利用现代科学技术，将适宜于制作盆景的树种，进行大批量的人工繁殖，来满足盆景发展的需要，从而保证出口盆景的批量化、规格化、管理的现代化、制作的模式化。此措施不仅将对商品盆景生产提供有力保证，而且因素材来源的改变，将对我国盆景艺术的未来产生深远的影响。

三、中国盆景必须朝着健康方向发展

改革开放给中国盆景艺术的发展开创了新的局面，使中国盆景艺术的发展汇集到世界文化艺术的大潮之中，因而使我们开拓了眼界，扩大了视野，唤起了我们竞争进取的意识。

中国人有谦虚谨慎、戒骄戒躁的美德，但也有唯我独尊、孤芳自赏的怪癖。近年来有人批评大陆盆景有凄凉感和病态。这一提法震惊了中国盆景界，于是引起了一场争论，这是好事。我们必须对当前的这一提法进行研究分析，这对丰富中国盆景理论、克服缺点和明确中国盆景发展方向有好处。这里面至少有以下几个问题可以探讨。（1）中国盆景有没有"病态"？表现在哪里？（2）什么叫"病态"？（3）在盆景作品中出现"病态"的历史原因是什么？（4）中国盆景的

健康发展方向是什么？

1. 健康与病态

对盆景作品的健康与病态，随着时代的发展，人们审美观念的改变，而有不同的解释。比如，过去规则式盆景流行天下，大家认为这是一种美的艺术。如今自然式盆景流行天下，大家认为这是美的艺术。我们暂且避开近代政治历史方面对中国盆景艺术的影响不谈，单从盆景的造型角度来看，中国盆景的现状，目前还处在从规则式向自然式转变的过渡阶段。其中岭南、江浙一带发展虽较快，但一些地方的作品仍有未曾脱胎换骨之嫌。规则式造型对各地盆景的影响可谓既深又广。其次，中国盆景界的观念比较保守，原因是文化素质和艺术修养偏低，无法很快地发现问题和克服缺点，以致使中国盆景在相比之下，不少作品显得自然美、艺术美不足，人工味太重，因而缺乏健康完美和蓬勃朝气。一个繁荣昌盛的时代，必然能在它的文化艺术以及人民生活的各个方面得到反映。这一点在中外历史上有许多事实可以作证。如今"东亚病夫"的时代一去不复返，中国盆景健康美的时代必将到来。盆景作品的健康美，应该是指盆景树木的骨架美、长势好、意境佳三方面的综合反映。骨架美是讲究盆景树木的根、干、枝的艺术处理要求互相之间配合默契、协调完整、舒展流畅，以达到树木的体态自然优美。长势好是要求对盆景的养护管理要现代化、科学化。意境佳是要求作品具有本民族文化的内涵。

综上所述，凡背离树木的自然形态特征，背离盆景艺术美的规律，在盆景树木上留下人工造作痕迹的造型均属于有"病态"。病态给人的感受自然是凄凉的。

2. 高雅与通俗

随着盆景作为商品的流通量激增，人们从商业的角度，将盆景分成艺术盆景与商品盆景两大类。乍看起来，似乎没有什么问题，但认真想就不尽恰当，还是将之称为高雅盆景与通俗盆景为好。因为盆景不论高雅、通俗都具有商品属性，有市场价格可论，这对任何艺术都一样。这个分法比较实际。

高雅盆景体现着一个国家的盆景艺术水平，更多的具有收藏、保存、展览价值。通俗盆景艺术品位较低，只能作为普通商品流行于市场，因它的价格低廉，颇受一般消费者欢迎。

我国现在大量出口的中小型盆景，都属于通俗盆景。既然属于盆景，就必须通过艺术造型，哪怕是模式化的产品也可。据我对国内盆景企业的了解，和对欧洲市场及盆景企业的考察，呼唤国内盆景企业的经营者必须有足够的认识，出口盆景的艺术化是企业的生命，国家的声誉所在。

3. 盆景与盆栽

这里只谈在出口盆景中存在的一个问题。对这两个词最简单的理解是，经过艺术加工，以欣赏艺术美为主的容器树木叫盆景。没有经过艺术加工，以欣赏其自然美为主的容器植物叫盆栽。这两个概念不能混淆。但在我国现在的出口盆景中，实际上有不少数量的都是盆栽。生产单位和出口管理部门应该对此有新区别，做到出口商品时，盆景就是盆景，盆栽就是盆栽，素材就是素材。这样做对生产者、消费者和中国盆景对外影响都有好处。

载于 1994 年 11 月 15 日《中国花卉报》

1-9 | 《对盆景艺术的认识和理解》（1995年）

载于陈东升主编《中国奇石盆景根艺花卉大观》，新华出版社，1995年版

改革开放给中国盆景艺术的发展开创了新局面，互相交流，互相促进，使中国盆景艺术的发展融合到世界文化艺术发展的大潮之中。

盆景艺术发展至今，已普及于全世界，成为世界性艺术。从这一点出发，我认为中外盆景作品在创作上有它共同的规律；在盆景美的鉴赏和品评方面也有它大体一致的准则。这也就是说，中外盆景从本质上说是一回事。我想这一观点，大多数的同行是能理解、赞同的。但也会有人有不同的看法，首先表现在对中外盆景的名称叫法上，有人认为中国的是盆景，外国的是盆栽。进而，认为中国的盆景是讲诗情画意，是高等艺术；外国的盆栽是讲自然树相，言下之意，是低层次的。且问，如果盆景不讲自然树相，怎能讲诗情画意？诗情画意岂不成为空中楼阁了吗？持以上观点的原因，我认为：一是没有看到中外盆景在本质上的同一性，只是在因各自对盆景、盆栽的叫法上不同而产生误解，使自己出现了概念上的混淆。二是没有进一步了解，当中国盆栽传到日本时是南宋，而盆景一词的出现却在明朝，

这里就出现一个时间差的问题。

产生以上错误观点的根源，我认为是中国某些知识分子那种唯我独尊、孤芳自赏的旧思想在作怪。不要拿自己的长处去比人家的短处吧！这样做的结果，只能使自己目中无人，丧失竞争进取意识。这正如旅美的盆景专家沈荫椿先生告诫国内同行的："要认识目前我国盆景在国际上的差距。"

（一）

盆景是文化。它的传布和发展有一个过程。比如日本从中国学得盆景后，它的盆景不可能永远保持中国风格，必然要和本国的历史文化、地理环境诸因素结合起来，然后才能出现日本风格的盆景。这就是盆景艺术必须植根于本民族文化之中的体现。所以，从高角度、大视野来看世界盆景，各国盆景只是有各自地区（民族）的风格不同而已。我们决不能因风格的不同而贬低人家。因为他们是从我们这儿延伸发展出去，从本质上说是一回事。

台湾盆景是中国盆景的一部分。台湾盆景的过去，和大陆东南沿海各

省市盆景一样，有着共同的血缘和历史。今天的台湾现代盆景，学习了日本的技艺或风格，这也是很自然的，无可指责。关键在于我们不能忘记台湾是中国的领土，台湾同胞也是华夏儿女，他们接受的是中华文化。所以，今日的台湾盆景并不完全如同日本盆景，仍然表现有中国文化气息，而且他们正在朝这一方面努力。在中国的底子上，学习一些日本的东西，并没有什么坏处，经过一段时期发展，台湾盆景将更上一层楼。

（二）

盆景作品的"健康"和"病态"，是客观存在的一对矛盾。中国盆景有健康的，不少名家的作品就很健康，岭南的大部分作品就很健康。但也有不少作品有"病态"。外国盆景同样也是如此。所以，健康不是外国盆景的专利，病态也不是中国盆景的主要特征。

自然界的树木，因树种或当地环境不同等，形态表现也就各异，可谓千姿百态，变化无穷。有高大、有矮壮；有威武雄伟，也有婀娜多姿……比如，同是黑松，在日本或我国沿海岛屿上生长，形态自然矮壮威武；在沿海大陆生长，就高大得多。在自然界里，有的树木，不论它的树龄有多大，整个树冠不分层次而自然丰满圆润；也有的树种，它的枝叶分布自然地稀疏而又多变化。树木盆景的造型，是根据树种的特征及该素材自身提供的条件来造型制作的。所以不能一看到枝繁叶茂、树冠丰满或株矮干壮的树木盆景，

就认为是日本风格，是健康的表现。其实，我们的树木盆景也应该有树冠丰满、树干矮壮的形式，因为我们对树干的处理方法是一样的，只不过是强度有所不同而已。繁荣中国盆景，就需要有丰富多彩的形式。

日本的松类盆景中有一种等腰三角形的形式，人们说它象征富士山……几乎说成是日本盆景的代表形式。以笔者之见，这种说法不够确切。以现在的审美观看，等腰三角形只是日本盆景中的一种形式，一种规律式的盆景。近年来，在日本盆景刊物上，这种形式的盆景不是在逐渐减少吗？这正如我国的"云片式"不能被视为中国盆景的代表形式一样，它只不过是一种颇有影响的古老形式，现在不是也正在逐渐被淘汰吗？

台湾杂木盆景中出现一种像头盔似的树冠造型，似乎现正流行。这种状似健康丰满的盆景形式和等腰三角形的盆景一样，它们患有同样的毛病——树冠外轮廓线过于简单，缺乏韵律和节奏变化，树冠块面封闭得太死，没有留下足够的空间。所以它给人的感觉是过于臃肿、闭塞，这也是一种缺陷。

其实，高品位的日本盆景和中国盆景一样，都十分讲究骨架结构，讲究聚散、疏密等变化和统一法则在盆景中的艺术表现，提倡空间有美。总之，丰满虽是一种健康的表现，但稀疏也不见得就是病态。只要它的造型符合盆景艺术美的要求，就是健康的。

我举这两个例子，不是对日本盆景、台

湾盆景说三道四，而是为了说明一个道理：国内外的盆景，同样都存有这样那样的病态，同时也更容易使人理解什么叫"病态"。"病"是存在的，关键是如何对待。

"健康美""病态"，随时代不同而有不同的解释。以现在看，主要表现在：凡违反树木的自然形态特征，违反盆景艺术美的规律，或在盆景树木上留下人工造作痕迹的造型叫"病态"。当然还要结合树木的长势和作品意境的综合反映来决定。

（三）

盆景作品的健康美，是盆景树木的骨架美、长势好、意境佳的综合反映（见拙作《中国花卉盆景》1993年第4期"盆景作品的健康美"一文）。现将骨架美部分作些补充。盆景作品的骨架美必须注意素材的选择与根、干、枝的艺术处理。

盆景素材的来源，有人工培养和山采。人工培养的材料一般比较年轻，长势旺盛，一般要求根、干、枝结构紧凑，裁剪起来有选择余地即可。但对山采材料，就有不同看法，有人认为越老、越大、越奇、越残的就越好，

这一观点现在看来有些保守、不合时尚。

盆景艺术是线条艺术。盆景作品在骨架结构方面要十分认真地讲究线条（干、根、枝）之间的配合默契，完整协调，舒展流畅，最后达到体态自然优美，这就是盆景艺术的真实内容，也是一个成功作品的基本要求。

老、大、奇、残之类素材，天生的一副老模样，就很难如愿以偿地达到上述默契、协调、流畅、优美的要求。况且树木的生命活力有限，对长势的培养、意境的创造同样存在困难，所以树木盆景的创作，应该把根、干、枝的艺术处理摆在首位。这样才使人明白盆景艺术创作的真谛，努力追求艺术水平的提高。"老、大、奇、残……"则不宜提倡、不宜追求。

树木盆景的创作，是要表现大自然古老大树的风采——美的树姿、旺盛的生命力，表现它和人们在生活中的亲切感情。所以创作的盆景树木的艺术形象要符合树木的基本形态，并且还要更高，更美，更好些。不要搞离奇古怪，不要庸俗虚无，提倡在朴素淡雅中找情趣，见精神，这才是高雅艺术，是高品位的作品。

1-10 《中国盆景概况》（1998年）

载于法国《盆栽家》杂志1998年9月刊（法文版见第五章）

盆景起源于中国，至今已有1300多年的悠久历史。在中国的南宋时期（1127—1279年）流传至日本。第二次世界大战后，盆景渐渐地成了全世界人民的共同艺术财富。

中国幅员辽阔，因而地区间的地理气候差异很大，植物的资源也不一样，更兼各地区历史经济、思想文化基础不同，致使各地区间盆景艺术的发展和作品风格有差异。

目前中国盆景艺术较为发达的地区有：

一、**东部沿海及长江下游三角洲**。盆景树种以松柏为主，杂木为辅。松柏类的造型方法用吊扎法，杂木类吊扎法、修剪法兼用。

二、**南部沿海地区**。杂木类为主。用修剪法造型。

三、**内陆四川盆地和湖北平原**。以杂木类为主，用吊扎法造型。

其中盆景相对集中的主要城市有上海、苏州、扬州、杭州、温州、厦门、广州、成都、武汉等。

中国从事盆景事业的人员很多，全国有两个国家级的盆景协会，各省、市、县也都有盆景协会来团结大家一起搞盆景研究和创作活动。各主要农林大学都开始设盆景课。在众多的盆景研究和创作人员中被公认为水平最高，技术全面，作品有个人风格，理论研究有一定成绩，则被尊称为中国盆景大师。这样的人在中国有20名左右。

中国盆景的形式比较多样，通常因素材不同，分树木盆景和山石盆景两大类。此外还有水旱盆景、草本植物盆景、微型盆景，挂壁盆景、异形盆景等。树木盆景目前世界各地普遍流行，其他形式的盆景则很少见。

中国盆景讲究诗情画意，追求意境。这是东方文化艺术的一大特色，也因为此，中国的盆景艺术，才有可能受到全世界的欢迎和喜爱。诗情画意、意境是盆景艺术创作的灵魂，但一般作品很少具备这一内容。这就像梵高、毕加索的作品跟普通人的作品不可相提并论。

如果有人问，中国盆景和日本盆栽有哪些不同？我的回答是，盆景和盆栽实际上指的是同一回事。中国历史上曾经也有一段时间称盆景为盆栽，到明朝（1368—1644年）时才逐渐改称盆景。

它们的共同点，都是以树木为素材，用"缩龙成寸"的手法，使作品有"小中见大"的艺术效果，来表现美好的自然景观。但不同之处主要表现在作品风格上。

盆景作品艺术风格不同的主要原因有：

1.国家民族、地区经济、思想等传统文化背景的不同。

2.所在地域的地理环境不同，自然景观也不一样，等等。

因此，日本盆栽的风格应是端庄、严谨、雄健、古朴。主要表现在：

1.夸张手法的运用使树形矫健矮壮。神枝、舍利干的突出表现，使松柏类树木的精神内涵得到充分的发挥。

2.大部分作品的树冠呈等腰三角形，树冠安稳丰满。

3.日本盆栽中立帚形式的树形，是日本乡间常见的一种杂木树形。这种树形是只有在岛国日本才能见到的一种自然景观，其他国家就不易接受，但它很美。

总之，日本盆栽不仅对树木造型技艺精湛，而且对用盆和陈设也都很讲究。

中国盆景受中国山水画影响很深，两者的艺术表现在理论上是相互借鉴的，所以中国盆景注重写意，作品风格豪放、洒脱、苍劲、雄伟，可谓雄秀兼备。主要表现：

1.主干线条显得略为高瘦，变化也多样自由。

2.枝条的分布讲究有疏密聚散的变化。树冠多呈不等边三角形。树冠外轮廓线是一条多变化的、韵律节奏感很强的自由曲线。树木盆景的总体结构讲究劲势和力量。

3.各地区盆景在树种上、技法上、形式上差异很大，因而各地区盆景风格也多样化。如广州的杂木修剪法就不寻常，它使所有枝条均呈上伸式，似鹿角或其小枝似鸡爪。枝条转角多呈硬角。这可说是中国杂木盆景的代表风格。

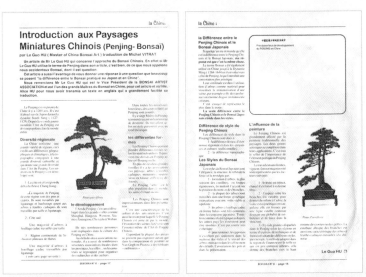

载于法国《盆栽家》杂志 1998 年 9 月刊（法文版见第五章），法文翻译稿在取得作者同意后有修改

温州盆景风格特点的形成，有其深厚的传统基础、鲜明的地方特色和时代精神。

从历史上看，浙东鄞县屠隆在论及盆景素材时，认为"盆景自古以天目松为最古雅"；论松树盆景造型时倡导以马远、郭熙、刘松年、盛之昭的四种画风作为写照；在松树的种植结构上又多有"双本结对""或栽三、五窠"等合栽式造型论述。后来又有《花镜》、清朝中期出版的《芥子园画传》等著作，都给浙江—温州盆景的造型风格提供了理论依据和造型借鉴。

温州盆景以松柏类树木为主，五针松是代表树种。其次有罗汉松、黑松、柏类等。杂木类中有榆、雀梅、瓜子黄杨、枫、槭、榕、金豆等。

温州发展五针松盆景，走的是一条自己繁殖、自己培养、自己造型的路子，这反映在盆景的体量规格上是大、中、小齐备。

温州群众对五针松盆景的爱好，说明发展温州盆景，坚持走以松柏为主、杂木为辅的道路是切合实际的。

温州盆景造型格调和制作技法如下：

1. 高干合栽式是温州五针松盆景造型的主要形式

五针松盆景的高干合栽式是浙江盆景传统形式的发展。高干也体现松树主干线条的刚直向上，是松树风格和精神的表现，它对规则式盆景追求曲线柔性美是一种叛逆。

在造型格调的选定上，素材的具体条件起重要作用。温州五针松盆景素材，经嫁接繁殖后按规则式一般绿化苗木的要求进行地栽培育，没有从小就开始按规则式盆景要求进行培养，所以一般说主干线条基本都是直的。根据因材施艺的造型原理进行造型的结果，只能是以直干式的为多。这种直干、高干型的五针松，更适宜二三株合栽来表现树木的群体美。

2. 树木盆景都讲究根、干、枝的完整协调，配合默契，注重线条美，追求总体艺术效果

温州树木盆景对枝干线条美的处理原则是：使硬线条和软线条、长线条和短线条、粗线条和细线条的各种不同线段以及硬角和软角能在自然舒展、协调适中的前提下，有机地组织在一根线条中，略呈不规则的变化发展，达到"刚柔相济，以刚为主"的线条造型的最佳姿态。对合栽作品则十分注意素材的选择及对主次、疏密、聚散、先后、藏露、争让等变化统一的矛盾关系的处理。

对单独欣赏的树木盆景，造型时力求树木自身的完整平衡，不加其他材料。

3. 重韵律节奏，讲动势力度，注意空间美

树木盆景的枝条布置，原则上是上密下疏，对枝条的长短来说是上短下长，对枝条的粗细来说是上细下粗。根据前后左右所有枝条的整体表现出来的树冠的外轮廓线，是在不等边三角形的基础上，形成一条有起伏、有节奏、有韵律感的曲线。讲究空间美，就是在处理枝与枝之间、枝与干之间的关系时，注意留有一定体量的空间，使作品不至于过分拥塞，使树冠曲线的节奏更富变化。

温州盆景的动势、力度，主要表现在干与枝或枝条之间关系的处理上。也就是不等边三角形的两腰线和主干的配合问题。枝条的伸展和主干所成的角度，以五针松造型为例，一般在45度左右。下部第一枝下垂的角度比较大，上部枝条下垂角度可以略小。全树结构严谨，力求作品气势雄伟挺拔。它的枝叶修整较为清丽，耐远视也耐近看，不失其潇洒秀雅。

4. 温州杂木类盆景的发展

这只是近七八年的事，素材来源都是本地区的乡土树种。小叶榕是温州市树，古老大树到处可见。近年从福建引入的榕和福建茶也广受欢迎。

温州对杂木类的选材，在主干方面仍保留传统的要求与审美标准。枝条的处理，则一反传统的吊扎法，多吸取岭南的修剪法，形成了温州盆景的又一独特风格。

杂木类树种大多有耐修剪易萌发的特点，因温州的气候条件更接近于岭南，相比之下，选用修剪法更为有利，这在风格上丰富了温州盆景的内容。

5. 制作手法

松类盆景的造型以吊扎为主，结合修剪。由于松类植物的发芽生长具有极其明显的季节性和阶段性，又不像杂木那样具有耐修剪易萌发的特点，所以造型时除对那些多余的枝干进行删剪或缩剪外，对其它有用的枝干多吊扎成型。吊有拉吊的意思，扎有缠绕绑扎的意思。当缠绕绑扎无效时，则改用拉吊的方法予以固定。

对松类素材的主干造型一般只用缩剪法，将主干缺少变化、表现力不强的上部剪短。如发现主干高度不够，可用主干最上部的枝条来代替主干的顶梢。如果主干或粗枝条造型时需要改变伸展方向，只能用保护物如麻皮、粗金属丝加以保护，然后借助外力，强行拉吊固定，而不宜用强力扭转吊扎。

干或枝在无外来阻力的情况下是直线生长的。所以在造型时，枝干部分需要由直变曲时，一般留有一段枝干，然后做成神枝。

芽是未来的枝叶。造型时，过长的芽要及时剪短。在每年4~5月份的养护管理中，要作摘芽控制，每芽仅留 3~5 束叶子即可。因芽有主次之分，故对它的生长作摘芽控制也须在 2 次以上。这是五针松盆景在造型和养护过程中不可忽视的重要工作。

扭筋转骨是柏类树木达到一定年龄后的一种自然现象，只有取自山野的素材具有扭筋转骨现象。如取材于苗圃，要对素材从小进行扭筋转骨的培养，然后地栽培养成材才有效果。

柏类盆景的枝条处理和五针松基本相似。

但因为柏类树木性喜肥水，并在适宜温度期中不停地生长，所以在成型后的养护过程中，一要频繁地、及时地将冒出枝片之外的嫩叶摘掉，促使枝繁叶茂；二因为枝繁叶茂的速度快，一根枝条很快变成一个团块，所以要看具体情况，每隔一段时间（两年或三年）重新整形一次。鉴于此，对柏类盆景的造型手法同样也是以吊扎为主，修剪摘心为辅。

温州地区山水盆景目前尚处初级阶段，其发展看来还要等待时机。

温州盆景

□浙江　胡乐国

温州盆景风格特点的形成，有其深厚的传统基础、鲜明的地方特色和时代精神。

从历史上看，浙东鄞县屠隆在论及盆景素材时，认为"盆景自古以天目松为最古雅"；论松树盆景造型时倡导以马远、郭熙、刘松年、盛之昭的四种画风作为写照；在松树的种植结构上又多有"双本结对"、"或栽三、五窠"等合栽式造型论述。后来又有《花镜》、清朝中期出版的《芥子园画传》等著作，都给浙江——温州盆景的造型风格提供了理论依据和造型借鉴。

温州盆景以松柏类树木为主，五针松是代表树种。其次有罗汉松、黑松、柏类等。杂木类中有榆、雀梅、瓜子黄杨、枫、槭、榕、金豆等。

温州发展五针松盆景，走的是一条自己繁殖、自己培养、自己造型的路子，这反映在盆景的体

▲《狂风动地》(圆柏　86×77cm)
胡乐国/作

量规格上是大、中、小齐备。温州群众对五针松盆景的爱好，说明发展温州盆景，坚持走以松柏为主、杂木为辅的道路是切合实际的。

温州盆景造型格调和制作技法如下：

1. 高干合栽式是温州五针松盆景造型的主要形式

五针松盆景的高干合栽式是浙江盆景传统形式的发展。高干也体现松树主干线条的刚直向上，是松树风格和精神的表现，它对规则式盆景追求曲线柔性美是一种悖逆。

造型格调的选定，素材的具体条件起重要作用。温州五针松盆景素材，经嫁接繁殖后按规则式一般绿化苗木的要求进行地栽培育，没有从小就开始按规则式盆景要求进行培养，所以一般说主干线条基本都是直的。根据因材施艺的造型原理进行造型的结果，只能是以直干式的为多。这种直干、高干型的五针松，更适宜二三株合栽来表现树木的群体美。

2. 树木盆景都讲究根、干、枝的完整协调，配合默契，注重线条美，追求总体艺术效果

温州树木盆景对枝干线条美的处理原则是：使硬线条和软线条、长线条和短线条、粗线条和细线条的各种不同线段以及硬角和软角能在自然舒展、协调适中的前提下，有机地组织在一根线条中，略呈不规则的变化发展，达到"刚柔相济，以刚为主"的线条造型的最

▲《向天涯》(五针松　70×58cm)　胡乐国/作

佳姿态。对合栽作品则十分注意素材的选择及对主次、疏密、聚

▲《少年壮志》(真柏　50×40cm)
胡乐国/作

散、先后、藏露、争让等变化统一的矛盾关系的处理。

对单独欣赏的树木盆景，造型时力求树木自身的完整平衡，不加其他材料。

3. 重韵律节奏，讲动势力度，注意空间美

树木盆景的枝条布置，原则上是上密下疏，对枝条的长短来说是上短下长，对枝条的粗细来说是上细下粗。根据前后左右所有枝条的整体表现出来的树冠的外轮廓线，是在不等边三角形的基础上，形成一条有起伏、有节奏、有韵律感的曲线。讲究空间美，就是在处理枝与枝之间、枝与干之间的关系时，注意留有一定体量的空间，使作品不至于过分拥塞，使树冠曲线的节奏更富变化。

温州盆景的动势、力度，主要表现在干与枝或枝条之间关系的处理上。也就是不等边三角形的两腰线和主干的配合问题。枝条的伸展和主干所成的角度，以五针松造型为例，一般在45°左右。下部第一枝下垂的角度比较大，上部枝条下垂角度可以略小。全树结构严谨，力求作品气势雄伟挺拔。它的枝叶修整较为清丽，耐远视也耐近看，不失其潇洒秀雅。

4. 温州杂木类盆景的发展

这只是近七八年的事，素材来源都是本地区的乡土树种。小叶榕是温州市树，古老大树到处可见。近年从福建引入的榕和福建茶也广受欢迎。

温州对杂木类的选材，在主干方面仍保留传统的要求与审美标准。枝条的处理，则一反传统的吊扎法，多吸取岭南的修剪法，形成了温州盆景的又一独特风格。

杂木类树种大多有耐修剪易萌发的特点，因温州的气候条件更接近于岭南，相比之下，选用修剪法更为有利，这在风格上丰富了温州盆景的内容。

5. 制作手法

松类盆景的造型以吊扎为主，结合修剪。由于松类植物的发芽生长具有极其明显的季节性和阶段性，又不像杂木那样具有耐修剪易萌发的特点，所以造型时除对那些多余的枝干进行删剪或缩剪外，对其它有用的枝干多吊扎成型。吊有拉吊的意思，扎有缠绕绑扎的意思。当缠绕绑扎无效时，则改用拉吊的方法予以固定。

对松类素材的主干造型一般只用缩剪法，将主干缺少变化、表现力不强的上部剪短。如发现主干高度不够，可用主干最上部的枝条来代替主干的顶梢。如果主干或粗枝条造型时需要改变伸展方向，只能用保护物如麻皮、粗金属丝加以保护，然后借助外力，强行拉吊固定，而不宜用强力扭转吊扎。

干或枝在无外来阻力的情况下是直线生长的。所以在造型时，

枝干部分需要由直变曲时，一般留有一段枝干，然后做成神枝。

芽是未来的枝叶。造型时，过长的芽要及时剪短。在每年4～5月份的养护管理中，要作摘芽控制，每芽仅留3～5束叶子即可。因芽有主次之分，故对它的生长作摘芽控制也须在2次以上。这

▲《相映成辉》（五针松 62×54cm）胡向蓉/作

是五针松盆景在造型和养护过程中不可忽视的重要工作。

扭筋转骨是柏类树木达到一定年龄后的一种自然现象，只有取自山野的素材具有扭筋转骨现象。如取材于苗圃，要对素材从小进行扭筋转骨的培养，然后地栽培养成材才有效果。

柏类盆景的枝条处理和五针松基本相似。但因为柏类树木性喜肥水，并在适宜温度期中不停地生长，所以在成型后的养护过程中，一要频繁地、及时地将冒出枝片之外的嫩叶摘掉，促使枝繁叶茂；二因为枝繁叶茂的速度快，一根枝条很快变成一个团块，所以要看具体情况，每隔一段时间（两年或三年）重新整形一次。鉴于此，对柏类盆景的造型手法同样也是以吊扎为主，修剪摘心为辅。

温州地区山水盆景目前尚处初级阶段，其发展看来还要等待时机。

本栏编辑/贺开元

▲《故乡情》（连理雀梅附石 45×65cm）金文虎/作

以上图片来自《花木盆景》2000年第7期

1-12 | 《盆展观感》（2001年）

载于《花木盆景》2001年第7期

在第五届全国盆景评比展览的展区苏州虎丘山，汇集着全国盆景作品精华，这是建国以来参展城市最多、盆景作品数量最多、作品的艺术水平最高的一次盛会。近1500余盆的各式展品确实叫人看得眼花缭乱、美不胜收。

树木盆景仍然是本届盆景评比展览的主体，因为它是其他任何形式盆景的基础功底所在。在众多的树木盆景中，杂木盆景和以往一样仍然是在数量上占绝大多数，除云南等边远地区增加了几个新树种外，在造型方面表现平平，没有什么新进展。这次展览上最令人惊喜的是柏树盆景的造型，它使你百看不厌，总想要在它身上找到一些美的魅力所在。我国传统的柏树盆景的枝条造型除扬州的云片式外，总是采取柏树固有的云团式，以纯自然美的结构形式取代艺术美。在外观上虽也云蒸霞蔚、郁郁葱葱，也能从中领略到美的构图和感人的力量，但和这次盆展中柏树盆景相比，还是有所不足，欠缺现代审美意识。因为现代的柏树造型，不仅外观精美迷人，结构复杂有序，不论枝片的安排、枯枝的穿插、舍利干的表现，都能做到恰如其分，维妙维肖，使自然美和艺术美得到完美的融合，而且养护管理得也很好，作品神采飞扬。在苏州展台前我遇到了台湾的梁悦美教授，我问她对这次展览和以往看到的大陆盆景有何看法？她满面微笑地说："呀——大陆盆景进步好快嘀！"这一声赞美是由衷诚恳的。我们自觉近几年来，中国盆景是有很大进步。这次展览以柏树盆景为主要展品的有江苏、山东、浙江三省，主要的树种有刺柏、桧柏、侧柏、圆柏等。有人说这一届流行柏树，这话一点也不错。孰不知，松、柏均为长寿树种，且柏树盆景的造型已在世界各国受到普遍的重视，被视为树木盆景艺术造型的最高水准的体现。它要求技术全面，能够很好地处理复杂的树体结构，并赋予作品以丰富的精神内涵，故它的造型难度是最大的。

流行柏树盆景不同于流行歌曲。流行歌曲在流行一阵子后就有消亡的可能，而流行柏树盆景，恰好表明我国正在攀登盆景艺术发展的新高峰，所以它的流行将是永远的。

我国是松柏盆景资源丰富的国家，根据盆景资源的开发情况，可以预测柏树盆景的创作将会继续得到提高和发展，而且松树盆景也将相继登台唱主角。相信到那时富有民族文化内涵的松柏类树木将被确立为中国盆景的主要树种。

全国最具权威性的盆景展览当推中国盆景评比展览和中国花卉博览会的盆景展览，它们都每隔四年举办一次，现都相继为第五届了，但以往的评比都没有将树木盆景分为大型、中型、小型不同规格分别予以评比。记得第一届盆景评比时还没有将盆景的大小作任何规格的控制，因此一些获奖作品都大大地超出 1.2 米的规格要求。自从作出规格要求后，在盆景评比的过程中往往又没有按大、中、小型规格分别予以评奖，因而在评比中，大型盆景引人注目，获奖率高，而中、小型盆景则被忽视了。再加上市场经济规律的作用，使盆景的规格越来越大，这是一种误导。这次展览已经明确规格要求，超大型的盆景不参加评比。盆景作品的获奖率为参展盆景作品总量的 30%，而大型的获奖盆景作品，只占获奖盆景作品的 15%，中型的获奖盆景占获奖盆景作品的 70%，小型的获奖盆景占获奖盆景作品的 15%，体现了本届展览提倡中型盆景为主的评比精神。然而一些城市仍转不过弯来，展台上仍挤满大型盆景，甚至还有超大型盆景被排除在评比资格之外或超数额被排挤出去，这样将影响该市的获奖率。按这一办

法进行评奖，是一大进步，它给中、小型盆景以应有的重视，在另一方面也可以说是拨正了中国盆景发展的方向。

就整个展场情况看，上海市的参展作品不分老作、新作都有；大、中、小型盆景俱齐；树木、树石、山水、微型组合面面俱到，而且它的树木盆景件件配有几架。这就充分反映了上海市对盆景艺术有深刻理解，盆景实力雄厚，同时也反映了上海市对文化艺术的发展走在全国之先。

就一个展台来说，用不同规格不同形式的作品来布置展台的话，无疑展台的总体艺术效果会很好。展台布置也是一种艺术，它也讲究大、中、小型的结合，讲究前后、讲究均衡、讲究疏密等等，把展台布饰成生动活泼的画面，从而反映出各作品自身的艺术魅力，提高了作品的观赏效果。

中国是世界文明古国之一，又是盆景艺术的起源国。我们的盆景创作和盆景展览，理应具有世界先进水平，有盆景强国的风范。然而现实和愿望有较大的差距，我想此情此景是任何一位头脑冷静、能面对现实的同志都能理解的。我们希望从盆景展览做起，通过盆景的展览、评比来促进我国盆景艺术的发展。为进一步完善展评工作，特提出以下几点想法，以供同仁共同探讨、参考：

（1）盆景评比继续坚持按规格分别评比，并将大型盆景的规格降至 1 米以内（具体另酌）。

（2）如以市为单位参展，每单位的参

展盆景建议从 20 盆减至 10~15 盆，力求提高参展作品的艺术水平。

（3）改露天展览为室内展览，提高展览档次。

（4）探讨新的盆景评比办法，力求快捷方便、准确公正。

盆景论坛 The Forum for Penjing

盆展观感
■胡乐国

Pen Zhan Guan Gan

▲《精瑰化石》（桧柏）　　　徐昊／作

在第五届全国盆景评比展览的展区苏州虎丘山，汇集着全国盆景作品精华，这是建国以来参展城市最多、盆景作品数量最多、作品的艺术水平最高的一次盛会。近1500余盆的各式展品确实叫人看得眼花缭乱、美不胜收。

树木盆景仍然是本届盆景评比展览的主体，因为它是其他任何形式盆景的基础动源所在。在众多的树木盆景中，杂木盆景和以往一样仍然是在数量上占绝大多数。除云南等边远地区增加了几个新树种外，在造型方面表现平平，没有什么新进展。这次展览上最令人惊喜的是柏树盆景的造型，它使你百看不厌，总是要在它身上找到一些美的魅力所在。我国传统的柏树盆景的枝条造型除扬州的云片式外，总是采取柏树固有的云团式。以纯自然美的结构形式取代艺术美，在外观上虽也云蒸霞蔚、郁郁葱葱，也能从中领略到美的构图和感人的力量，但和这次楚柏树盆景相比，还是有所不足，欠缺现代审美意识。因为现代的柏树盆景造型，不仅外观精湛达人，结构复杂有序，不论枝片的安排、枯枝的穿插、舍利干的表现，都能做到恰如其分，惟妙惟肖，使自然美和艺术美得到完

美的融合，而且养护管理得也很好，作品神采飞扬。在苏州展台前我遇到了台湾的梁悦美教授，我问她对这次展览和以往看到的大陆盆景，有何看法?她满面微笑地说："呀——大陆盆景进步好快哟!"这一声赞美是由衷诚肯的，我们自觉近几年来，中国盆景是有很大进步。这次展览以柏树盆景为主要展品的省有江苏、山东、浙江三省，主要的树种有刺柏、桧柏、侧柏、圆柏等。有人说这一届流行柏树，这话一点也不错。孰不知，松、柏均为长寿树种，且柏树盆景的造型已在世界各国受到普遍的重视，被视为是树木盆景艺术造型的最高水准的体现。它要求技术全面，能够很好地处理复杂的树体结构，并赋予作品以丰富的精神内涵，故它的造型难度是最大的。

流行柏树盆景不同于流行歌曲。流行歌曲在流行一阵子后就有消亡的可能，而流行柏树盆景，恰好表明我国正在攀登盆景艺术发展的新高峰，所以它的流行将是永远、永远的……

我国是松柏盆景资源丰富的国家，根据盆景资源的开发情况，可以预测柏树盆景的创作将会继续得到提高和发展，而且松树盆

景也将相继登台互唱主角。相信到那时富有民族文化内涵的松柏类树木将被确立为中国盆景的主要树种。

全国最具权威性的盆景展览当推中国盆景评比展览和中国花卉博览会的盆景展览，它们都每隔四年举办一次，现都相继为第五届了，但以往的评比都没有将树木盆景分为大型、中型、小型不同规格分别予以评比。记得第一届盆景评比时还没有将盆景的大小作任何规格的控制，因此一些获奖作品都大大地超出1.2m的规格要求。自从作出规格要求后，在盆景评比的过程中往往又没有按大、中、小型规格分别予以评奖，因而在评比中，大型盆景引人注目，获奖率高，而中、小型盆景则被忽视了。再加上市场经济规律的作用，盆景的规格越来越大，这是一种误导。这次展览已经明确规格要求，大型盆景的获奖率为参展盆景作品总量的30%，而大型的获奖盆景却占获奖盆景作品的15%;中型的获奖盆景却占获奖盆景的70%，小型的获奖盆景占获奖盆景作品的15%，体现了本届展览提倡中型

盆景为主的评比精神。然而一些城市仍转不过弯来，展台上仍挤满大型盆景，甚至还有超大型盆景被排除在评比资格之外或超数额被排挤出去，这样将影响该市的获奖率。按这一办法进行评奖，是一大进步，它给中、小型盆景以应有的重视，在另一方面也可以说是拨正了中国盆景发展的方向。

就整个展场情况看，上海市的参展作品不分老作、新作都有;大、中、小型盆景俱齐;树木、树石、山水、微型组合面面俱到，而且它的树木盆景件件配有几架。这就充分反映了上海市对盆景艺术有深刻理解，盆景实力雄厚，同时也反映了上海市对文化艺术的发展走在全国之先。

就一个展台来说，用不同规格不同形式的作品来布置展台的话，无疑展台的总体艺术效果会很好。展台布置也是一种艺术，它也讲究大、中、小型的结合，讲究布局，讲究均衡、讲究疏密等等，把展台布饰成生动活泼的画面，从而反映出各作品自身的艺术魅力，提高了作品的观赏效果。

中国是世界文明古国之一，又是盆景艺术的起源国。我们的盆景创作和盆景展览，理应具有世界先进水平，有盆景强国的风范。然而现实和愿望有较大的差距，我想此情此景任何一位头脑冷静、能面对现实的同志都是能理解的。我们希望从盆景展览做起，通过盆景的展览、评比来促进我国盆景艺术的发展。为进一步完善展评工作，特提出以下几点想法，以供共同探讨、参考:

（1）盆景评比继续坚持按规格分别评比，并将大型盆景的规格降到1m以内（具体另酌）。

（2）如以地、市为单位参展，每单位的参展盆景建议从20盆减至10~15盆，力求提高参展作品的艺术水平。

（3）改露天展览为室内展览，提高展览档次。

（4）探讨新的盆景评比办法，力求快捷方便、准确公正。

载于《花木盆景》2001 年第 7 期

1-13 |《谈"传统"》（2002年）

载于《花木盆景》（盆景赏石版）2002年第8期

我国自古崇尚自然、热爱自然的精神，造就了乐山乐水、天人合一的哲学思想，表现出对自然有一种特殊的认识和亲密关系，这就是中国盆景艺术诞生的思想基础。因此，中国盆景有史以来一直沿袭着一条让自然美与艺术美相融合的道路。这从我国的考古发掘及唐以来历代许多画作中所描绘的盆景中可以予之证实。也可以从历代不少文学作品中，找到所描写的盆景形象——即今人所谓的"自然式"盆景。《病梅馆记》作者，竟将造型过度的梅桩称之为"病梅"，并去其捆绑，移种重生，这虽不是作者原意，但从一个侧面，也看到历代文人所崇尚的是有文化气息与艺术氛围很浓的"自然式"盆景。明、清两代是我国盆景艺术高度发展的时代，其主要盆景专著中所具体描述的盆景，不也正是我们今天所继承的"自然式"盆景吗？由此可见，"自然式"盆景是中国盆景艺术的正统，是中国盆景艺术的传统。今天我们的盆景艺术创作就是继承了这一优良传统，才能使中国盆景艺术发展取得空前成功。

时至清代及民国，我国民间盆景兴起，如南通、扬州、苏州、徽州、四川等地的各种各样的图案式或称规则式盆景。这一类盆景，实属民间艺术，它具有民间艺术的一切特征。然近半个世纪以来，我们却对此产生了错误的认识，以为这就是中国盆景艺术的传统，于是高喊"继承传统"，实质上却是将高雅的传统的文人盆景艺术去继承民间艺术的传统，这就大错了。对此，在我国盆景史实里是泾渭分明的。我国的盆景艺术作品和绘画、诗歌一样同属文化艺术，所以盆景作品能够深深地融合在国画、诗歌和文学作品之中，而图案式盆景就无法达到此境界。但我们又如何解释那个时期的盆景状况呢？我想可能是因为那时中国盆景出现了文化人传统盆景与民间艺术盆景的同时并存状态，并且在两个不同层面、两条不同线索上同时发展。

本文摘自《浙江盆景》初稿，意欲抛砖引玉，清源正流，欢迎讨论，欢迎指教。

1-14 《再谈"传统"》（2003年）

载于《花木盆景》（盆景赏石版）2003年第10期

谈"传统"，是在谈中国盆景艺术的传统，离开了这一主题，那就会漫无边际，难免会离题远了点。谈"传统"是要在了解中国盆景历史和现状的基础上来谈，准切地说是要在了解中国盆景中的自然式和规则式的具体特征及其文化基础的基础上来谈，不然就不容易谈好。这是我在学习大家讨论"传统"的文章中得到的启发。

河南郑忠强先生的《论"自然式盆景"》和《再论"自然式盆景"》二文，对自然式盆景的产生在思想基础方面从根源上作了历史性的分析：对自然式盆景的优良传统的继承与发展作了辩证的阐述，对现状和发展进行深刻的探讨。对自然式盆景的基本要素、艺术品质及创作技法作了进一步的论述，让大家对自然式盆景有一个较为清晰完整的认识。

郑先生的文章紧扣主题，观点明确，论述详尽，且文笔流利，文采飞扬，这在盆景学术讨论中是不可多得的。后来渐渐地我注意到了郑先生近年来在杂志上发表了不少文章，不论是论述文章或作品赏析，都能看出郑先生在盆景艺术方面有深厚的理论功底。我对这两篇论"自然式盆景"文章，读了又读，圈了又圈，受益匪浅。故特地推荐大家再读这两篇文章，这将有益于对中国盆景传统问题的讨论。

在这次讨论的一些文章中，发现有偏离主题，也有没有彻底搞清楚规则式的内容，于是出现了一些半是半非、似是而非不能完全明确的观点，也有认为是没有必要讨论的意见。我想这也难怪，因为这一问题以前闻所未闻，没有提到过它的，初来乍到，思想难免有些犹豫。然而这个问题困扰盆景界多时了，如在本刊2001年第4期上的一篇《正视传统》的文章就揭示了这问题。此外又如在盆景的评奖中，自然式盆景和规则式之间又如何个评法？它们的可比性在哪里？更何况在规则式盆景之间，如"云片式"和"两弯半"又如何评法？这不又为难了评委们？因此，我们今天来重新梳理传统，找回盆景的本质意义，事关中国盆景艺术的发展方向与中国盆景艺术的理论宝库的完善和充实。历史依然还是沿着自己的发展道路继续前进着。今天我们的盆景艺术创作正是继承了"自然式"这一优良传统，才能使中国盆景艺术的发展走向繁荣昌盛。也正是有"自然式"这一优良传统，才能使中国盆景走向全世界。

我把规则式盆景归属于民间艺术范畴，不是凭空臆造的，是我对规则式盆景作长时间思考再思考后得出的结论，它从以下几个方面去探索：

一、规则式盆景受凝固的模式约束，受不可变通的规则的限制，它没有任何变化的可能，只有在制作时讲究技术的认真精巧来表现和判断作品的优劣。因此，有关盆景造型的艺术表现的手法和盆景艺术最高的追求境界——诗情画意、意境等在规则式盆景中就找不到缘份来。

就我国尚能看到的若干规则式盆景中，它的规则，有的表现在主干和枝片上，如"六台三托一顶""三弯九倒拐""游龙式"等诸多规则盆景形式。有的着重在枝片上，如"云片式"等。有的着重表现在主干上，如"两弯半"等，所以在讨论中有同志认为后两者可以变通些。其实在盆景制作中凡出现不符合自然的，而又形成一定规则形式的做法，都应该被认为是"规则式"。我们也认为规则式盆景的起初也来源于自然，但这跟摹习者的文化艺术修养以及理解与表现的能力有关。盆景源于自然、高于自然，但如何才能高于自然？只能是"活学活用"四字。关键在"活"字上，如不能活，只能被认为是匠人们的随意造作。

二、规则式盆景的流行，受地域的限制很严，这是民间艺术显著的共同特征之一。如石雕、木刻、刺绣、农民画、地方戏、皮影等一样，各有各的表现形式，各有各的流行区域，这说明各种规则式盆景的出现，和各自的地域因素有关，它不可能互相交流，广为传播，如"云片式""两弯半""六台三托一顶"三个形式的流行区域，近在咫尺，是邻居，但仍互不往来，自立门派。其他地区的情况，更是如此。即使有流传到外地的，也不可能是原汁原味的，或称为不规范的。

三、规则式盆景的发展，只能是逐渐地逐个地自行退出历史舞台，客观事实正在说明这个道理。如约在上世纪 30 年代左右，岭南也有规则式的盆景形式，称"将军树"。可是今天，人们早就把它忘记了。苏州的"六台三托一顶"也早就不见了，可能在常熟老家还能找到一点踪迹。如"方拐"只能在书本上看到这个词，实物已难得一见了。我用一位四川同行介绍四川规则式盆景时说的一句话，来看四川规则式盆景的现状。他说："我们现在看到的都不是规范的形式了。"四川如此，我看全国其他各地的规则式盆景的现状，也将是一般处境。究其原因，主要的是自然式盆景和规则式盆景的作者和欣赏者不是属于同一阶层的群体。自然式盆景大体上是文化阶层的艺术活动，规则式盆景大体上是文化知识比较贫乏的一部分群众的艺术活动。所以随着社会经济文化的发展，人们的审美意识的提高，规则式的盆景形式，自然地会失去它的群众基础。

盆景是以活的树木为主要素材的艺术创作活动，其作品自然不可能长期留存传世。在1300多年的漫长岁月中，盆景只能通过文字和绘画流传下来，其中绘画是了解我国盆景历史、研究盆景传统的最直观、最明确的资料。现在请再允许我向大家推荐一篇湖北唐吉青先生的文章——《历代中国画中的中国盆景》（载于《花木盆景》2000年11月号）。这是一篇作者在画册中阅读历代中国画，又发现若干与历代中国盆景有关的图幅，并对此都作了必要的说明，我想作者这样做的目的，一是想从历代国画中寻找中国盆景艺术的历史发展轨迹，二是想从中阐述盆景起源及中国盆景艺术的本质思想和审美基础。该文的另一意义，正好是给我们今天研究中国盆景传统提供了有益的证据资料。作者文中例举的13幅图中，除部分山石盆景外，其他都是以树木为主的盆景，而这些树木盆景的造型姿态自然、苍老虬劲，都是富有诗情画意的自然式作品。

此外还有几幅常被提及的重要画作，没有被列入该文中，如：

1. 宋《十八学士图》（北京故宫博物馆藏）。

2. 清扬州郑板桥题画《盆梅》。

3. 清中晚期的一幅仕女图中有一悬根露爪、苍古虬曲的自然式古柏盆景。（王选民大师藏）

这里我想明确几个问题：

1. 国画是历代文化人的艺术创作活动，画作中的自然式盆景也正好是文化的艺术活动内容之一，故自然式盆景能和画很好地接合在一起。

2. 自然式盆景是中国盆景艺术的传统，有1300多年的历史，而规则式盆景尚未曾见过在国画中出现，只能在盆景资料中找到自明后期至今约400多年历史。

3. 明清是我国盆景高度发展的时代，《历代中国画中的中国盆景》一文中例举最多的画中盆景也是明、清时期。盆景理论专著最多、影响最大的也是明、清时期。然规则式盆景的出现，使中国盆景出现了自然式盆景和规则式盆景同时存在的局面，举一个不是偶然出现的例子来说明，如"云片式"盆景的老家扬州，就有郑板桥的题画《盆梅》，这就说明了我的观点，在这一段时期"文化人传统盆景和民间艺术盆景的同时并存状态，并且在两个不同层面，两条不同线索上同时发展"是正确的。从中可以明白，我们的观点，不是排斥规则式盆景，也没有想排斥它，因为毕竟至今还有一部分人喜欢它，也还有一些人依它谋生。至少还没有像岭南一样，把"将军树"彻底忘掉。所以无须担心盆景多元化的不存在。

我国的自然式盆景自身的内容就是十分

丰富，我国地域辽阔，盆景资源丰富，从事盆景创作的群体人员众多，所以我国盆景的制作技法、盆景形式、盆景的艺术风格等比任何一个国家都丰富，更兼自然式盆景有海纳百川、博采众长的包容心，它既能够走出世界，也能够让世界走进来。近年来我国对柏树盆景造型的成功发展，就足以说明中国的盆景世界是极富多元意义的。

载于《花木盆景》（盆景赏石版）2003 年第 10 期

1-15 | 《交流与发展——中国盆景在发展中》（2004年）

载于《花木盆景》（盆景赏石版）2004年第2期

改革开放为当代中国盆景事业的飞跃发展创造了基本条件。人民群众的生活水平得到了迅速提高，精神文明的需求日益增长，业余盆景爱好者群体迅速壮大和一批痴迷盆景的企业家介入，为中国盆景事业的发展开创了新局面。

改革开放，使我们有了一个横向看问题的机会，发现了盆景世界天外有天，而且亦多精彩。开展交流，促进发展，成了中国盆景发展的当务之急。为了自己的进步和发展，我们不妨一起回顾近20年来中国盆景界在学术上的几件大事，它们都是外部世界对中国传统盆景文化撞击所产生的火花。艺术无国界，中国盆景有海纳百川、博采众长的包容心，才能得到不断提高和发展。

一、病态美问题

1992年台湾盆栽协会会长梁悦美女士一行来南京参加海峡两岸盆景交流会，李国安先生一席发言，指出大陆盆景的"病态美"问题，大大震撼着每个盆景人的心。因为从来没有人如此尖锐地对中国盆景进行过批评。而我们仍能以虚心冷静的态度对待它，结果原因找到了——我们的盆景在造型上人工痕迹留得太多，不能使作品做到宛如天开和高于自然的境界。其实我们的前人早就告诫过，作品要"不露做手"，要求"宛如天开"。无独有偶，《病梅馆记》中将过度造作的梅花盆景称之为"病梅"，不也是同一个道理吗？道理弄明白了，我们就进步了。

二、舍利干问题

（1）1998年，慈溪市企业家黄敖训私资考察日本盆景，并邀请木村正彦大师来茂松园作盆景造型表演。

（2）2000年，杭州企业家鲍世骐多次邀请台湾大师郑诚恭来怡然园作柏树舍利干丝雕表演。

（3）2001年常州市园林局也邀请郑诚恭大师作柏树舍利干丝雕表演。

（4）2003年金华市海峡两岸盆景展，郑诚恭大师再次被邀请表演。

于是在盆景界掀起了柏树舍利干制作热潮。舍利干、神枝在盆景作品中出现实则是源于自然，是国内外盆景创作的共同老师——大自然所赐予的，并不是日本盆景所独创的。

舍利干在中国盆景造型技艺中自古有之，只不过我们称枯干而已，如苏州之劈梅。只是我们的作法太原始、太简单、太粗糙，看起来就太造作了。而日本和我国台湾的柏树舍利干制作就十分精致，十分讲究，十分逼真，这就大大地提高了作品的品位。目前，舍利干的制作被视为树木盆景最有难度的技艺，日本木村正彦出国表演最耀眼的亮点就是舍利干的制作，说明他已熟练地掌握了这种技法，比我们抢先了一步。

盆景源于中国，它既是中国的，也是世界的。世界盆景是中国盆景的发展，反过来中国盆景也要融于世界盆景之中。盆景如此，其他艺术也是如此。如歌唱艺术，可将民族唱法和西洋唱法融合在一起；国画家可以吸收西洋画法，以促进自己的技艺有更大的提高。

舍利干、神枝在柏树盆景造型中表现得十分得体，也可以这么说，一棵柏树盆景如果没有了它的存在，是一种不完整的表现，是一大遗憾。我想舍利干、神枝还可以在其他树种上作适当推广使用。这一点台湾的杂木盆景已经做得很好，值得学习。

如有人对它持有不同程度的反面观点，也是在所难免。如同对"病态美"一样，开始时也有人持不同看法，因为这是新观点、新事物，直到切实躬身于柏树盆景造型时，才能悟得个中道理。也正因为是新事物，才不能过急地要求十全十美，要有过程才能达到完美。

三、中国盆景传统问题的争论

自然式盆景是中国盆景的优良传统，是中国盆景的主流形式，也是世界盆景的主要形式（也有可能他们也有自己的规则式），这是无可争议的。称规则式盆景为传统盆景，是理解有误或用词不当引起的。

在这里我想谈的是在自然式盆景造型中也应力避某些局部有规则形式出现。如能注意这一步，将有助于盆景作品的品格提高。

我在《花木盆景》2003年第10期B版发表的《再谈"传统"》一文，对规则式有如下解释："在盆景制作中凡出现不符合自然的，而又形成一定规则形式的做法，都应该被认为是'规则式'。"这个定义既可适用于有名有目的规则式盆景，也可适用于自然式盆景中出现的某些局部的规则处理。

现在的树木盆景素材，不论是松柏或杂木，大都取之于山野，所以根部和主干虽变化较大，但出现规则形式的情况很少，而枝条却都是人工塑造，容易出现规则处理。一句话，如是人工培育的素材容易出现规则处理，如在枝条的选择、枝条伸长的方向、枝条伸展的姿态、枝条组成形状、主干的变化、根的粗细和伸展方向及姿态等方面，其原因是人的文化、艺术素养问题。在树木盆景中，尤以杂木盆景造型难度较大，不仅树种繁多，树木个性特征复杂，枝条变化也比较复杂，造型难度较大。从中我们体会到我们的杂木枝条处理过于简单化，如不论是什么树种，不少作品的枝条处理都作平展式，这就有失自然，有失真实！应该提倡让杂木的枝条处理"杂"一点。以上所提的平展式只是在枝条处理上规则形式的一种。为避免以上情况，必须尽快提高盆景作者的艺术修养，向自然界学习，向中外名家作品学习。

为了进一步结合实际，说明道理，我以福建盆景为例来具体阐述。

东南沿海各省份是我国现代盆景最为发达的地区，这跟经济文化的发展和对外交流的频繁有密切关系。福建省的盆景事业跟其他东南各省份一样紧跟形势，在传统的基础上有了很大的发展，特别是如今耀眼的私家盆景的迅速崛起。漳州、泉州、厦门等地的私家盆景，规模宏大，实力雄厚，今后它们将是福建盆景的中坚力量。

以盆景艺术来看，福建盆景处于我国南、北派之间，它既有岭南盆景的基础，又吸收北派盆景吊扎造型的技法，可谓条件优越，前途无量。

在第四届福建省花卉盆景博览会上，我们看到盆景是福建花卉的重头戏。榕树盆景堪称一绝。此外我们还看到福建盆景中，还有不少黑松、马尾松、真柏（台湾真柏改作）佳作，也出现了像刘友坚、曾文安、陈文辉等制作松柏盆景的高手或称带头人，这令人鼓舞。像福建这样的天时地利人和俱佳的地方，是应该因地制宜地增加一些盆景树种，丰富福建盆景的内容。

福建是有悠久盆景文化传统的地方，如何注意避免民间盆景艺术的一些规则技法在现代盆景造型中出现，是大家共同努力的方向。

载于《花木盆景》（盆景赏石版）2004年第2期

1-16 | 《浙江盆景的艺术风格》（2004年）

载于《中国花卉报》2004年2月7日和《浙江林业》2004年第3期

浙江盆景艺术有着鲜明的地方特色和时代精神，浙江盆景艺术风格的形成，有其深厚的传统基础。

浙江盆景自唐宋以来，一直是崇尚自然、师法自然、追求诗情画意的，以追求意境为自己的优良传统；在树种的选择上，一向是以松、柏为主要树种，这也是其地方特色的一部分。唐时浙江就有石和天目松组合成景，时称"天目石松"的盆景出现。

南宋王十朋（今温州乐清人）书有《岩松记》，描写松树附石盆景，并有"藏参天复地之意于盈握间"的意境描写。

南宋吴自牧《梦粱录》中写到杭州的"怪松异桧"。

明屠隆（宁波鄞县人）《考馨余事》中有"盆景自古以天目松为最古雅"，并提出以当时画松四名家的表现手法作为松树盆景选型的典范。

在种植方面又多有"双本结对""或栽三五寨"等合栽式的造型理论，从而使作品多有"山林风趣"，而令人"忘暑""忘餐"的意境描写。清代陈扶瑶《花境》"种植取景"一章中，列举了当时江南流行的以松柏为主的盆景树种，计28种。

清代出版的《芥子图画传》虽系习画的系统教科书，然其中树木、山石等部分，都直接对盆景制作有指导作用，是盆景习作必读的著作。

我国人民自古崇尚自然、热爱自然。就是这种精神造就了乐山乐水、天人合一的哲学思想，表现出对自然有一种特殊的认识和亲密关系，这就是我国盆景艺术诞生的思想基础。浙江盆景是中国盆景的一部分，它一直沿袭着一条让盆景造型与文化艺术相结合的道路前行。这从我国的考古发掘、历代画作中对盆景的描绘、历史文学著作中对盆景的描述，更可以在历代有关盆景专著中，找到我国盆景包括浙江盆景的真实面貌。由此我们可以明白，以自然树相为基础的自然式盆景是中国盆景艺术的正统，是中国盆景艺术真正意义上的传统。今天浙江的盆景艺术创作和全国一样，就是继承了这一优良传统，才取得空前的发展。

自然式盆景和规则式盆景是两个不同层次的艺术的同时存在。拿浙江来说，清代和民国时期的盆景创作，仍以自然式盆景为主流。民间艺术的盆景仅仅是有着一定程度的影响而已，那就是常熟、苏州的"六合三托一顶"的规则形式，但它在浙江没有深厚的基础。所以，解放以来，民间艺术的盆景造型很快消失，而传统意义的自然式盆景很快成了一统浙江盆景的创作共识。

就盆景树种看，浙江一向以松柏为传统树种。宁波20世纪初引种了日本五针松，现年产已高达50万株，使浙江成为我国五针松最集中的产地。这给浙江盆景在继承传统、改革创新上增添了雄厚的资源实力。

现代浙江盆景最常用的松类树种，还有黑松、黄山松、马尾松、锦松、金钱松等。常用的柏类树种有圆柏、真柏、刺柏、桧柏等，此外还有罗汉松等。

崇尚自然、师法自然的风格贯穿浙江盆景的古今。从前人对浙江盆景的记叙和现代浙江盆景的发展，都证明了这一事实。

现代浙江松树盆景的造型，在继承传统的基础上有所创新，有所突破。以杭州、温州为代表的五针松盆景造型的基础格调为"高干、合栽"的形式。这种风格的出现事实上已被浙江省乃至全国盆景界人士广泛赞同和接受。这种风格的形成，取决于传统、素材个性、作者个性三种因素的融合。

对山采的其他松类盆景素材，因主干线条的千变万化，没有人工痕迹，却有荒古道劲的体态，这决非五针松素材所能比拟，更不能用五针松盆景造型格调来套用，而是要努力发掘和发挥该素材的自身特点，因势利导地去处理。

浙江柏树盆景的主干造型特点是要强调曲线处理，它是一种表现柔性美的极佳树种。但这种柔应是外柔内刚的表现。这个类型的素材一般具有如下特征：

（1）主干的肌肤纹理要有起伏和曲线变化；

（2）主干线条在运行时遇有转折处会出现变扁变宽的现象；

（3）有天然的神枝和舍利干或有可供人工制作神枝、舍利干的余地。

柏树盆景的造型讲究骨架结构、讲究苍翠丰满的树冠形态，讲究神枝、舍利干的配合。它的制作技巧比较复杂，造型精美，造型难度也较大。

浙江杂木盆景的造型，受到了岭南技法影响，至今"修剪法"已经基本上代替了"吊扎法"。对岭南技法的学习，结合原有的造型特征，使今天浙江杂木盆景面貌焕然一新。这对杂木盆景造型避免规则式枝条处理的影响，让枝条伸展方向与伸展姿态发生变化，使得杂木盆景造型更加自然、逼真、和谐、明快。

在目前的新形势下，各地私家盆景园的迅速发展，将大大地促进浙江盆景的发展和繁荣，这也为浙江盆景新风格的出现创造了条件。

载于《花木盆景》（盆景赏石版）2005年第11期

盆景起源于中国，它是人类和大自然和谐共存的产物。盆景艺术的产生，是由原始先民对大自然的敬仰、崇拜、热爱、眷恋、回归之情衍生而来，直至魏晋时文人的隐逸文化的融入。

盆景艺术的发展，也有赖于园艺栽培技术和陶瓷技术的发展。

盆景是艺术和技术的结晶。它利用盆中栽培植物的姿态，来表现大自然景色和作者的思想感情。所以它属于意识形态领域，属于文化范畴的创作。

我国有上下五千年的文明历史，中国的文化思想源远流长，博大精深。远早于儒道文明之前，在《周易》中就体现了中庸之道的哲学思想。儒、道、佛家及之后的诸子学说，都体现了中国人心目中认为的最高思想境界为"崇尚自然"："天人合一"，主张"尽善尽美""阴阳和合""形神兼备""宛若天开"。也就是这种哲学思想构成了中华文化的核心内涵。在盆景文化方面，隐逸的文人文化的介入，将其深厚的文化修养和独到的艺术品位融入盆景作品的创作之中，给中国盆景文化的发展带来了深刻的影响，盆景从此成为有内容、有形式的文化艺术创作活动。盆景是文化，它和诗、书、画等一样成了中国文化的一部分。盆景艺术讲究文化内涵、讲究人品个性和意境的表现。这种独具一格的文化艺术，其精神部分被继承下来，就成了中国盆景艺术的优良传统。

传统与创新

盆景是中国古老的传统艺术，它和其他各类艺术一样，都是在一定的社会经济和文化思想各种因素的综合影响下产生着、发展着。所以中国盆景艺术的发展不能太讲传统，也不能不讲创新。传统是根本，正如一棵盆景树木，如果它没有根本，就成了一盆插木，为无本之木。反过来，如果不讲创新，也就没有发展，这棵盆景树也就无法成为完美的和具有时代精神的作品。所以应该明白，今天的盆景艺术就应该体现中国的传统与现代观念相结合。

民族风格

中国盆景必须追求有自己鲜明的民族风格。只有植根于本民族丰厚沃土里的花儿，才能开得格外鲜艳。我们民族的艺术风格，集中地表现在崇尚自然和诗情画意上。诗情画意是指作品有诗歌般的深邃意境和绘画般的艺术造型。中国的诗、中国的画、中国的书法、中国的音乐等等，无不都有自己独特的风格，有自己独特魅力。它们和西方的或东方其他民族的风格截然不同。能理解这一点，中国盆景要有自己的民族风格，也就成为天经地义的事。而且越是民族的，越能为世界所接受、爱戴。

学习国外盆景的先进技艺，是为了中国盆景的提高和发展，是洋为中用，无可非议。那些生怕学外国会丧失自己的，是对自己民族文化的深厚底蕴缺乏了解。我们一再提倡盆景者要不断努力，来加深对自己民族文化的学习，也就是这个道理。

源于自然、高于自然

中国盆景源于自然、高于自然。可是现在某些盆景受民间那些规则式盆景形式的影响，作过多的人工造作，使作品失去了自然。例如树木盆景的制作，不分树种、不分素材个性，将枝条都处理成一个模式——平展式或都用蓄枝截干处理不同树种等；舍利干的制作不到位，缺乏宛若天开的真实等等……这样自然和诗情画意将无法得以体现，更无从谈高于自然了。

我们所需要的自然，是能在树木结构上，在树相的处理上要比自然树木更为和谐协调、更合乎美的视觉要求。同时在造型过程里能融进作者的内心世界和文化修养。让作品在形式上、内容上都有着和谐完美的表现。

艺术辩证法

为了使盆景作品的创作能处于师法自然、因材处理、删繁就简、小中见大的原则前提下，就应熟练地掌握好对艺术辩证法的运用，然后才能熟能生巧、得心应手。它的主要内容有主次关系、大小关系、高低关系、前后关系、远近关系、正斜关系、曲直关系、疏密关系、聚散关系、虚实关系、藏露关系、刚柔关系、巧拙关系、起伏关系、动静关系、呼应关系、枯荣关系、开合关系以及比例与均衡等一系列的矛盾统一问题的处理。当做到恰到好处时，作品处处协调适中，有形神兼备、情景交融的表现。以上诸多问题处理的好坏，能体现作品的水平和作者的文化艺术修养的高低。盆景作品的评比，说到底就是文化上的较量。

盆景与国画

盆景中有音乐，盆景中有诗歌，盆景中有书法、舞蹈……中国的树木画、山水画和中国盆景的关系最为密切。中国盆景的许多理论都和中国画论有着直接相关。如明代屠隆在《考槃余事》一书中提倡以"马远之攲斜诘曲、郭熙之露顶攫拿、刘松年之偃亚层叠、盛之昭之拖曳轩翥"四大画家的松树画作可以作为松树盆景作品之创作典范。浙江的松树盆景造型就是以此为创作依据的。岭南杂木盆景的枝条处理（鹿角式、鸡爪式）和国画中的杂树画法相一致。这不能不说两种不同的艺术形式在中国文化中的血缘关系，因为它们都是源于自然的同源艺术。所以画论不可不读，名作不可不看。它的意思就是要培育自己对各种艺术门类的爱好，借以提高自己的文学艺术修养，提高自己的思想品位。

盆景所要表现的是大自然的某一局部景观，它最小可以缩小到一个单元——一棵树或一片石，最大则可以包容到一个世界，那就是它的精神世界。人们常说盆景艺术创作，只有起点，没有终点。对它那精神世界的探索，就是对深层次文化内涵的发掘。

这是一个提纲式的文稿，愿献身于盆景艺术的朋友，务必分一部分心力，探索一下这方面的内容，这十分重要，必将获益匪浅。

载于《花木盆景》（盆景赏石版）2005 年第 11 期

"君子颂"，树种：五针松，温州江心屿公园

1-18 《松林颂》（2006年）

载于《花木盆景》（盆景赏石版）2006年第4期

三清山的松树,有着一种灵性、一种品位、一种韵致、一种秀雅、一种格调。如图中的松林,生长在险峻陡峭的峰顶上,盘石而生,破石而出,静静地挺立在晨曦中。它们有的只是直干横枝,紧凑简洁,这就是一种美。这种美,充满了阳刚和力量。干不粗,细且直。干枝默契协调,疏密有致,显得格外秀雅韵致,这就是高海拔山峰上的松树的品位和格调。如果将这群松林和丛林式盆景相比较,虽少了点艺术规律,但它能依山势成长,错落有致,无序中显得自然,变化中见统一,纯是一种朴素自然、洒脱不拘的松林风貌,美不胜收!

载于《花木盆景》（盆景赏石版）2006 年第 4 期

1-19 《谈台湾五叶松盆景》（2006年）

载于《花木盆景》（盆景赏石版）2006年第8期

很荣幸，在这次台湾之行中，我们看到了台湾五叶松和五叶松盆景。

6月29日至7月8日，我们大陆盆景同仁一行，在台湾作了一次环岛游。台湾风光秀丽，但我们的重点还是在拜会台湾盆景名家和欣赏台湾盆景上。

7月5日至6日，我们在南投埔里和台中参观了著名的"七代园"、林铭洲会长及黄泗山顾问的盆景园。其中"七代园"虽小，但为单一树种台湾五叶松盆景园。其他二园规模较大、树种略多，但也有不少五叶松盆景及素材。于是引起了我的极大兴趣，就决定将介绍台湾五叶松盆景作为这次台湾之行的回报内容。

我们在台湾所看到的五叶松，不同于江浙一带常见的日本五叶松。它虽也五针一束，但叶色黄绿，针叶较细、软，且叶长约7cm～8cm，但成型的五叶松盆景的叶长都在3cm左右，枝条较柔软。树龄一般都在三四十年，且树皮质薄光滑、色浅灰，仅此而已。因季节关系，我们没有看到芽和球果的情况，以我的经验初判为华山松。翻开书本，台湾也正是华山松分布的区域，故判断应属正确。

台湾的五叶松大约都分布在台湾的中、北部地区的中央山脉，凡海拔在700米到2800米的高山地区，终年云雾缭绕的崇山峻岭为其自然分布区。故台湾五叶松盆景也相对集中在新竹县、南投县、台中县等。

台湾五叶松盆景的发展，始于三四十年前，一些盆景先辈们即已开始以原生树桩或采用种籽繁殖、培育成松树盆景素材的成功，台湾五叶松取代外来其他松类树种，成为松类盆景的主要树种。原生五叶松，终因好素材不多，成活率也不高，更因对生态保育问题的日益重视，山采者渐已销声匿迹，故现存山采五针松盆景珍品不多，而以实生方式培育五针松都已蔚然成风。我们现在所看到的台湾五叶松盆景，几乎都是经地栽培育30年、盆栽培育造型10来年的作品。如果这些新作再经过十多年时间的盆栽培养，则可见鳞片斑然，苍劲而有古意了。一句话，台湾的五叶松盆景佳作尚少，盆养时间欠长，毕竟它还是一项新的事物。

次日清晨，我们驱车从埔里向台北行进，在靠近南部的公路两侧，不时看到一片片栽培五叶松的圃地，使我们深信台湾五叶松盆景发展将会和台湾真柏一样，是一项充满灿烂阳光的事业。

对台湾五叶松的人工培育，台湾同行也已经摸索到了一些宝贵经验，据初步对话，了解到为使枝条小枝密布紧凑，他们使用了促发不定芽的办法，使树冠丰满茂密。为使针叶缩短，比例协调，他们使用了控水的养护管理办法，使针叶的长度控制在3cm左右。所以从成品的现状看，台湾五叶松的开发利用是很有价值的，是符合松类盆景美学方面要求的，因而是松类树木盆景的好树种。

由于台湾五叶松盆景在台湾中部地区的培养蔚然成风，故2001年成立了台湾松树盆栽协会，并已成功举办了两届"华松展"和出版了展览画册，为五叶松盆景在台湾树木盆景中确立了金色标牌。

一些超盆景规格的大型作品——庭园树，在台湾中部地区各大盆景场也是一大亮点。主要树种有台湾五叶松、台湾真柏。它们也都是由种子小苗开始培育长大，经过造型，从外观看，依然那么苍劲古朴，英姿秀丽，所以它前途必将又是光彩无量。

游罢台湾，返回大陆，找了些有关台湾五叶松盆景资料，才发现我们这次旅游所接触到的仅是一些些而已，还没有深入了解。盼有朝一日海峡两岸可以自由出入和逗留时，必将再作深入考察。台湾五针松还有好多我们需要了解的东西：如访问第一代从事五叶松盆景栽培的先辈们，请他们谈谈历史及趣闻；看看当年山采遗存下来的五叶松盆景佳作；了解一下原生态台湾五叶松的生长范围和生态环境；明确一下目前确切的培育五针松盆景的县、市及名园、名家等等。

敬佩台湾盆景界人士，他们目光锐利，志向远大，并富有坚韧不拔的创新精神，为台湾盆景的发展走出了一条自己的正确道路，让世人敬仰。他们在台湾真柏、台湾五叶松盆景素材的人工培育方面非常成功。

台湾真柏盆景素材进大陆是近十年的事，它的素材培育方法使我开阔了眼界，提高了认识。它的价格由开始时的一株八九千元，到今天已超过十多万元，且因日本人的竞购，好素材越来越少，出现了供不应求的局面。由此我相信台湾五叶松盆景素材的发展，也必然会出现这种形势。而大陆在这方面的工作，还没有成气候，一般还停留在理论上，停留在呼吁阶段。这就显得落后了。

台湾五叶松原为山林绿化树种，把它改造为树木盆景素材，这中间盆景人得付出多少聪明才智和辛勤劳动！还得创造出一套将绿化材料的培育方法转变为树木盆景材料的培育方法，如主干的姿态调矫、枝条疏密的控制等，极为不易，令人叹服！

台湾五叶松可以按盆景要求进行培育，那大陆上松树树种更多，不是也可以按此法进行培养，使各地区都会有自己地区特色的松树盆景。到那时，中国的松树盆景岂不是更加丰富多彩！

1-20 | 《珍稀苍劲的原生真柏》（2008年）

载于《花木盆景》（盆景赏石版）2008年第3期

　　该照片摄于日本岩崎大藏先生的"高砂庵"树木园。该园种植有许多古老珍稀的庭园树，如真柏、五针松、黑松、真松、梅花及其他杂木树种。其中原生真柏古树可谓最为珍稀。日本真柏盆景素材只听说原生于山野的，从来未见过有如此苍劲古朴可作庭园树的原生真柏。

　　该真柏并不那么像参天大树，可是那神枝、舍利干的表现和丰满圆润的树冠，在没有对比的情况下，简直就是一棵顶天立地、历尽沧桑而苍劲古朴的参天大树。它那古朴、雄伟、岸然、苍劲的气质和体态，不正是我们创作柏树盆景师法自然的依据吗！

载于《花木盆景》（盆景赏石版）2008 年第 3 期

1-21 《一方水土养一方盆景——谈松树盆景的"高干垂枝"》
（2008年）

载于《花木盆景》（盆景赏石版）2008年第10期

一、松树的人文渊源及其在盆景中的地位

在源远流长的中国文化史上，松树被古人誉为"百木之长"，有王者之尊，有"神树"之称。

在我国历代养生医书中，有松子、松叶、松脂等应用于医疗疾病、养生延年之记述。

松树长寿、生命力旺盛，品格高贵、顽强挺拔。相传秦始皇游泰山，遇暴风骤雨，幸被一松树庇护，平安无恙，于是封其为"五大夫"。此后文人士大夫赞咏松树之作连篇累牍，蔚为大观。他们不但写松、画松，还颂松，如《史记》有称"松柏为百木之长也"，更有人赋以人格化，赞其有"贫贱不移、威武不屈、忠贞不二"的优秀品质。孔子曰："岁寒，然后知松柏之后凋也。"荀子曰："岁不寒，无以知松柏；事不难，无以知君子。"松树被推至神圣的至高地位。

在文学方面，早在唐代人们种植花木已很盛。明代张之象编录的《唐诗类苑》中，收录有关松树的诗就有77首，说明当时鉴赏松树的风气盛行。

其中最为熟知的有李贺的《五粒小松歌》、李咸用的《小松歌》、皮日休的《小松》等，这些都是我国歌咏庭院中养植松树的较早诗篇。

往后各时期，表现松树盆景的文学作品就更多了。其中最著名的有宋代王十朋的《岩松记》，成为有关松树盆景的最早文字资料。

在园艺理论方面，到明代的盆景著作就更为丰富，如高源《遵生八笺》中的《高子盆景谈》、屠隆《考槃余事》中的《盆玩笺》、文震亨的《长物志》中的《盆玩》、吕初泰的《盆景》二篇。在这些著作中都提到松树盆景素材以华山松、白皮松、天目松（黄山松）为主，然以天目松为最主要、最古雅的树种。各著作中还阐述了松树盆景的制作技巧和盆景规格等。其中最值得我们注意的是，它们已经运用画意来指导松树盆景的造型。在《遵生八笺》中提到"结为马远之敧斜结曲，郭熙之露顶攫拿，刘松年之偃亚层叠，盛子昭之托拽轩"。这一主张在明代各著作中都有提到，可见这一观点，已在当时形成共识。

中国山水画和盆景都是源于自然、高于自然的艺术，他们有着许多共同的内在联系。

松树是中国山水画中选用最多的树种之一。有关松树的名画很多，名画家也很多。如唐代有毕宏、韦偃两位画松名家，明代也有画松名家项圣谟，近代有汤涤等。于是松成为我国山水画中的重要题材，画松也为历代山水画家必修的课程。

宋明之间，大家较为熟悉的绘有松树盆景的画作，如南宋刘松年的《十八学士图》、北宋张择端的《明皇窥浴图》、元代李士行的《偃松图》、明代蔡汝佐的《盆中景》、明代《吴雅集》的松树盆景、明代《十八学士图》、明代陈洪绶的《松竹梅盆景图》等。（参考李树华的《中国盆景文化史》）

直到现代，我国常见的松树盆景素材有黄山松（天目松）、日本五针松、黑松、马尾松、赤松、华南松、华山松、云南松等。松树盆景相对集中的省份有浙江、上海、江苏、山东、广东、安徽等。

松树盆景的造型演变历史，总的说应该是从简易走向复杂，从原生态走向高于自然。

古代的盆景作品，我们只能从古文字记载和古画作中得以认识和理解。古时候的盆景和国画一样，只能是少数文化人的艺术活动。但从古画中看到的古代盆景，是经过画家们的再创作，可能和原盆景作品有一定的差异。尽管如此，如果拿它来和现代人的松树盆景相比较，古时候的盆景，更带有一定的原生态的自然美和更浓的文人味和书卷气。这似乎是我们今天的盆景作品因长时间的创作活动而自身逐渐形成一些模式或规则，再加上近些年来外来的一些模式或规则的影响而导致的，使盆景创作跟原先提倡的"宛自天开"造型原理有所偏离，所以古时的盆景还是值得我们现代盆景人来学习的，因为"温故而知新"。

明末清初以来，商品盆景出现。这类树木盆景的造型，有一个几乎是共同的特点——作品的各主要线条均呈不同形式的圆弧线处理，这突出表现在各地方流派的民间盆景艺术中，从此盆景走出了文化人的艺术活动范围。但这仅仅反映了那一时期的树木盆景造型的一个侧面而已。

二、"高干垂枝"是现代松树盆景造型的新理念

在大自然中，"高干垂枝"是松树生长的自然规律，这一特殊性应被认为是具有普遍意义，是一种规律性的表现而其他所有异乎寻常的姿态，如主干过分虬曲、主干的俯卧、悬崖倒挂的各式姿态及出枝贴地而生的姿态等等，都应被视为特殊环境中的特殊树形。

松树盆景造型中，"高干垂枝"的提法，较之五针松盆景的"高干合栽"来得更概括、更简洁、更明确，它从干与枝两个主要方面都阐明了各种松树盆景的姿态特征，因而更能体现松树的高贵品质和浩然正气。

"高干合栽"是针对五针松盆景造型来论的，它十分符合五针松盆景素材那主干高

瘦、树身光滑缺少变化的特点，故采用"高干合栽"的提法实属最合理、最有效的方法，对今后五针松盆景造型仍有实际的指导意义。

"高干垂枝"的造型要诀，适用于各类松树的盆景造型。如天目松（黄山松）自古备受推崇，它树皮鳞片龟裂深厚、变化多，枝条柔软，针叶细弱，且可控性强，其特点很适宜作垂枝处理。有人说，日本五针松在原生状态下，其枝条的伸展方向呈上伸式，然我辈均未曾见过。作为盆景用的五针松枝条处理和其他各类松树盆景一样，枝条均为人为下垂的，以表现其老树姿态。

凡自然界松树枝条的伸展，均有普遍规律，年轻的松树枝条呈上伸式，随着树龄增高，枝条逐渐变为下垂式，所以"垂枝"的处理方式适宜于各类松树盆景的造型。

"高干垂枝"适宜于各种形式的松树盆景造型，如独干式或多干式（合栽式），也可以是直干式、斜式干、曲干式等。所谓"高干"是指干上出枝的位置高，一般要求在主干高的1/2以上，但以干高的2/3左右为最佳选择，忌在干的1/2处左右出枝。所谓"垂枝"，是指枝条的下垂，视干的高瘦或矮壮情况，决定垂枝角度的大小，如高瘦型可近于垂直下跌，主干矮壮者，枝没有可下垂的空间，可以近于水平，作小角度下垂。然主干高耸者容易入画。

垂枝不一定是指一棵树上所有枝条都作同一角度下垂，而应让下部那主要枝条作大角度下垂，其他上部枝条作适当配合、协调处理。

在"一方水土养一方树木"的基础上，再提"一方水土养一方盆景"，相信是十分正确的。这里所提的两个"水土"，上一个是指自然科学方面，下一个是指文化艺术方面。

"一方水土养一方盆景"是指中国盆景是在源远流长、底蕴深厚的中国文化中孕育、发展、壮大起来的。

我们已经知道松树和松树盆景的文化渊源及其在盆景中的地位。那么，往后中国（松树）盆景的发展、创新，也必须要在中国传统文化中寻找感觉、吸取灵感。因为，中国山水画和盆景，都是源于自然、高于自然的艺术创造，它们有着许多内在的联系，有着共同的追求（诗情画意）。松树盆景的"高干垂枝"源于自然，也同于画理，这就是中国文化哺育着中国松树盆景的发展、创新道理之所在。

一方水土养一方盆景

——谈松树盆景的"高干垂枝" ■胡乐国

一、松树的人文渊源及其在盆景中的地位。

在源远流长的中国文化史上,松树被古人誉为"百木之长",有王者之尊,有"神树"之称。

在我国历代养生医书中,有松子、松叶、松脂等应用于医疗疾病、养生延年之记述。

松树长寿、生命力旺盛,品格高贵、顽强挺拔。相传秦始皇游泰山,遇暴风骤雨,幸被一松树庇护,平安无恙,于是封其为"五大夫"。此后文人士大夫赞咏松树之作连篇累牍,蔚为大观。他们不但写松、画松,还颂松,如《史记》有称"松柏为百木之长也",更有人赋以人格化,赞其有"贫贱不移、威武不屈、忠贞不二"的优秀品质。孔子曰:"岁寒,然后知松柏之后调也。"荀子曰:"岁不寒,无以知松柏;事不难,无以知君子"之论。松树被推至神圣的至高地位。

在文学方面,早在唐代人们种植花木已很盛。明代张之象编录的《唐诗类苑》中,收录有关松树的诗就有77首,说明当时鉴赏松树的风气盛行。其中最为熟知的有李贺的《五粒小松歌》、李咸用的《小松歌》、皮日休的《小松》等,这些都是我国歌咏庭院中养植松树的较早诗篇。

往后各时期,表现松树盆景的文学作品就更多了。其中最著名的有宋代王十朋的《岩松记》,成为有关松树盆景的最早文字资料。

在园艺理论方面,到明代的盆景著作就更为丰富,如高濂《遵生八笺》中的《高子盆景谈》、屠隆《考槃余事》中的《盆玩笺》、文震亨的《长物志》中的《盆玩》、吕初泰的《盆景》二篇。在这些著作中都提到松树盆景素材以华山松、白皮松、天目松(黄山松)为主,然以天目松为最主要、最古雅的树种。各著作中还阐述了松树盆景的制作技巧和盆景规格等。其中最值得我们注意的是,它们已经运用画意来指导松树盆景的造型。在《遵生八笺》中提到"结为马远之欹斜结曲,郭熙之露顶攫拿,刘松年之偃亚层叠,盛子昭之托拽轩翥"。这一主张在明代各著作中都有提到,可见这一观点,已在当时形成共识。

中国山水画和盆景都是源于自然、高于自然的艺术,他们有着许多共同的内在联系。

松树是中国山水画中选用最多的树种之一。有关松树的名画很多,名画家也很

▷国画中的松树

▷国画中的松树

▲老松树照,摄于北京郊外　　　　　▲老松树照,摄于浙江义乌郊外

多。如唐代有毕宏、韦偃两位画松名家,明代也有画松名家项圣谟,近代有汤涤等。于是松成为我国山水画中的重要题材,画松也为历代山水画家必修的课程。

宋明之间,大家较为熟悉的绘有松树盆景的画作,如南宋刘松年的《十八学士图》、北宋张择端的《明皇窥浴图》、元代李士行的《偃松图》、明代蔡汝佐的《盆中景》、明代《吴雅集》的松树盆景、明代《十八学士图》、明代陈洪绶的《松竹梅盆景图》等。(参考《中国盆景文化史》李树华)

直到现代,我国常见的松树盆景素材有黄山松(天目松)、日本五针松、黑松、马尾松、赤松、华南松、华山松、云南松等。松树盆景相对集中的省市有浙江、上海、江苏、山东、广东、安徽等。

松树盆景的造型演变历史,总的说应该是从简易走向复杂,从原生态走向高于自然。

古代的盆景作品,我们只能从古文字记载和古画作中得以认识和理解。古时候的盆景和国画一样,只能是少数文化人的艺术活动。但从古画中看到的古代盆景,是经过画家们的再创作,可能和原盆景作品有一定的差异。尽管如此,如果拿它来和现代人的松树盆景相比较,古时候的盆景,更带有一定的原生态的自然美,和更浓的文人味和书卷气。这似乎是我们今天的盆景作品因受长时间的创作活动而自身逐渐形成一些模式或规则,再加上近些年来外来的一些模式或规则的影响而导致的,使盆景创作跟原先提倡的"宛自天开"造型原理有所偏离,所以古时的盆景还是值得我们现代盆景人来学习的,因为"温故而知新"。

明末清初以来,商品盆景出现。这类树木盆景的造型,有一个几乎是共同的特点——作品的各主要线条均呈不同形式的圆弧线处理,这突出表现在各地方流派的民间盆景艺术中,从此盆景走出了文化人的艺术活动范围。但这仅仅反应了那一时期的树木盆景造型的一个侧面而已。

二、"高干垂枝"是现代松树盆景造型的新理念。

在大自然中,"高干垂枝"是松树生长的自然规律,这一特殊性应被认为是具有普遍意义,是一种规律性的表现。而其他所有异乎寻常的姿态,如主干过分虬曲、主干的俯卧、悬崖倒挂的各式

盆景赏石 **5**

▷树种：黑松
▷胡乐国作品

6 盆景赏石

姿态及出枝贴地而生的姿态等等，都应被视为是特殊环境中的特殊树形。

松树盆景造型中，"高干垂枝"的提法，较之五针松盆景的"高干合栽"来得更概括、更简洁、更明确，它从干与枝两个主要方面都阐明了各种松树盆景的姿态特征，因而更能体现松树的高贵品质和浩然正气。

"高干合栽"是针对五针松盆景造型来论的，它十分符合五针松盆景素材那主干高瘦、树身光滑缺少变化的特点，故采用"高干合栽"的提法实属最合理、最有效的方法，对今后五针松盆景造型仍有实际的指导意义。

"高干垂枝"的造型要诀，适用于各类松树的盆景造型。如天目松（黄山松）自古倍受推崇，它树皮鳞片龟裂深厚、变化多，枝条柔软，针叶细弱，且可控性强，其特点很适宜作垂枝处理。有人说，日本五针松在原生状态下，其枝条的伸展方向呈上伸式，然我辈均未曾见过。作为盆景用的五针松枝条处理和其他各类松树盆景一样，枝条均为人为下垂的，以表现其老树姿态。

凡自然界松树枝条的伸展，均有普遍规律，年轻的松树树枝条呈上伸式，随着树龄增高，枝条逐渐变为下垂式，所以"垂枝"的处理方式适宜于各类松树盆景的造型。

"高干垂枝"适宜于各种形式的松树盆景造型，如独干式或多干式（合栽式），也可以是直干式、斜式干、曲干式等。所谓"高干"是指干上出枝的位置高，一般要求在主干高的1/2以上，但以干高的2/3左右为最佳选择，忌在干的1/2处左右出枝。所谓"垂枝"，是指枝条的下垂，视干的高度或矮壮情况，决定垂枝角度的大小，如高瘦型可近于垂直下跌，主干粗壮者，枝没有可下垂的空间，可以近于水平，作小角度下垂。然主干高耸者容易入画。

垂枝不一定是指一棵树上所有枝条都作同一角度下垂，而应让下部那主要枝条作大角度下垂，其他上部枝条作适当配合、协调处理。

▲树种：五针松
▲胡乐国作品

在"一方水土养一方树木"的基础上，再提"一方水土养一方盆景"，相信是十分正确的。这里所提的两个"水土"，上一个是指自然科学方面的，下一个是指文化艺术方面的。

"一方水土养一方盆景"是指中国盆景是在源远流长、底蕴深厚的中国文化中孕育、发展、壮大起来。

我们已经知道松树和松树盆景的文化渊源及其在盆景中的地位。那么，往后中国（松树）盆景的发展、创新，也必须要在中国传统文化中寻找感觉、吸取灵感。因为，中国山水画和盆景，它们都是源于自然、高于自然的艺术创造，它们有着许多内在的联系，有着共同的追求（诗情画意）。松树盆景的"高干垂枝"源于自然，也同于画理，这就是中国文化哺育着中国松树盆景的发展、创新道理之所在。

（编辑／徐旻）

以上图片来自《花木盆景》（盆景赏石版）2008年第10期

1-22 《中国盆景的创新与发展》（2009年）

载于《花木盆景》（盆景赏石版）2009年第1期

事物的发展始于创新。中国盆景的诞生至今已有一千多年历史。这一千多年的时间，说长也不长，说短也不算短，和中国文字、书法、绘画、音乐、园林艺术等相比较，盆景却是小弟小妹了。可是中国盆景后来发展，其品位的提高，虽跟日本盆景尚有某些距离，但我们近几年来的发展却是形势喜人的。世界盆景的源头来自中国，我们更应该积极提倡研究中国盆景的创新与发展问题。

一、中国盆景的创新与发展，不能离开中国文化的大背景

创新是发展的原动力，是灵魂，是精神力量所在。没有创新就谈不上发展，但如何创新，我想首先要了解如下两点：

（一）盆景的发展有一个前提，思想基础与技术基础。

（二）哲学体系与文化思想是思想基础的核心。

盆景是综合艺术，所以要了解和研究盆景的创新与发展，也必须从它的文化背景、哲学思想着手，然后具体地研究和盆景密切相关的自然审美观、园林艺术、树木栽培、山石审美、陶瓷技艺等方面。此外还必须涉及中国文学、书法、绘画、音乐等的学习，来提高自己对中国盆景的创新与发展能力。

中国盆景是在源远流长、底蕴深厚的中国文化中孕育、发展、壮大起来，是中国文化的一部分。往后我们研究中国盆景的创新、发展，决不能离开中国传统文化这一方肥沃、丰厚的土地。

如鄙人新近在《花木盆景》上发表的《一方水土养一方盆景——谈松树盆景的"高干垂枝"》一文，就是基于自己对自然界古老松树的审美选择，在对中国树木画中对松树的表现中得到启发，并结合自己多年对松树盆景造型的心得，总结出来的一种新理念。自认为它是在中国传统文化中找到感觉、取得灵感的结果。

二、意境、诗情画意的表现

中国盆景艺术以诗情画意见长、意境为先，这就突显了中国传统文化，尤其是盆景与文学、山水画的关系，要求盆景作品造型优美，意境深远。

关于"诗情画意""意境"二词的解释，我想就盆景造型角度作一通俗、具体、浅近的说法，可能不一定很完美，但能起到帮助理解的作用。不论哪一类盆景的创作，能在"重姿态、能入画"的要求下完成创作，形成画面优美、耐人寻味、令人百看不厌而心旷神怡的具有魅力的作品，我们认为该作品就具有一定的诗情画意。因为作者和欣赏者此时此刻的思想感情，取得了沟通和共鸣，在这种情况下，作品的意境自然也深藏其中。这就是作品已经达到"形神兼备"和"无声的诗，立体的画"的境界。

中国盆景讲究含蓄和简洁，在画面构图上要"主次分明"。故在画面上不见得越复杂越好或配件、山石越多就越好，相反地要练好基本功，提倡"一棵树就是一个世界"的理念。

对中国山水盆景的创新和发展，建议也必须在这方面下功夫，也要懂得"一石一世界"的道理。景物太真实、太具体，造成一览无余，深层次的内容就没有了。古人说："景愈藏则境界愈大，景愈露则境界愈小。"这是中国文化对景物与意境的关系处理的原则。

中国盆景讲究笔墨情缘，像绘画、书法一样，强调线条美。所以在画面构图中，强调主干线条、主要的枝线条，其来龙去脉要有所交代，这才能使作品的态势清晰明朗，有笔墨韵味，方能入画。如果在树冠三角形构图内看不到枝线条的交代，仅有一个严实的没有虚实变化的规正三角形，则不符合中国盆景的要求。

神枝、舍利干对树木来说是自然现象，但对树木盆景来说，有助于作品诗情画意、意境的表达，所以学习热潮很快高涨起来。希望在学习时，要牢记中国文化主导作用的存在。先人教导盆景造型时要尊重"宛自天开"的原理，要能做到"恰到好处"的表现和"因材制宜"的处理。此外，还要准确巧妙地运用盆景的艺术表现手法，以求得变化与统一的完美结合。技术是简单的，但在艺术上的掌握是有难度的。目前对该作业有过于工整细腻、缺少变化之嫌，要力避匠气。

三、盆景的创新与发展要吸收国外盆景的先进技术和养护经验。这也体现了中国文化包容大度的气概

近十多年来，在这方面我们做得很好，如对柏树盆景的神枝、舍利干制作的学习，使中国的柏树盆景造型古树换新颜。这种技艺的学习推广，对树木盆景在"宛自天开"和树木健康、苍劲方面大大地提高了品位与格调，因此也大大地丰富了盆景作品的文化内涵。

在树木盆景的用土问题上，也正在革除旧习，因地制宜地采用颗粒土，如香土、粗砂等，改善了盆土结构，增进了功能，使盆景树木根系发达、健康生长。也改善了对树木根系的调整作用，提高了对根部的欣赏要求。

又如在工具的改革创新方面，我国也正开始走向现代化。有自己的工具厂商，也开始有自己的品牌，占有相对较大的市场，希望在工具的生产质量上进一步提高和规范化。

凡此种种都表明了，中国盆景正在创新与发展中，能在继承中国传统文化的优良传统前提下，吸收外来的先进技术，两者相辅相成是不可或缺的。同时这也是近年来，中国盆景取得长足进步的主要原因。

四、综合文化素质有待普遍提高，是中国盆景创新、发展的基础

盆景是综合艺术，它涉及的学科范围很广，但与文化艺术方面的关系最为密切。纵观中国盆景界与绘画、书法、音乐等各行业同仁的学历相比较，及有关院校对学科的设置来看，盆景艺术方面的差距大矣！鉴于中国实际情况，盆景同仁必须发奋图强，走自学成才道路，来提高自身的综合素质，为我国盆景的发展作出力所能及的贡献。

就盆景艺术的创新、发展，要求作者首先要学懂盆景艺术的一系列创作原理和灵活、准确地运用盆景创作的一系列艺术表现手法。这些原理与表现手法，是中国文化内涵中对盆景艺术在创作方面最集中、最具体的指导内容，没有这些内容的汇集，我们就无法在无涯的学海中汲取我们所需要的东西。所以我们感谢前人的辛勤劳动，为我们开启了盆景创作的方便之门、智慧之门，我们要倍加珍惜，努力地学习它，灵活巧妙地运用它。

盆景的创作原理，常提到有"师法自然""小中见大""繁中求简""意在笔先""因材处理"……盆景的艺术表现手法，也称艺术辩证法等。一切事物都存在矛盾，盆景造型就是将这些有关矛盾，按照盆景的艺术表现手法，取得很好的统一协调的完美处理。它们如"主次分明""疏密相当""动静相宜""虚实相生""露中有藏""顾盼呼应""刚柔相济"等，这些矛盾的处理方法，没有固定的模式，只有原则、没有规则，只能灵活掌握。比如说，有同样的素材，出自不同作者之手，其结果不会是相同，必然有佳作，也有平庸之作。这就是作者在"文化"上的高低较量。

树种：黄山松，规格：高112厘米，胡乐国作品

中国盆景的
创新与发展

■胡乐国

事物的发展始于创新。中国盆景的诞生至今已有一千多年历史,这一千多年的时间,说长也不长,说短也不算短,和中国文字、书法、绘画、音乐、园林艺术等相比较,盆景却是小弟妹了。可是中国盆景后来发展,其品位的提高,虽跟日本盆景尚有某些距离,但我们近几年来的发展,却是形势喜人的。世界盆景的源头来自中国,我们更应该积极提倡研究中国盆景的创新与发展问题。

一、中国盆景的创新与发展,不能离开中国文化的大背景。

创新是发展的原动力,是灵魂,是精神力量所在。没有创新就谈不上发展,但如何创新,我想首先要了解如下两点:

(一)盆景的发展有一个前提,思想基础与技术基础。

(二)哲学体系与文化思想是思想基础的核心。

盆景是综合艺术,所以要了解和研究盆景的创新与发展,也必须从它的文化背景、哲学思想着手,然后具体地研究和盆景密切相关的自然审美观、园林艺术、树木栽培、山石审美、陶瓷技艺等方面。此外还必须涉及中国文学、书法、绘画、音乐……的学习,来提高自己对中国盆景的创

🔺树种:黄山松
🔺规格:高 112cm
🔺胡乐国作品

8 盆景赏石

新与发展能力。

中国盆景是在源远流长、底蕴深厚的中国文化中孕育、发展、壮大起来，是中国文化的一部分。往后我们在研究中国盆景的创新、发展，决不能离开中国传统文化这一方肥沃、丰厚的土地。

如鄙人新近在花木盆景上发表的《一方水土养一方盆景——谈松树盆景的"高干垂枝"》一文，就是基于自己对自然界古老松树的审美选择，在对中国树木画中对松树的表现中得到启发，并结合自己多年对松树盆景造型的心得，总结出来的一种新理念。自认为它是在中国传统文化中找到感觉，取得灵感的结果。

二、意境、诗情画意的表现

中国盆景艺术以诗情画意见长、意境为先，这就突显了中国传统文化，尤其是盆景与文学、山水画的关系，要求盆景作品造型优美，意境深远。

关于"诗情画意"、"意境"二词的解释，我想就盆景造型角度作一通俗、具体、浅近的说法，可能不一定很完美，但能起到帮助理解的作用。不论哪一类盆景的创作，能在"重姿态、能入画"的要求下完成创作，形成画面优美，耐人寻味，令人百看不厌而心旷神怡的具有魅力的作品，我们认为该作品就具有一定的诗情画意。因为作者和欣赏者此时此刻的思想感情，取得了沟通和共鸣作用，在这种情况下，作品的意境自然也深藏其中。这就是作品已经达到"形神兼备"和"无声的诗，立体的画"的境界。

中国盆景讲究含蓄和简洁，在画面构图上要"主次分明"。故在画面上不见得越复杂越好或配件、山石越多就越好，相反地要练好基本功，提倡"一棵树就是一个世界"的理念。

对中国山水盆景的创新和发展，建议也必须在这方面下功夫，也要懂得"一石一世界"的道理。景物太真实、太具体，造成一览无余，深层次的内容就没有了。古人说："景愈藏则境界愈大，景愈露则境界愈小"。这是中国文化对景物与意境的关系处理的原则。

中国盆景讲究笔墨情缘，像绘画、书法一样，强调线条美。所以在画面构图中，强调主干线条、主要的枝线条，其来龙去脉要有所交代，这才能使作品的态势清晰明朗，有笔墨韵味，方能入画。如果在树冠三角形构图内看不到枝线条的交代，仅有一个严实的没有虚实变化的规正三角形，则不符合中国盆景的要求。

神枝、舍利干对树木来说是自然现象。但对树木盆景来说，有助于作品诗情画意、意境的表达，所以学习热潮很快高涨起来。希望在学习时，要牢记中国文化主导作用的存在。先人教导盆景造型时要尊重"宛自天开"的原理，要能做到"恰到好处"的表现和"因材制宜"的处理。此外，还要准确巧妙地运用盆景的艺术表现手法，以求得变化与统一的完美结合。技术是简单的，但在艺术上的掌握是有难度的。目前对该作业有过于工整细腻、缺少变化之嫌，要力避匠气。

三、盆景的创新与发展要吸收国外盆景的先进技术和养护经验。这也体现了中国文化包容大度的气概

近十多年来，在这方面我们做得很好，如对柏树盆景的神枝、舍利干制作的学习，使中国的柏树盆景造型古树换新颜。这种技艺的学习推广，对树木盆景在"宛自天开"和树木健康、苍劲方面大大地提高了品位与格调，因此也大大地丰富了盆景作品的文化内涵。

在树木盆景的用土问题上，也正在革除旧习，因地制宜地采用颗粒土，如香土、粗砂等，改善了盆土结构，增进了功能，使盆景树木根系发达、健康生长。也改善对树木根系的调整作用，提高对根部的欣赏要求。

又如在工具的改革创新方面，我国也正开始走向现代化。有自己的工具厂商，也开始有自己的品牌，占有相对较大的市场，希望在工具的生产质量上进一步提高和规范化。

凡此种种都表明了，中国盆景在创新与发展，能在继承中国传统文化的优良传统前提下，吸收外来的先进技术上，两者相辅相成是互不可缺的。同时这也是近年来，中国盆景取得长足进步的主要原因。

四、综合文化素质有待普遍提高，是中国盆景创新、发展的基础

盆景是综合艺术，它涉及的学科范围很广，但与文化艺术方面的关系最为密切。纵观中国盆景界与绘画、书法、音乐……各行业同仁的学历相比较，及有关院校对学科的设置来看，盆景艺术方面的差距大兮！鉴于中国实际情况，盆景同仁必须发奋图强，走自学成才道路，来提高自身的综合素质，为我国盆景的发展作出力所能及的贡献。

就盆景艺术的创新、发展，要求作者首先要学懂盆景艺术的一系列创作原理和灵活、准确地运用盆景创作的一系列艺术表现手法。这些原理与表现手法，是中国文化内涵中对盆景艺术在创作方面最集中、最具体的指导内容，没有这些内容的汇集，我们就无法在无垠的学海中汲取我们所需要的东西。所以我们感谢前人的辛勤劳动，为我们开启了盆景创作的方便之门、智慧之门，我们要倍加珍惜，努力地学习它，灵活巧妙地运用它。

盆景的创作原理，常常提到有"师法自然"、"小中见大"、"繁中求简"、"意在笔先"、"因材处理"……。盆景的艺术表现手法，也称艺术辩证法等。一切事物都存在矛盾，盆景造型就是将这些有关矛盾，按照盆景的艺术表现手法，取得很好的统一协调的完美处理。它们如"主次分明"、"疏密相当"、"动静相宜"、"虚实相生"、"露中有藏"、"顾盼呼应"、"刚柔相济"等，这些矛盾的处理方法，没有固定的模式，只有原则、没有规则，只能灵活掌握。比如说，有同样的素材，出自不同作者之手，其结果是不会是相同，必然有佳作，有平庸之作。这就是作者在"文化"上的高低较量。

（编辑/徐旻）

以上图片来自《花木盆景》（盆景赏石版）2009年第1期

这次我们是专程来观摩、学习以探讨韩学年先生山松盆景艺术为主的岭南山松盆景研讨会。山松盆景的成功，让我们为之震撼、为之喜悦，韩先生不愧为岭南山松盆景开拓创新的带头人。

众星拱月，岭南还有众多的山松盆景爱好者，如彭盛材、郑永泰及广西梧州的山松盆景研究会，还有许多未曾了解到的玩山松的朋友们。借此机会谨向他们致以敬意与祝贺！

近20年前，我就了解到广西梧州有个山松盆景研究会。此后我又收集到一幅用红色圆盆的高干垂枝式的山松盆景挂历，令人惊喜。该作品风格符合松树及松树盆景的欣赏与造型的至高境界，是能入画、有意境，追求文墨情缘的佳作，给我留下深深的印象。前个月我来到韩先生的盆景培育坊，在餐厅的墙上，我看到了一副盆景照片，那就是我收集到的挂历上的山松盆景，我十分高兴，终于对上号了，遇到了作品的主人——韩学年先生。由此我从心底里默默地产生了敬意，想韩先生该是岭南盆景的一位"大家"。可也巧合，该作品又正好

布置在会场上，它该算是韩先生的早年作品了。这说明岭南山松盆景的成功是走过一段较长的岁月，有所积累，有所沉淀。

韩先生的成功，有他的先决因素。以他自己的话说："抱着玩的心态"，"玩起来感到轻松洒脱"，不求作品能入大流与否，更无经济目的，但求个性所然。这是一种超脱精神的表现。

正因为此，作品风格摆脱了常见的这些矮壮型模式的树形，使人有野趣横生、别开生面的愉悦。这就是在取材上重高瘦、多变化的要求，高人一筹，这是成功的基础。

山松作为树木盆景素材，跟其他松类相比有种种不足之处。对此岭南的朋友们足足花上20多年的劳苦，总结出一套既适合于岭南的自然环境又保持有岭南盆景的地方风格的造型方法，他们采用了"少蟠扎、多牵带"以缩剪和短叶法相结合的技巧。以我个人的理解就是"蓄枝截干"加上"短叶法"。但山松的"蓄枝截干"跟杂木的有所不同，山松的短叶法跟黑松的也有所不同。

山松盆景的成功，说明盆景艺术

领域的某一项内容的创新和发展，要经历较长时间的考验：要在优良传统的基础上开拓创新；要人民群众乐于接受认可；要有一定的理论基础，才能取得理论和实践的统一。关于山松盆景在岭南的成功，在杂志上多年来发表过不少文章，它们都说得实际，有血有肉。

关于盆景艺术的创新，千万不可异想天开，争取一朝一夕见效果，不惜使树木盆景的造型作违反自然规律、违反艺术规律、违反社会生活规律的扭曲。

山松盆景的成功，使岭南盆景素来以杂木为主的局面发生改变，丰富了树种，丰富了岭南盆景的内涵，这对岭南盆景的发展作出了重大贡献。

山松（马尾松）在我国是造林首选树种之一，它们种植面积很广，也就是说可以选作盆景素材的资源极其丰富。这对我国内地大部分省区的盆景发展提供了信息和技术资源，对它们的盆景发展有着启发和指导作用。岭南的成功就是大家的榜样。这对我国盆景发展同样有着重大的贡献。

为使岭南山松盆景有个更完美的进步，建议让岭南的"蓄枝截干"和长江流域的"吊扎法"结合起来，能使天然的主干和后天培育起来的部分和谐统一，毕竟"吊扎法"是行之有效、经得起考验并已普及世界的一种技法。

山松　80cm　韩学年
Pinus massoniana　Han Xuenian

韩学年山松作品（20年前的挂历）

韩学年山松作品（20年后"彩袖轻拂"）
图片由韩学年提供

　　杂木盆景是中国盆景的一大内容、一大分类、一大亮点。杂木盆景的树种之杂，表现形式之多样，大大地丰富了中国盆景灿烂绚丽的色彩。

　　近十余年来，长三角各省市的松柏盆景，不论在制作技艺还是艺术理论上都得到了空前的提高与发展。就其范围来说，我国一些原来没有或少有松柏类盆景的省份如广东、福建等，也都开始有松柏类盆景，可谓形势大好。而对杂木盆景的发展，尤以长三角各地为主，则渐渐地走向低落。这让我们盆景人感到一些伤感与不安。我们祈盼中国的盆景园地百花齐放、万紫千红，那才是永远的春天。

　　日前，福鼎的马树萱先生得知我要赴泉州参加中国杂木盆景研讨会。他兴致骤起，说："杂木盆景该研讨研讨的了。杂木盆景在养护和造型上较之松柏类有它的难度，但它毕竟还是我们所要表现的对象。必须要用新思维、新技法，使杂木盆景焕发光彩。"这一小插曲，说明这次研讨会是符合群众意愿，是在想群众所想，急群众所急！

　　中国盆景有南北之分。岭南盆景以杂木为主，它的蓄枝截干技法及理论上的成熟，更造就了一批又一批的名家名作。它们的成功将永载史册，为世人所称颂。岭南盆景人的努力，将岭南的杂木盆景推向了世界盆景的最高境界，阐明了岭南盆景饱含民族文化的精神内涵。它的风采，足以代表中国盆景风格的一个方面。这是一笔了不起的艺术财富，它属于岭南，也属于全国，我们引以为豪。

　　长三角和珠三角，都是中国盆景最为发达的地区。而长三角的盆景，以松柏见长，杂木的份量也不轻。说北派盆景的范围应由长三角扩展到长江流域中部各省市，以及华北、中原地区。总的说，北派的杂木盆景，较之松柏类略有逊色。我的观点，逊色表现在哪里？表现在艺术观及表现手法上。这就不能不归结在历史原因上。近现代的盆景造型，仍在一定程度上受民间规则式盆景手法的影响。它不分树种，均作扎片处理，而且一根枝条扎成一个片，不知道片中有片的变化。对枝条的伸展方向均作平展式处理。这就是北派杂木盆景逊色、落后的原因所在。杂木盆景的创作如不能走出扎片的阴影，它就不能满足群众对杂木盆景的造型与审美在文化与艺术方面的需要。盆景的规则式造型是商品化的产物，它的制作过程简单、单一、多雷同、易掌握。为摆脱这一困境，我想只能有待于盆景作者对文化艺术水平的迅速提高。文化素质的提高，才能判别是非真伪。一个缺乏文化气息的作品，是很难得到群众认同的。

记得在十多年前，我曾在闽东霞浦的一次盆景活动会上谈过"杂木盆景的枝条处理，要让它杂一点"的观点。现在看起来还是有重提的必要，情况虽有较大的好转，但影响仍在。人们对杂木盆景的要求还是在继续提高，没有止境。

杂木之所以杂，是因为它树种多，多得有些复杂（因为我们不是搞树木分类的）。应该说不同的树种会有不同的姿态，尤以枝条的伸展方向和伸展姿态的表现，可说是变化万千。但杂木作为盆景用材，没有必要将所有可作盆景用的杂木枝条都作出较为明确的不同处理方法。但"物以类聚"，形亦可以群分，即把具有共性的树种汇聚在一起，

有个大概的区分就可以了。如国画里的树木画，它就把松树作"高干垂枝"处理，让枝条呈"下垂式"；柏树作"云团式"；杂木呈"上伸式"；花果类按其开花结果的要求，分别作不同的处理。仅此足矣！足以表现各不同类别的树木个性。这就是"师法自然""因材制宜"的艺术规律。书画和盆景同源同理，杂木盆景造型自然也是如此。

一件好的杂木盆景作品，需要把它的各个部分都处理得协调、默契，让枝条的处理"杂中有序"。太杂了就是杂乱无章，过分有序就是失真、庸俗、匠气。所以对树木的枝条处理，要掌握在"似与不似之间"。这就是中国盆景"源于自然，源于中国文化，才能使中国盆景有高于自然"的艺术表现。

中国之大，不可能用一种样式、一种造型方法来处理各方的树木盆景的造型。又如即使是同一个树种如马尾松、黑松、榔榆等，它地跨南北东西，也宜"因地制宜"，采用不同的表现形式，以展现地区间的地理和人文因素的不同，这就是盆景的地域性或地方风格的表现。

杂谈杂木盆景

■胡乐国

杂木盆景是中国盆景的一大内容、一大分类、一大亮点。杂木盆景的树种之杂，表现形式之多样，大大地丰富了中国盆景灿烂绚丽的色彩。

近十余来，长三角各省市的松柏盆景，不论在制作技艺还是艺术理论上都得到了空前的提高与发展。就其范围来说，我国一些原来没有或少有松柏类盆景的广东、福建等省，也都开始有松柏类盆景，可谓形势大好。而对杂木盆景的发展，尤以长三角各地，则渐渐地走向低落。这让我们盆景人感到一些伤感与不安！我们祈盼中国的盆景园地百花齐放、万紫千红，才是永远的春天。

日前，福鼎的马树萱先生得知我要赴泉州参加中国杂木盆景研讨会。他兴致骤起，说："杂木盆景该研讨研讨的了。杂木盆景在养护和造型上较之松柏类有它的难度，但它毕竟还是我们所要表现的对象。必须要用新思维、新技法，使杂木盆景焕发光彩。"这一小插曲，说明这次研讨会是符合群众意愿，是在想群众所想，急群众所急！

中国盆景有南北之分。岭南盆景以杂木为主，它的蓄枝截干技法及理论上的成熟，更造就了一批又一批的名家名作。它们的成功将永载史册，为世人所称颂。由于岭南盆景人的努力，将岭南的杂木盆景推向了世界盆景的最高境界，阐明了岭南盆景饱含民族文化的精神内涵。它的风采，足以代表中国盆景风格的一个方面。这是一笔了不起的艺术财富，它属于岭南，也属于全国，我们为此引以自豪。

长三角和珠三角，都是中国盆景最为发达的地区。而长三角的盆景，以松柏见长，杂木的份量也不轻。说北派盆景的范围应由长三角扩展到长江流域中部各省市，以及华北、中原地区。总的说，北派的杂木盆景，较之松柏类略有逊色。我的观点，逊色表现在哪里？表现在艺术观及表现手法上。这就不能不归结在历史原因上。近现代的盆景造型，仍在一定程度上受民间规则式

盆景手法的影响。它不分树种，均作扎片处理，而且一根枝条扎成一个片，不知道片中有片的变化。对枝条的伸展方向均作平展式处理。这就是北派杂木盆景逊色、落后的原因所在。杂木盆景的创作如不能走出扎片的阴影，它就不能满足群众对杂木盆景的造型与审美、在文化与艺术方面的需要。盆景的规则式造型是商品化的产物，它的制作过程简单、单一、多雷同、易掌握。为摆

◁题名：《劲节孤心好颜色》
◁树种：黄杨
◁规格：100cm×70cm
◁作者：胡乐国

8 盆景赏石

▲题名:《雀梅春早》
▲树种:雀梅
▲规格:高 37cm
▲作者:胡乐国

式";杂木呈"上伸式";花果类按其开花结果的要求,分别作不同的处理。仅此足矣!足以表现各不同类别的树木个性。这就是"师法自然"、"因材制宜"的艺术规律。书画和盆景同源同理,杂木盆景造型自然也是如此。

一件好的杂木盆景作品,只有把它的各个部分都处理得协调、默契,让枝条的处理"杂中有序"。太杂了就是杂乱无章,过分有序就是失真、庸俗、匠气。所以对树木的枝条处理,要掌握在"似与不似之间"。这就是中国盆景"源于自然,源于中国文化,才能使中国盆景有高于自然"的艺术表现。

中国之大,不可能用一种样式、一种造型方法来处理各方的树木盆景的造型。又如即使是同一个树种如马尾松、黑松、榔榆等,它地跨南北东西,也宜"因地制宜",采用不同的表现形式,以展现地区间的地理和人文因素的不同,这就是盆景的地域性或地方风格的表现。

(编辑 / 刘少红)

脱这一困境,我想只能有待于盆景作者对文化艺术水平的迅速提高。文化素质的提高,才能判别是非真伪。一个缺乏文化气息的作品,是很难得到群众认同的。

记得在十多年前,我曾在闽东霞浦的一次盆景活动会上谈过"杂木盆景的枝条处理,要让它杂一点"的观点。现在看起来还是有重提的必要,情况虽有较大的好转,但影响仍在。人们对杂木盆景的要求还是在继续提高,没有止境。

杂木之所以杂,是因为它树种多,多得有些复杂(因为我们不是搞树木分类的)。应该说不同的树种,会有不同的姿态,尤以枝条的伸展方向和伸展姿态的表现,可说是变化万千。但杂木作为盆景用材,没有必要,将所有可作盆景用的杂木枝条都作出较为明确的不同处理方法。但"物以类聚",形亦可以群分,即把具有共性的树种汇聚在一起,有个大概的区分就可以了。如国画里的树木画,它就把松树作"高干垂枝"处理,让枝条呈"下垂式";柏树作"云团

▲题名:《榆林曲》
▲树种:榆树
▲规格:高 56cm
▲作者:胡乐国

以上图片来自《花木盆景》(盆景赏石版)2010 年第 8 期

1-25 《谈对盆景的看法》（2011年）

2011年浙江省两盆会联合理事会会议发言文章

谈对盆景的看法，我想作个提纲式的谈话：

一、盆景起源于中国，这是历史真实、举世公认

世界各国盆景都是直接或间接地接受了中国盆景的传播而发扬光大。说起源于中国，不仅是简单地认为时间的概念是最早的，而是说盆景这门艺术，经过数千年的长时间完善充实，使其从形式到内容都得到明确的认识。在形式上，确定以树、石为主要素材，以大自然古树、秀山、奇石为造型的范本，来创作艺术作品。还在规格上认定"盆景以几案可置者为佳"。在内容上作品要求讲究"诗情画意"，追求"意境"等。于是形成了近于完美的盆景艺术作品的个性形象。这对盆景艺术的学习和传播、创作与鉴赏，有了个明确的具体的可以掌控的可能。全世界的盆景都将朝这一方向来发展。盆景成了一门世界性的艺术。

二、盆景是文化

各国盆景的发展，都必须要与其本民族的传统文化相结合。使盆景艺术成为其本民族文化的一部分。只有这样，才能使自己的作品具有民族风格和特征。

从这一角度出发，看世界盆景，认为目前只有中国和日本盆景最具特色。而其他后来者，因为他们接受盆景的时间太短了，起步晚得多。换句话说，虽也有好作品，但它们都正在成熟之中。

"日本盆栽"历史悠久。"日本盆栽"相当于我国称之的"树木盆景"。说明中国盆景的形式比较丰富，至少多了一大类——山水盆景。而实际上还有许多介于两者之间的其他形式。虽说日本盆景也常见有山水等，但它未见成为大类。

从树木盆景的形式看，中日之间基本是一样的。个别造型形式存在差异，如日本盆景的模样木造型，端庄稳重，但缺乏虚实疏密的变化；日本杂木盆景中的立帚式就颇具乡村树木风味，很有亲切感；日本的文人木也独具特色，佳作颇多，有很高的欣赏价值。而我国岭南杂木盆景的"蓄枝截干"及浙江松树盆景的"高干垂枝"等的造型手法，是我国当代盆景最具中国特色的造型形式。

树木盆景作品的又一特点，不像绘画、书法一样一挥而就，它还有个养护过程，盆养年龄越长，作品的老辣程度即成熟程度越高。在这一点上，我国盆景目前是无法超越日本的，这是由我国近代史上长期的战争和贫穷所造成的。

三、科学与艺术

科学和艺术是两个不同的学术范畴。但盆景艺术的发展离不开当代的科技成就和艺术观的提升。两者相辅相承、相得益彰。

我国有五六千年文明史，所孕育出来的深厚的民族传统文化，如古诗词的辉煌，山水画、书法等的成熟，以及盆景的起源……都和传统文化一脉相承。所以盆景的核心精神是追求作品的"诗情画意"，追求"意境"，这是深层次的文化内涵的表现，是中国盆景的发展优势。

我国和日本盆景的差距，主要表现在与现代科学的结合上，包括作业的规范程度和认真态度。具体表现在培养土、肥料、整形、病虫害防治、植物品种的选育、素材的培养、工具的制作等方面的科学化和实践的规范化方面。从而，都应力求盆景的造型和养护走上科学化和规范化。"规范"本身也是体现一种科学精神。其中认真做好规范化，难度也较大。1.这可能是因为中国之大，区域流派较复杂；2.业内人员文化艺术素质尚需快速提高。

一句话，中国盆景的优势在艺术处理上，不足在科学化方面。

载于《花木盆景》（盆景赏石版）2011年第12期

传承与创新是中国盆景发展的永恒主题，要世世代代地谈下去，而且发扬光大。

中国盆景的创新与发展，不能离开中国文化的大背景。中国盆景是中国文化的一部分，中国文化底蕴深厚，中国盆景源远流长，它是在中国文化的沃土上孕育、发展、壮大起来的。就此，中国盆景不但源于自然，更应该说源于中国文化。我们一贯倡导中国盆景要讲究诗情画意，要讲究意境。除此对盆景造型还总结了一整套有关形式美的法则和规律。这一整套完整理论都应该说是来自于浩瀚的中国文化，它既针对盆景造型，也可为其他艺术门类共同享用。

盆景作品的创新，必须遵循自然规律和艺术规律。通俗地说，树木盆景要像一棵真实的树或一个真实的丛林景观，但它比真实的一棵树或一群丛林显得更美，更让人流连忘返。因为其中就有艺术美的规律的参与和协调。前段时间，有的同志不自觉间强调了艺术美的表现，而忽视了自然美的基本要求，让作品成了怪模怪样、叫人难以接受的东西，这是一种失控现象和不和谐的表现，不能说是作品的创新。

创新的过程应该是实践升华成理论，理论再指导实践。盆景艺术的创新，不是川剧的变脸，说变就变。它是一种知识的积累，是在漫长的艰辛劳动中的特殊结晶。每一个人的劳动不一定都能成功走向创新，但它的劳动肯定能对自己或他人的成功创新提供有益的帮助。

在漫长的创作实践中，既要练就一手过硬的剪、扎技能，又要积累和加深对盆景艺术的理解与认知。这是每个盆景人对盆景创新必须具备的基础条件。例如，江浙水旱盆景的创新和松树盆景合栽、高干、垂枝技法的创新，都经历了一代人三五十年的光阴才完成，可谓难能可贵。

盆景艺术的创新，有一个完整的过程，即"实践—理论—再实践"。只有走完了这三部曲，创新才算是通过了时间的考验，取得成功。从第一步到第二步体现了在实践中得到知识的积累，然后升华为理论。这一步要求创新者具备一定的文化基础。文化基础高者，他的总结能力就强，他的理论水平就相对地高，在再实践的过程中，成绩就显著。更为重要的是能在这过程中形成一个创新群体。

近数十年来，中国盆景艺术得到了快速的发展与提高，出现了许多可喜的创新成果。究其因，不外是大家都提高了对中国文化的理解，对中国盆景的认识。就以这一大批创新成就而言，它们无一不是在中国文化中得到灵感的结果。如岭南的蓄枝截干技法，是吸取岭南画派树木法及岭南的地理天气特征的结果；水旱盆景采用中国山水画构图原理及以树木为主的多元素材的结合，实现了山水画的立体效果；砚式盆景采用简约的山水画构图、盆器的变形与诗词艺术紧密接合；松树的合栽、高干、垂枝技法，是吸取了松树的自然真实表现与中国画松树枝法的结果；岭南山松造型是吸取了蓄枝截干法和短叶法的结果；真柏的修剪法适用于丛林式造型，体现了自然美和艺术美的巧妙结合，作品富有自然野趣，是上海书画家参与创作的成果。其他柏类盆景是否适用，则有待实践。

题名：从容淡定亦尊严；树种：五针松；规格：高85厘米；胡乐国作品

胡乐国影像

题名：坚贞依旧
树种：真柏
规格：48cm×40cm
胡乐国作品

题名：和谐
树种：五针松
规格：68cm×50cm
胡乐国作品

题名：秋色初艳
树种：槭
规格：53cm×40cm
胡乐国作品

题名：眺望未来
树种：黄山松
规格：20cm×40cm
胡乐国作品

载于《花木盆景》（盆景赏石版）2011 年第 12 期

载于《中国花卉盆景》2015年8月下半月刊

浙江地处亚热带中部，其自然环境堪称"七山一水二分田"。按理说盆景资源应该是丰富的，但不断地采伐，致使资源枯竭。"景古推者，如天目之松"也所剩无几了。天目，浙西之天目山也。天目松，即分布在天目山的黄山松。

如以人工繁殖盆景素材的历史和规模来论，浙江应该说是比较早的，如杭州、金华、温州、宁波各主要地区都有花农从事花卉盆景行业的历史资料。其中宁波奉化在宋朝就开始种植、经营花木了。1920年奉化三十六湾村开始嫁接日本五针松，此后宁波北仑在近四五十年来，出现了大规模的融繁殖栽培、造型于一体的五针松盆景基地。

回忆解放初期，杭州和温州的园林单位都曾在自己的圃地里繁殖大量的五针松及其他盆景素材。如温州园林部门繁殖的五针松，除满足自给外还能支援外地，这将是一段即将被遗忘的历史。

浙江盆景以松柏为主，其中五针松为主要树种，这是继承传统的选择。五针松本为外来树种，它的全称是"日本五针松"，但在浙江繁殖、培育已逾百年以上，且生长表现良好，也应被视为乡土树种。其他杂木类盆景素材也比较丰富，只是大家不予重视而渐渐走向沉静，这是令人心不能安的憾事。

浙江盆景似钱塘江大潮，后浪推前浪。浙江盆景的浪潮曾有两个中心的说法，现在渐渐地消失在前浪的余波中。今天的浙江盆景又是另一番景象：各地区盆景普遍蓬勃发展。其中宁波的发展朝气蓬勃、最有新鲜感。

宁波自古以来就是文化、经济发达的地区，有知识的富裕人看上了盆景艺术，于是投巨资建盆景园的老板全浙江省数宁波最多，园子规模最大，水平也最高。如绿野山居的百师苑、黄放训的茂松园、孙为民的盆景园等。宁波是我国五针松的主要生产基地，其中不少从业者也研究盆景造型，如宁波盆景协会会长张静国、杨明来等，作品多、水平高。宁波盆景界还重视内外交流，引进了不少日本盆景。用一分为二的观点看，这对宁波盆景的发展也是有好处的。

写到这里，想起我曾写过一篇《盆

景是文化》的文章，如认为这篇文章内容是正确的话，那盆景就应属文化部门来领导，然后才能将盆景作为文化产业来发展，这就对路了。

盆景艺术是园林艺术的一部分，它们从来就是一家人。

如今有句时髦话，叫"两条腿走路"。

中国盆景如能用两条腿走路就好了。过去一直是一条腿走路，只有国家的园林部门有盆景园，现在依然只有一条腿走路，中流砥柱均为老板们的私家盆景园，不过是左脚换右脚而已。如能实现两条腿走路，中国盆景的发展才能永世昌盛，也便没有了"谁主沉浮"的问题。

好汉歌 黄山松 高93厘米 胡乐国作

载于《中国花卉盆景》2015年8月下半月刊

1-28 │《人才是树 文化是根》（2016年）

载于《中国花卉盆景》2016年1月刊

写下这个题目，我就想，无论我们如何追求造型的老道、技法的创新，文化才是衡量一件作品优劣的终极标尺，才是衡量一个盆景人高下的黄金律条。对于作品来说，文化是魂；对于人才来说，文化是根。

我做了一辈子盆景，活到这个年纪，最希望看到的就是盆景界人才济济，后继有人。岁末年头，这个心愿更是凸显出来，挥之不去。

中华民族有着几千年的灿烂文化，能有如此丰厚的精神给养，我们是多么幸运！可惜不知从何时起，文化的色彩在盆景上逐渐淡薄，文化的内涵在盆景上逐渐弱化，而代之以对技法的渴求和对金钱的向往。这两点都没有错，但缺少了文化，它们便是无本之木——难以突破现有的技法，也难以赚到期望的财富，因为关注点错位，舍本逐末了。

这种观念影响了一批人，在当今呼唤文化回归的大环境下，祈望我们盆景人首先清醒，用文化来滋养自己，调教自己，这是长成大树的根本！

时下盆景界流传着自学成才之说，我很赞同这一说法。因为文化这种看不见摸不着的东西，不是靠老师教出来的，而是自身一点点积累并领悟的。无论是实践能力强而文化水平弱的拜师学艺者，还是有一定理论文化知识而缺乏实践技能的技校学生，都需要通过自学，提高文化修养，了悟文化真谛，使自己动手能力、文化水准都得到提升，最终走上成才之路。这里的所谓才，还应强调德才兼备的要求，唯此才是一位有作为的优秀人才。

有一天在电视上看乒乓球赛，解说员说："我们创办有乒乓球运动大学，对运动员进行文化补课，借以提高他们的运动水平。"这话顿时启发了我，盆景界的朋友们不是更应加强文化课的学习，提升文化修养，藉以提高自己盆景创作的艺术水平吗？

我在2005年写过一篇《盆景是文化》的文章，现在翻看，觉得没有写好，差距还很远。它是一个大文章的题材，而我却没有写好，遗憾！它最多只能告知大家多读书、读好中国传统文化课，盆景的造型之道就在其中了。

中国盆景文化内涵丰富，浩如烟

海。但如果聚焦在一个小点上，那就是盆景造型的艺术规律或称艺术辩证法……这是盆景造型必须掌握的功课，这门功课的学习没有尽头，永远学不透彻。因为它是需要灵活变通的，面对盆景素材的不同、时代的变迁，应对的技法也必须不同。经验告诉我们，佳作一定是在不断的改作或调整过程中诞生的。而优秀的盆景人才，也一样是在随时发现错误并及时调整的过程中成长的。

人才是树，文化是根。

载于《中国花卉盆景》2016 年 1 月刊

二、技艺传授篇

2-1 | 《五针松盆景的造型》（1982年）

载于《园艺学报》1982年第1期

提要

五针松（Pinus Parviflora Sieb.et Zucc.）不仅可供公园、庭园等绿地中布置用，而且还是制作盆景的重要材料。

作者简要地阐述了以五针松为素材进行艺术造型制作的基本原理与方法。

并着重对五针松树桩盆景的各个部分——干、枝、根的处理进行了具体的分析。这对五针松盆景制作具有一定的实践意义；对其他树种的造型也有参考价值。

五针松的造型，是指对一棵自然生长的五针松，通过剪扎的方法，使它成为一盆具有诗情画意的、有生命的艺术品。

一、造型的原理

我国盆景的造型，与中国山水画同出一源——自然。尽管艺术表现形式不同，但它们之间互相影响、互相借鉴、互相提高，它们都是根据美学原则进行创作的。盆景的造型要达到"出于自然，而又高于自然"的目的。陈毅同志于1959年11月6日对成都盆景展览的题词："高等艺术、美化自然"，是对盆景艺术的高度评价，并充分阐明了盆景与自然之间的关系。

树桩盆景取材于树。树是有生命的植物，所以树桩盆景的造型有它的特殊性。而五针松又和其他野生树种在体型与生长习性方面不同，这对它的造型方法也就产生了特殊的影响。

对五针松盆景进行具体造型操作,归结起来,要完成两方面的处理手法。

(一)**去其多余**:据说有人问大雕塑家罗丹:"你是如何能把一团泥巴雕塑成艺术品的?"罗丹的回答很简单:"把多余的部分去掉。"一棵未经造塑的五针松盆景素材,它的干、枝、根生长繁茂,但杂乱无章。如果遇到富有造型修养的老手,他就能成竹在胸,放手剪裁,去其多余,留其必需,使留取的枝条达到精练简凝的程度。但单使用这一方面处理手法,还是不够的。

(二)**扬长避短**:五针松盆景的造塑,是从植株的客观具体情况出发,通过对根、干、枝、叶的扬长避短的处理,最后到达具有诗情画意的艺术境界。

如提根式,就是因为这棵五针松的根部,奇特出众,使枝干的地位退为次要,所以要把根部高高提起,突出长处,甚至达到夸张的程度。而悬崖式则是因其主干基部屈曲苍劲而采取的一种形式。直干式、斜干式可以因为它的主干鳞片斑斑,苍古异常,故有意识地把枝条向左右避开,让主干通露在外。"迎客松"的主要特征就是因为它具有一枝特别粗犷有力横伸的长枝。丛林式的盆景,一般选用有某方面的缺陷而不适宜于单独使用的材料,一经细心安排,集体栽植和枝条来回穿插,使所有的短缺之处几乎都可以避开,而成为完美的艺术整体。凡此种种,都是作者有意识地运用扬长避短这一艺术手法,使根、干、枝、叶四者之间互相烘托,

而又有所退让的结果。

去其多余与扬长避短,两者不可机械分开,在完成艺术创作时,是互相穿插使用的。但如何使这两种处理手法能运用自如,得心应手,就应该学习与掌握中国山水树石的画论,特别是要注意其中的取材、立意、布势、穷理、传神五个方面。此外,对名家的作品与大自然古老松树要多看、多学、多思考,取人之长,补己之短,在不断的创作实践中提高造型水平。

二、取材、立意

着手于五针松的艺术造型,先要有一个对象,即一棵经一年以上普通盆栽过程的五针松。

面对一棵五针松素材,必须从各个角度仔细观察,从树形及根、干、枝、叶等各方面找出它的优点,确定最好看、最理想的一面为观赏面。然后决定如何栽置,即决定造斜干式或悬崖式等,和选什么式样的花盆,才能把全树最美的方面都表达出来。这个立意构思过程,必须细心琢磨,打好腹稿,按素材的具体情况因材处理,因势利导,不可主观任性,随意摆弄。

三、造型的时间

树木的造型时间,要根据植物的生理活动来决定。以浙江的气候条件而论,五针松多在11月中旬以后开始脱落老叶,表示休眠期开始。这时五针松的新陈代谢最弱,体

内水分贮藏少，树液流动缓慢，树脂分泌少，最适合对五针松的主干和大枝进行切断和强力调整方向的造型操作。

2月份以后，五针松渐渐苏醒，休眠期结束。到4月底，造型强度就要减弱。5月份新叶长出，生长旺盛，就不宜再进行造型了。

四、造型的方法

松树的体型和其他树种不同。它的枝条生长自然形成一层层、一片片，层次分明，线条清楚。黄山顶峰的劲松受风雪、冰冻、光照、水分、土壤等综合因子的影响，姿态优美，是学习五针松桩景造型的典范。

五针松生长缓慢，不定芽萌发能力差，和其他盆景树种相比，它是不耐随时修剪的。因此对五针松的造型，应"以吊扎为主，结合修剪"作为基本方法。

造型操作材料，主要用铅丝。因枝条的粗细不同，必须备用不同型号的铅丝，列表说明如表1。

表1 枝条粗细和铅丝型号使用对照

铅丝型号	12	14	16	18	20	22
枝条直径 (cm)	1.5	1.0	0.6	0.4	0.3	0.2

铅丝型号使用得当，不仅能使枝条服服贴贴地接受缠绕其上之铅丝的"训练"，有效地固定位置，又不致对枝条皮层产生损伤。

操作时，必须先将铅丝的一端固定好，或插入根边土中，或固定在其他位置上，或一根铅丝的两端分使用在两个枝条上。缠绕铅丝时，应按枝条要调整的方向，和枝条同向成45度角均匀前进，否则不起作用[1]（见图1）。铅丝缠在枝条上勿紧勿宽，勿疏勿密，然后慢慢地扭转枝条，使它在适当的位置上固定下来。枝条直径超过1.5厘米时，12号铅丝对它不起作用，可采取慢慢扭松枝条的木质部，然后用较细铅丝在适当位置拉吊固定的处理方法。

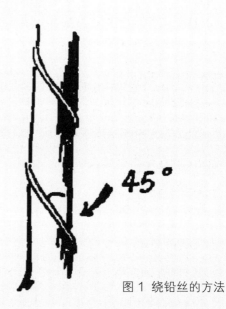

图1 绕铅丝的方法

有时为了防止铅丝陷入，可先用麻皮等物保护枝条，然后在它外面缠绕铅丝。

当主干或粗枝条的扭转，用手力已难办到时，也可使用简单的机械，渐渐催紧螺旋，使它屈服。

对五针松加以初步造型后，小枝条上的铅丝可以一二年后松掉，大枝条的铅丝三四年松掉。这样，树桩盆景的基本形式就可以固定下来。

五、五针松树桩盆景的各部分处理

根、干、枝三者构成树木的骨架；花、果、叶则为它的血肉。造型大体上是针对骨架而言，养护大体上是针对花、果、叶而言。五针松的主干好似人的脊椎骨；根、枝分布于主干的上下，则似四肢、肋骨等等。骨架既定，这棵桩景的品格高低，也就基本确定了。所以，造型的艺术性是十分重要的。

（一）干

在自然界中，松树的体形千姿百态，变幻无穷。如黄山的"迎客松""黑虎松"，主干挺直，顶天立地。"凤凰松"的主干分成两大枝，如凤凰展翅。"送客松"的主干下部通直，上部则非常屈曲，格外奇特。"双龙松"则在悬崖险峻之间向上斜游。一线天的悬崖上又有一泻而下的"倒挂松"，使人十分惊讶。

树形的变化，主要决定于它的主干。所以主干的处理是造型的关键、是基础。主干处理得好，松树那遒劲挺拔的风格就表现了出来。树桩盆景的作者，必须解放思想，因势利导，就材处理，打破旧框框与习惯手法的束缚，灵活多样地来处理主干。

主干处理的办法是截大为小，小中见大。究竟如何截法？截在哪里对树形来说才是恰到好处？主干自基部到顶梢，都在生长中不断变化。如干的曲直、粗细、皮色、皮纹的变化以及枝条着生的位置等等。大体上哪一部分变化最少，最平凡，确实没有保留的必要，一经决定，就大胆地截去。但截取的那一段，它上下的粗细，必须和树体的高度之间比例恰当，有调和之美。

对主干的处理，除非不得已不要轻易动大手术，或借助简单的机械使它就范。那样容易弄巧成拙，失去自然。因人为的或借助机械的弯曲，一般都是使主干的某一段线条弯曲成柔软的弧线（即成 S 形或波浪状）。这样的线条缺乏力量，显得矫揉造作，应尽量避免。

对一些主干的顶梢，如已不是很粗，且就整个树形来说，主干可以结束，处理时，可以不必截短，只要将它向前侧或后侧弯倒即可。

主干基部是很重要的欣赏部分之一，必须表现得很自然、有劲。对主干基部的要求是：一、要求比较粗大，但又不过分，如主干上部迅速缩小，也就失去自然；二、除直干式外，都要求它的基部有一定屈曲，但不可过度。

主干较细，或上下粗细变化不大的另一种式样，在日本称为"文人木"。它另有一番情趣，以欣赏主干为主，枝条一般在主干的 2/3 以上处开始着生，最宜三、二株丛植。

五针松的主干，也可能出现一本双干或一本多干。这时，要选择其中高大的为主干、矮小的为副干。两干者要一偃一仰，亲切协调。如一本多干，则要高低参差，前后错落。

（二）枝

枝条的处理，是塑造五针松盆景外形姿态优美的先决条件之一。它包括三项内容，就是如何决定枝条的取舍；调整枝条的生长方向；矫正枝条的伸展姿态，使所有的枝条都处理得统一协调，合自然之理，得自然之趣。

五针松的造型方法以吊扎为主。枝条的吊扎，应由下而上，逐枝进行考虑。一般讲，下面的枝条要长些，粗些；上面的枝条要细些，短些。在观赏的立面上，使树冠成一个不等边三角形，这合乎动势的布置和植物生长的自然规律（图2）。每一棵松树都有它自己的具体立地条件，促使它的外形成为各自不同不等边三角形。如它生长在巨石旁，那空旷的一面，枝条必定长些。如站在山谷风口，那迎风面的枝条必比另一面短些。但如它长在四周空旷的田野或山丘平缓处，它的树形往往是等腰三角形。这种树形在我国很少使用，但在日本却非常流行，因直干的等腰三角形表现了庄重严肃。

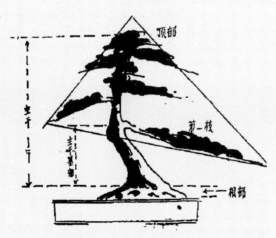

图2 树桩盆景各部分名称和树冠的不等边三角形

在对枝条进行处理时，要对树形作全面的考虑。而树形是立体的，对树形的前后、左右、上下，应作整体的照顾。

在一个三角形内，准许枝条有长短参差，三角形两腰要防止整齐的一刀切。正因为是不等边三角形，所以主干左右的枝条要有长有短，不可等长，避免机械对称（图2）。

一般说，下面的枝条应比上面的枝条粗大，离基部的第一枝应该是最粗大的，但不可超过主干，如果超过或和主干等粗时，则不得已还是剪去，或另取主干，或都保留着，作为双干处理。如果第一枝不及它上部枝条粗大，而位置却又十分合适，就不可草率从事，而要从构图上考虑取舍，有时留了一根小枝，反而会使树形变得更加活动而稳定。

一棵树的主要枝条要突出，和其他枝条之间有适当的距离，形成主次分明。枝条力求精减，避免繁琐和散乱。总之，要使枝条之间的疏、密、虚、实处理恰当，给人产生一种运动感。

不等边三角形是对枝条进行塑造而出现的，它必须和主干成一个有机的整体，和主干的造型有密切的联系，不可孤立。

按美学上常用的黄金分割定理，第一根枝条应在主干上距离根部的3/5或2/5的位置伸出，这个比例看起来最合乎视觉习惯，是令人最舒服的。应尽量避免在主干的1/2处伸出，因这不符合美学观点。枝条是树木有生命的肢体。对树木的造型，不像其他造型艺术那样可以按意图雕塑出。所以，只要求第一根枝条不在主干的1/2处伸出，一般都是可取的。

如果第一枝正好在主干的1/2处伸出，

那么画面便形成对半分割，全树的重心过高，产生了不安定的感觉。为了避免这种现象，除了对该枝条不取外，不得已只好将枝条下垂，来打破对半分割的画面。

如果第一枝在主干 1/2 以下的过低位置伸出，它的枝片必然掩盖了重要的欣赏部分——根部。这也严重影响对主干基部的欣赏，从而破坏了五针松树桩盆景美的完整性。

枝条自主干出来要水平横伸，或略作下垂。枝条的伸展要表现得很有力量，并略作不规则的曲折向前；但忌作柔弱的"S"形，或呈弧线状伸展。反之，如太硬太直，那也显得乏味。总之，枝条的伸展宜刚劲，而不宜柔弱。

枝条的取舍和生长方向的调整，和树形的整体要求关系比较密切。本来可以剪去的枝条，通过调整而可保留下来；本来可以保留的枝条，因不符合树形不等边三角形的整体要求而剪去。具体来说，哪些枝条该取，哪些该舍，哪些该调整，都取决于造什么样的一个三角形。同一棵五针松出于不同制作者之手，由于制作者的艺术修养和技术水平不同，可以变成不同形式的三角形。

在五针松盆景的造型过程中，作者认为应该避免的枝条[2]，计有：（1）轮生枝、（2）对称枝、（3）直立枝、（4）内向枝、（5）近距离平行枝、（6）交叉枝、（7）正前枝、（8）正后枝、（9）切干枝等（图3）。对这些应该避免的枝条，避免的方法有二：

剪去和调整方向。调整方向要有个范围，

即不能将主干左边的枝条调到右边，或反之（形成切干枝），或前后互调。它只能在一个水平面上，作角度不大的调整。

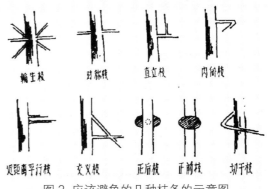

图3 应该避免的几种枝条的示意图

五针松盆景是讲究扎片的。扎片是我国树桩盆景艺术的传统方法。一根枝条一般扎成一片，片子的形状大都是卵圆形、卵形，个别需要特别拖长的片子，可以扎成披针形（图4）。

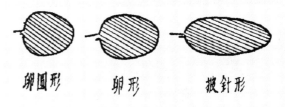

图4 片子的形状

一棵树所有的片子，不可大小都一样，下面的片子要大一点，上面的片子要小一点，但也不能按顺序很机械地安排。它的大小是根据枝条的情况及周围各片的关系而有所变化的。

不论树形大小，各片子之间的距离要恰到好处，既不可让主干太露，也不能使主干被片子全部遮住，要做到有藏有露或隐或现。为了突出个别枝条的曲折优美，可以让它多露一点。片子可在该枝条的1/3或2/3处开始扎，也就是在该枝条靠近主干部分多剪掉一些长针叶的细枝。如果主干或枝的某一部分有缺陷和不足处，也可以利用片子的枝叶来遮蔽。

扎片时，对每一丛枝头都要注意到。最好尽量使针叶竖直，不要卧倒，尤其是中小型盆景更要注意这一点。扎片时，对一些虚弱的残枝、枯枝要剪掉，徒长的细枝要剪短或剪掉，把针叶扎得平平整整、清清爽爽。待新叶长成后，再略加修改，使每一片子都像刷子一样整齐。

一根枝条自主干伸出后，经常出现分成两个粗细长短不相上下的分枝。在这种情况下，应该去一留一，或在适当处剪短其中的一条，不致使叶片过大，才能显得错落有致疏密合度。

树顶是比较不容易处理的部分。头大了，下面各片相应的就小了，变成头重脚轻，有不安稳之感。头小了，树就显得年轻了。要处理得恰到好处。此外，还要注意树顶和它下部各片子保持若即若离的距离。不可距离过大，而致上下脱节，使树顶像张开的伞子，且露了伞柄，很不美观。

枯枝是树木跟自然界恶劣条件斗争的结果，这里出现的是一种光荣象征、战斗的纪录。

造型上枯枝往往能突破绿色树冠，高高地直刺云霄，使画面构图生动活泼。留枯枝要有明确的目的，要使全树形成强烈的枯荣对比，以突出松树苍劲挺拔、顽强战斗的高贵品德。但要防止因留枯枝不当而致有病松的印象。

留好枯枝的方法：（1）要明确宾主区分，以茂密的叶片为主、个别枯枝为宾。（2）枯枝要留在画面平衡垂重的一侧，与树冠构成统一体，不可孤立，并应做到"此处不可缺少枯枝的地步"。（3）要选择虬曲、刚劲的枝条为枯枝，并要大胆放手，刺破青天。（4）要根据枝条具体条件和构图的需要，要留得自然，留得合理，不可树树皆留，切忌造作。

（三）根

人们对树桩盆景的根部欣赏，向来就十分讲究，都要求盘根错节，或盘如龙爪，或根御拳石，等等。所以根的长相十分重要。它把自己深深地、有力地扎在土壤里，给人以安定和有重量的感觉。露于盆土表面的根要粗壮、简洁，不可纤细散乱，故对根部也要进行适当的艺术加工——修剪和调整。

大体上讲，对裸露在盆栽土表的纤细散乱的根，要删减；对过分盘曲的根，要使它略直，对两相交叠的根，要调整方向或删剪其中的一条；对逆回的根，要使它伸直等等。总之，不可听其自然，不加整理，也不要过于人为地盘曲。

五针松桩景造型的形式不同，对根的长相要求就不同。如在斜干式和悬崖式中，常因主干倾斜的关系，而在相反方向必须露根，这才有助于树体重心的平衡。一般一侧长有大枝，另一侧长有大根，最为理想。如直干、曲干等，能四周扎根，最感强有力。

提根式的五针松盆景，是以欣赏根部的奇特苍古而有意识地将它高高地举露在外。

对其他形式的五针松盆景，都不宜栽得太浅，而使根部过分裸露。更有甚者，让裸根处处通透，这就未免太失实了。若栽得太深了，这棵树就看不到根。清代沈复在《浮生六记》中说："如根无爪形，便成插树，故不取。"所以根应要带土隆起，而半露于土表，或穿插于石隙间。因受晴雨寒暑的自然力量的影响，植物能自己产生防护能力，促使根部迅速肥大。故上盆时根的露与不露，或露的情况如何，都能直接影响五针松盆景的艺术效果。

六、五针松盆景的形式

五针松盆景的制作，有一定的造型规律和法则，但没有一定的死板形式。所以造型时必须灵活掌握这些规律，而不被那些既定的死板形式所束缚。这样做到"循"中有"创"，才能创造出形神兼备、气韵生动的好作品来。

但为了便于学习和掌握造型方法，或说明问题，对五针松盆景的形式还得讲究。一般都按主干和花盆平面所成的角度，或树木的多少，或栽植的方法不同等等情况，将五针松盆景的形式分为直干式、斜干式、曲干式、悬崖式、卧干式、垂枝式、双干式、石附式、丛林式，等等。

对于双干式或丛林式，不论它的株数多少，对大小的选择，高低的配搭，枝条的穿插，位置的经营等等，都要因势取形，格调统一，宾主呼应，平衡稳定，疏密虚实，层次丰富，从各方面使其成为一个完整的统一体。这也是丛林式的基本原理。

三株合栽是丛林式的基础。主株或称主干，应选择最高最粗者，有统率的气势。第二株为副干，比主干要较低而略细。第三株为衬干，是最小最细的一株[3]。它们在花盆里的位置，也应大体是个不等边三角形。丛林式即在三株合栽的基础上加以扩大，它的材料可以选择较主干为小的植株加以配搭。株数一般以奇数为佳。其树冠外形可以组成一个不等边三角形，也可由多个三角形组合而成。

参考文献

[1] 上海植物园编，1980，《上海龙华盆景》，上海科学技术出版社，第 15 页。

[2] 村田圭司，1970，《盆栽入门》，日东书院，第 184-186 页。

[3] 伍宜孙，1974，《文农盆景》，香港永隆银行艺术丛书。

ARTIFICIAL SHAPING FOR "PENTA-NEEDLE" PINE BONSAIS

Hu Leguo

(Wenzhou Municipal Gardening Bureau, Zhejiang Province)

Abstract

"Penta-needle" pines (Pinus parviflora Sieb. et Zucc.) not only may be used in beautifying parks and gardens, but are important materials for making bonsais.

This paper briefly expounds fundamental principles and methods in making bonsais with "Penta-needle" pines, and discusses the technique and arts in the treatment and arrangment of trunk, branches and roots in bonsais.

《五针松盆景造型》 （1984年）

载于《大众花卉》1984年第1期

五针松盆景的造型，是指将一棵自然生长的五针松，通过剪扎的办法，制成一盆具有诗情画意的有生命的艺术品。盆景的造型是根据美学原则，采用去其多余和扬长避短的手法进行创作的。

在着手制作前，必须对素材作全面的仔细的观察，从树形、根、干、枝、叶等各方面找出它的优缺点，确定最好看的一面为观赏面，然后决定如何栽植。即造什么式样，选什么样的花盆，才能把全树最美的地方都表现出来。这是一个很重要的构思过程。

造型的时间要在11月中旬以后（即五针松老叶脱落，进入休眠期开始），至第二年4月底。5月份新叶开始萌发，就不宜造型了。

造型的方法，以"吊扎为主，结合修剪"。吊扎的材料主要用铅丝。因枝条的粗细不同，必须备有不同型号的铅丝。列表如下，备参考。

铅丝型号	12	14	16	18	20	22
枝条直径（cm）	1.5	1.0	0.6	0.4	0.3	0.2

操作时，必须先将铅丝的一端固定好，或插入根边土中，或固定在其它位置，或一根铅丝的两端分别用在两个枝条上。缠铅丝时应按枝条要调整的方向，跟枝条同向成45度角向前缠绕。铅丝缠在枝条上，勿紧勿松，疏密均匀，然后慢慢地扭转枝条，使它在适当的位置上固定下来。一些粗枝条或主干，也可用铅丝拉吊或使用简单的机械使它弯曲。

五针松的造型第一步要从主干开始，因为桩景体形的千姿百态的变化是决定于主干的，如直干、斜干、悬崖等。主干自基部到顶梢，从干的曲直、粗细、皮色、皮纹的变化到枝条的着生位置等等，都在生长中不断变化。经过仔细观察，哪一部分变化最少，最平凡，确实没有保留的必要时，就大胆地截去。但保留的那一段，其上下粗细，必须和树体的高度比例恰当，有调和之美。如主干上下的变化都较理想，那就都留着。如主干需要作人工弯曲，切忌成为柔软的弧线或S形，因为这种线条显得矫揉造作，缺乏力量和自然美。

第二步，是对枝条进行处理。把留取的枝条缠上铅丝后压成水平或略作下垂。然后调整枝条伸展的方向和矫正伸展的姿态。各枝条之间不宜出现互相交叉,应使所有的枝条都处理得合自然之理,得自然之趣。枝条的伸展要表现得很有力量,并略作不规则的曲折向前,忌作S形。反过来,如太直太硬,那也太野了。总之,枝条的伸展宜刚劲,而不宜柔弱。

枝条的处理,应由下而上。一般讲下面的枝条要长些粗些,上部的枝条要短些细些。在观赏的立面上使树冠成一个不等边三角形。

此外,应避免出现的枝条有:1.轮生枝,2.对称枝,3.直立枝,4.内向枝,5.近距离平行枝,6.交叉枝,7.正前枝,8.正后枝,9.切干枝等。避免出现这些枝条的方法有二:剪去和调整方向。

五针松盆景是讲究扎片的,一根枝条扎一片。主要枝条的片子要拖得长一些,并和其它枝条作一定的距离,以突出主枝,才显得错落有致,疏密合度。

根,是很重要的欣赏部分。一般都要求盘根错节,或盘如龙爪,或根御拳石等等。所以对根部也必须进行艺术加工——修剪和调整。修剪裸露在土表的纤细散乱根;调整过分盘曲的根,使它略直;对两相交叠的根,要调整方向或删剪其中的一条;逆回的根,要使它伸直。根不可露得太高,也不可埋得太深。要求根要带土隆起,且半露于土表,或穿插石隙间。这样就显得很自然,也很有力量的感觉。

五针松盆景的形式有直干式、斜干式、曲干式、悬崖式、双干式、石附式、丛林式等等(见图)。初学者必须由简到繁,由易到难,先作直干式、斜干式,后作悬崖式、丛林式。在不断的制作实践中,提高造型水平。

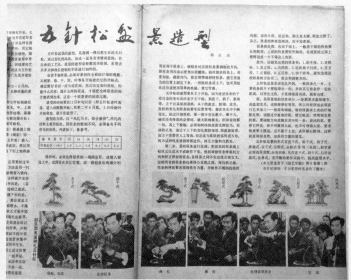

本文原发表于《园艺学报》第9卷第1期,邓开妃插图,本刊采用时笔者作了删改

2-3 | 《温州五针松盆景造型》 （1987年）

载于《中国花卉盆景》1987年第6期

浙派盆景的主树种是松柏类。代表树种是五针松。为辅树种则是杂木类。这是浙派树桩盆景的选材特点。在这里，概要介绍一下温州五针松盆景的造型特点。

(1) 注重根、干、枝的骨架结构，以高干、直干的丛林式为主要法式。

温州五针松自繁殖成活后一直是地栽培养长大的（浙江各地都是如此），所以它的主干基本都是直的或略有变化。为遵循盆景选型要求自然流畅的原则，应以材料的原始形态为基础进行艺术构思，力避作过度的造作弯曲，以别求一格，达到自然美与人工美的高度和谐与统一。

对主干的处理既不矫揉造作，也不听任自然，如发现主干顶梢不符合造型要求，或缺少一定变化的那一部分，即采取"短"的办法进行处理。所谓变化少，是指主干的那些曲直、粗细、色泽、鳞片及枝条着生的位置等的变化。在造型过程中，有时如遇到截断面过大，则可用树的一侧枝来代替顶梢。否则，如果主干的各方面都显得较理想，则只对顶梢部分作适度的弯曲，以示变化即可。总之，主干必须保持完整，有始有终，有头有尾。

至于对主干采取自然式直干，力避作过度的弯曲，这是浙派对五针松造型的严格要求。温州如此，杭州等地也是如此。如《向天涯》《刘松年笔意》等就是浙派盆景的代表作之一。上海盆景的选材一般也是以松柏类为主，可是在造型的风格上，对主干的处理都或多或少作人为的软线条弯曲，这是浙派与海派在五针松盆景造型上的重要不同之处。

由于五针松素材的自然式直干和造型上采取因材处理、力避造作的方法，故使温州五针松盆景只有以二三株、三五株作丛植的形式表现最合适。在这种情况下，如能很好地运用统一与变化的法则，处理好整体与局部相互之间的关系，就能使作品更富诗情画意，达到较高的艺术境界。

(2) 注重于对枝条的合理取舍和生长方向的调整、伸展姿态的矫正，使作品富有力和美的节奏、韵律。

在枝条取舍方面，包括删剪过多的枝条和剪短过长的枝条两方面。通过删剪，使树冠形成大体上是一个不等边三角形。在处理枝条时要注意安排好枝条的疏密关系，突出主要枝条，使树冠外轮廓线变化丰富，节奏活跃。在枝条的立体布置时要注意不等边三角形平面效果。

在调整枝条生长方向时，要重视两个方面的调整：①以主干为轴心，枝条在同一水平面上的左右调整。（如图1）要防止正前枝、正后枝、切干枝，应对枝条作角度不大的调整。②枝条和主干之间所成的角度调整（以直干为例）。2、3两图均属正确。图2说明枝条在主干上偏低的位置上着生，枝条宜作平展，和主干成90度角。图3因枝条在主干1/2以上的过高位置着生，宜将最下一主要枝条伸向下垂，其上部枝条可以平展。

在矫正枝条伸展的姿态时，要注意正确的姿态应在保持枝条自然舒展的前提下，作不规则的曲折并向前伸展。所谓"不规则"，即杭州潘仲连同志提出的"四个并用"，使不同性质的线段能和谐融洽地接合在一起，呈现刚柔相济、变化丰富、自然舒展的艺术效果。

（3）**根的处理，是在"露"的前提下进行适当的艺术加工，使根、干很协调而自然地联接在一起，形成根是干的基础，干是根的发展。**

在历次展览中曾多次听到各地行家对温州五针松根部处理的好评。其实我们对根处理的要求，是使根要成爪形，要粗壮，要简洁，切忌纤细散乱，要带土隆起，半露于土表，使盆土表面呈波状起伏，并没有其他的奥秘手法。

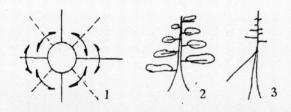

2-4 | 《看浙派盆景风格的特性与属性》（1987年）

温州市年度优秀论文

（文章因直接提交，文稿缺失）

《丛林式盆景的制作》（1987年）

载于《中国花卉盆景》1987年第8期

丛林式是将木本盆景植物多株丛植于一盆，以表现山野丛林景观的盆景形式。一般都采用一个树种，也有由两个以上的树种组成。如不同树种必须要求树种之间有一定的共同性，不要用差异较大的树种。一件作品里的所有树木，它的姿态（主要指主干）要求基本相似，以求得一定程度的统一性。如直干、斜干的植株就不易和曲干的植株结合得好。素材选择要求瘦长些，不宜太奇，要在平淡中得趣。常用树种有各种松柏类植物、红枫、六月雪、榆、雀梅、福建茶等。

一、栽培方法

1.三株栽植：这是丛林式的基础。应选择最高、最粗的为主株（或称主干），要有统率的气势。第二株为副干，要比主干较低而略细。第三株为衬干，是最小最细的一株。明画家龚贤说："三树一丛，则二株宜近，一株宜远，以示别也。"画理和盆景之理相通，故三树的栽植位置，应为一个不等边三角形最理想，忌在同一条直线上，也忌作等边三角形。其中最大和最小的一株要靠近，成为一组；中等大小

的要离远一些，也自成一组。要使两组在动势上基本一致，呼应盼顾。

2.四株栽植：可将植株分为两组，成3:1的组合。四株可以组成一个不等边三角形或不等边不等角的四边形（见图一）。切忌：1成四方形或等三角形或矩形，2在同一直线上，3双双分组。在株植的体量、姿态选择方面，切忌：1四株姿态相同，2树的大小体量相等，3在分组时一大三小或三大一小。

3.五株栽植：最理想方法是分成3:2两组。主干必须在三株为一组中。三株一组的栽植方法与三株栽植相同。两株一组的栽植，根部要靠近，一株偏前一株略后。树冠可以略为分开，但不失为一个整体。植株的选择要一大一小，一高一低，体态略有变化。这两个组必须各有动势，但又是一个统一的整体。株数多了，栽植起来并不困难。《芥子园画谱》中说："五株既熟，则千株万株可以类推，交搭巧妙，在此转关。"

二、树冠的处理

一般大体上都是使树冠呈不等边三角形。可以由一个或多个不等边三角形

组合而成。

三、主干线条的处理

作品里的所有树木，必须在体量、姿态及动势布置方面等，既要有统一又要有变化，不可顾此失彼，以求得一个完善的整体美。常见的有图二的几种。总之，性质相近的线条，在方向基本一致的情况下，组成的画面是美的。性质不同（如直线与曲线）及性质相同但方向偏离较大的（如直线和横线）线条组成的画面是不美的。

丛林式的造型，从材料的选择、种植位置的安排、枝条的取舍及立体画面的构成等方面，必须处理好虚实、疏密、聚散、宾主、奇正、曲直、藏露、高下、大小、呼应、争让等等关系，以至处理好力、势与节奏的表现。

丛林式盆景要特别重视对植物的生态特性的表现，处理好个体与集体的关系。也就是说"统一与变化"法则的运用，要服从于植物生态特性的表现。只有这样，才能使自然美和人工美天衣无缝地结合起来，使作品获得较高的艺术效果，达到更高的艺术境界。

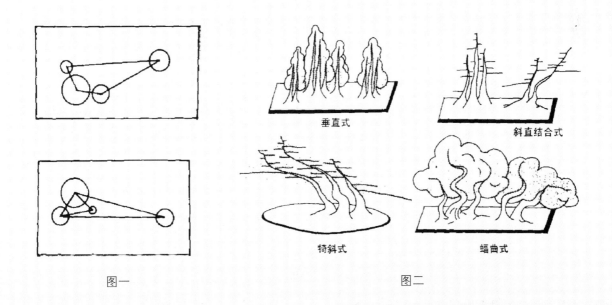

图一

垂直式

斜直结合式

特斜式

蟠曲式

图二

2-6 | 《树木盆景的造型》（1988年）

载于《花木盆景》1988年第6期

造型有一个完整的过程，大体上分为创作准备、立意构思和加工制作养护完善三个阶段。

第一阶段实际上是盆景艺术创作的基础，是作者艺术修养和感情培养的阶段。生活是一切艺术的创作源泉。盆景创作要求作者能广泛深入地接触大自然，多多观察体验名山大川、古木丛林的风貌特征及各种社会生活景观。通过直接或间接的途径积累丰富素材。

立意构思阶段是指盆景作品的创作，从产生动机开始到构成一个完整的未来作品的艺术形象。构思的前提应是"因材制宜"。根据材料的树种特征及固有的根、干、枝结构、整体姿态进行构思。内容包括寻找观赏面，决定盆景的形式，思忖枝、干的取舍、总体结构以及动静、节奏与韵律等。

加工制作要遵循一系列盆景制作的艺术手法，对木材料进行攀扎、修剪、锯凿等园艺技术措施，直到一个完整的艺术作品诞生。

根、干、枝三者构成树木的骨架。树木盆景的造型，就是将根、干、枝的骨架结构按盆景艺术美的规律安排组合，使之成为具有协调完整、线条优美、意境深远的有生命的盆景艺术作品。

主干处理

自然界树木的体态，可谓千变万化，其原因是树木的生长环境不同。主干姿态产生了不同变化。因此，主干的处理是树木盆景造型的关键。尽管自然界树木主干形态多姿，但归结起来大体可分为两个基本形式：（1）直干，（2）曲干。而曲干以"S"的变形处理，又可分为若干样式。

盆景素材不论松柏或杂木，主干大多是一干到顶，但也有在一个根部长出若干粗细相近的干，也有枝干混杂难以选择。在主干处理时存在一个主干的选择问题。一般来说对主干的要求如下：（1）从基部向上发展应有由粗到细的变化。（2）主干线条要自然舒展或有恰到好处的曲折变化。（3）如是一本多干的材料，除注意（1）（2）两点外，还要有高低大小的变化及彼此间的疏密聚散关系等。

主干的处理一般都采用截短的办法。树木盆景的材料自主干基部到顶梢都在不断地变化，如干的粗细、曲直、树皮的色泽纹理以及枝条着生的位置等等。凡认为主干上部哪一段变化最少、表现最平凡就在那里截断。有时往往主干上部截去后，留取的那一段显得太短，则要将最高位置的枝条代替顶梢，如是杂木则可蓄顶枝以代之，以体现主干高度比例恰当和完整协调。

如果是人工繁殖的盆景苗木，欲培养成大中型盆景材料，只能在幼苗时将主干作大略弯曲，一般宜用剪短主干的办法，让其再行萌发选取。我们很少使用机械工具将粗大的主干进行强制弯曲。其缺点是易使主干线条变化过于圆柔，缺乏刚劲，也难符合"因材制宜"的创作原则。曲直皆属天赋，只求材料符合盆景美的要求，制作时能使其特点得到充分发挥，都有成佳作的可能。

中小型盆景的主干处理，凡人工繁殖的苗木材料，它的主干一般均需加以适当的弯曲，以体现苍劲遒曲的风貌。制作时如认为有必要，可先用麻皮等将主干保护好，然后再在其外缠绕铅丝，以防主干在扭转时断裂或因松散了木质部分令铅丝很快陷入，影响生长与观赏。在对主干进行曲线处理时，其曲线的节奏速度变化应由下而上逐渐加快，即下疏上密。但应力避作过多的简单重复，有那么一两个弯曲变化就够了。

枝条处理

树木盆景的枝条处理方法，因树种而异。如松柏类和部分常绿阔叶树，因它有不耐修剪和不易萌发的特点，所以在制作时以利用原有枝条进行吊扎处理为最理想。而对杂木类如榆、雀梅等的枝条处理，则是如何在主干的适当位置上诱发新枝条，并不断对其进行修剪，使枝条的伸展姿态与生长方向按盆景的要求发展。

枝条处理包括三方面内容：一、枝条的取舍。二、枝条生长方向的调整。三、枝条伸展姿态的矫正。

没有取舍，就没有艺术造型。取舍问题贯穿着树木盆景造型的全过程，不仅存在于主干、根部，在枝条的取舍上也更为突出。和枝条取舍有关的问题，大体上有枝条的淘汰、第一枝的处理、枝条在干上的位置、枝条的疏密虚实、枝的长短、片的形成和面积的大小、枝条前后层次的处理、树冠的组成、树冠外轮廓线的描划以及枝条组合中节奏神韵的表现等等。

第一枝是组成树冠的主要部分，它是最长最粗的枝条，但不宜和主干的程度相当或超过。第一枝的位置宜选在主干的粗度相当或超过。第一枝的位置宜造在主干的1/3或2/3处为最符合视觉习惯。应力避在主干的1/2处左右伸出，一般也不宜在主干的1/3处以下的近基部横出，因它的枝叶要掩盖重要的欣赏部分——根部，从而损害了树木盆景美的完整性。

由于第一枝地位的重要，制作时必须通过取舍等手段将它突出起来，让它跟以上的枝条有较大的间隔距离，这就是突出主枝。枝条之间的间隔距离，大体上应是最下部的枝条间隔距离最大，越上部的间隔距离越小，更应注意在接近顶梢时上下枝条的间隔千万不可放宽，以避免出现上下脱节。

第一枝是最粗最长的枝条，依次向上发

展应是逐渐变细缩短。但就树冠的平面构图效果来看，不能理解成主干两侧的枝条是依次作相应的缩短，应是相互间有适当的进退收放的变化。这样各枝条最外端的连接线，很自然地形成一个三角形，最理想的是一个不等边三角形，这就是树冠外沿轮廓线。随着枝条的长短与疏密的不同，树冠实际外沿线应是一条有起伏、有节奏的自由曲线。

造型过程中应该避免的枝条，大体有（1）轮生枝，（2）对称枝，（3）直立枝，（4）内向枝，（5）近距离平行枝，（6）交叉枝，（7）正前枝，（8）正后枝，（9）切干枝等。

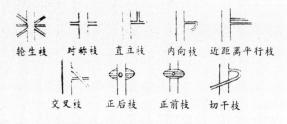

对这些枝条的处理，一般是采取删剪的办法，但也有部分枝条可采用调整伸展方向的办法加以利用。

树木枝条的自然生长方向，并不都符合盆景美的要求，除舍去的部分枝条外，对留取的枝条还有两个方面的调整：（1）枝条的上下调整，（2）枝条的前后调整。

审视自然界树木枝条的生长方向，可因树种、树龄、生长环境的不同而有许多变化，但归纳起来，有三种不同类型：（1）上伸式，（2）平展式，（3）下垂式。

一只盆景树木只宜采用一种枝条类型，使所有枝条有一个统一协调的美感。不宜二

种意三种类型的枝条混合存在。不同树种合栽的枝条处理，另作别论。

上伸式　　平展式　　下垂式

对松柏类盆景的枝条，习惯采用平展式或下垂式处理。以直干为例，枝条横出和主干呈90度角或下垂在45度至90度之间。杂木类盆景如榆、雀梅等，习惯采用上伸式或平展式，也有因树种不同如怪柳、忍冬等的枝条作下垂处理更为自然。

枝条的前后调整有个范围，一般只能在一个水平面上作角度不大的调整，以求枝条的伸展有自然舒展、朴素大方之美。

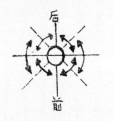

枝条调整范围示意图

自然状态的盆景树木枝条，往往过于生硬，缺乏苍劲虬曲的美感，必须进行艺术处理，以矫正其伸展姿态。

"刚柔相济"是盆景树木枝条伸展姿态的基本要求。也就是说，刚直取劲，柔曲取妍。一根枝条的姿态变化，应具有刚与柔两种性质的同时存在，才显得有变化、有对比。对这种"刚柔相济"的线条变化进行分解，不外包括有直线、圆弧线以及由它们相交出来的硬角、软角等。而直线、圆弧线又可分成长、短、粗、细不同的各种线段。我们要将

以上各种性质的不同线段，在自然舒展、协调适中的前提下，有机地组织在一根枝条中，使之略呈不规则地变化发展着。离开了这一前提而出现的枝条变化，终将不能符合盆景艺术的要求。因此，下面几种在枝条处理时，经常出现的部分规则线条应着力避免。

（1）（2）两种枝条姿态，在形式上有变化，但过于单调重复，缺乏有幅度变化的跳跃，在内容上刚柔不能相济。（3）（4）两种枝条姿态，从形式到内容都过于单一、缺乏变化。

~~~~   ~~~~   ——   ⌒

（ 1 ）   （ 2 ）   （ 3 ）   （ 4 ）

一根枝条又附有许多分枝，于是便形成一个片或称一个面。在一个片内要求分枝脉络简洁，有一主枝贯穿始终。片的形状可以椭圆形或三角形，视枝条的具体情况而定。片不宜太薄，也不宜太厚，以适中为好。如采用上伸的枝条形式，同样要求有主枝贯穿始终，则分枝沿主枝向四周上伸发放。靠近主干方向的内侧分枝宜短宜少，如将这样的枝条取下来，就有一棵小老树的形象。

总之，对枝条的处理，要从树形的前后、左有、上下各个角度作全面的考虑。也就是从对树本盆景造型的各种形式因素的自身以及它们之间相互关系，都要按照自然规律和美学规律进行处理。

根部处理

根是树木盆景重要的观赏部位。树不见根便似插木，对盆景艺术来说是缺乏完整性的表现。所以人们对树本盆景的根部表现向来十分讲究。要求能盘根错节、盘若龙爪或根御拳石等有奇特美的形象。因此要求根要露，要使裸根的伸展方向能和主干、树冠有一种势的统一和起平衡稳定的作用。在一般情况下根宜带土隆起，半露于土表，才富有强力感。要求根能粗壮、简洁，忌纤细散乱。因此，对根部的处理也必须采取删剪、调整、矫正等手段，使其达到美的境界。如过分盘曲的根要使它略直；过直的根让它略呈不规则的弯曲；相交重叠的根，要调整方向或删剪之。

由于树木盆景的形式不同，对根的长相要求也不一样。如斜干式或悬崖式盆景，根的分布往往因主干的倾斜应该在相反方向长有几根粗根。直干式盆景树木宜四周长根。按一般情况，一侧长有大枝，另一侧宜有大根，才显得安稳而有力量。提根式盆景主要是欣赏根部线条的优美奇特，故制作时必须有意识运用夸张手法，将根部高高地举露在外，让主干和枝条作适当压缩以示退让。如是丛林式盆景则又是另一说法，不能让所有树本的根一律裸露，它必须是有露有藏。为主的树木、近的树木要露根；远的、背面的树可不露，这样才显得有变化、有对比。

2-7 | 《养护管理是造型的完善阶段》（1990年）

载于《中国花卉盆景》1990年第5期

盆景艺术的创作有一个完整的过程，它包括一个基础、三个阶段。基础指作者自身的艺术修养和感情的培养及积累和丰富素材。在此前提下，才有可能进行创作。三个阶段是立意构思、加工制作和养护管理。前两个阶段和其他艺术的创作过程是一样的，唯养护管理阶段是其他艺术创作所没有的。对此我们必须有充分的理解和认识，特别是对初学者来说，更要引起足够的重视。

盆景养护管理的内容，一般包括有土、水肥、场地、整形、翻盆换土、病虫害防治等几方面。其中就整形一项的具体内容来分析，它应属于盆景的艺术处理范围（盆景创作和研究应有统一术语，建议对自然状态的树木作盆景艺术处理称造型；经造型后在养护过程中作整改修饰性的艺术处理称整形，两者不要混淆）。而其他几方面的养护措施，应属于栽培技术的范围，然而都是养护管理的一部分，不可分开、不可缺少。盆景这一造型艺术依赖于栽培技术而存在。这种关系的确立是决定于盆景作品取材于活的有生命的植物素材，这是盆景艺术

的特征之一。也正因如此，盆景的创作一般很少有一次成功的。在加工制作阶段，只不过是完成作品的骨架结构，只有经过养护管理才能使作品有血有肉，丰满而有神采。这是盆景艺术不同于其他艺术的又一方面。

有人说山水盆景可以一次制作完成，其实也不尽然。至少说山水盆景大都需要种植和山形体势相协调的树本、青苔等，给作品增添画意和生机。现在不少山水盆景作品的山体造型不错，但绿化种植往往都不尽随人意。其原因除对树木盆景的造型技艺不熟练、姿态比例不恰当外，在很大程度上是对养护管理是盆景造型的完善阶段的理论认识不足。在实践中，没有选用已经完成加工制作和养护管理两个阶段，且姿态和比例都协调适中的植物小盆景作绿化材料，力求使山水盆景的养护管理过程尽可能地缩短。所以植物山水盆景的养护管理过程，实际上成了山水盆景作品的完善阶段。

盆景作品到底需要多少时间的养护管理才能达到最佳观赏效果，这也是值得探讨的问题。这过程的长短，我想应和树种的不同、素材基础条件

的不同、各地气候条件的不同、选型方法的不同、养护管理的水平不同等而有所差别。岭南盆景最后成为佳作，就得需要十多二十年工夫，或更长的时间；苏州盆景一般也需要六七年；温州五针松盆景从开始选型到成为作品的最佳观赏期，所需时间也在六七年左右。以上所说的是指大中型盆景作品。我国现代商品化盆景生产的养护完善阶段一般都显得过分的短了。这是急功近利的做法，不可取，对我国盆景的发展是不利的。

我国现代盆景，最早发展于20世纪50年代后期，它们大都走上了创新的道路，形成了自己的风格。在此基础上，50年代、60年代的作品，都先后完成了第一个周期，逐渐进入第二周期。完成第一个周期后，各地都积累了丰富的经验。对如何进入第二个周期，即如何整改，各地报道甚少，大家都还在摸索中。希望能加强这方面的经验交流。

近十年来，浙江盆景确实出现了不少佳作，但全面地看浙江的树木盆景的造型，愚以为有两个问题很值得大家研究探讨。一是盆景枝条的团块结构与严整的片子结构必须革除；二是枝条呈圆弧线和波浪式的伸展姿态必须革除。

枝条的团块结构和圆弧线的伸展姿态大体上主要出现在浙北，严整的片子结构及波浪式的伸展姿态主要出现在浙西南。以上情况主要表现在杂木盆景的造型上。其原因人们总说是受传统盆景的影响。其实不然。这是人们对传统盆景的不理解，对大自然古老树木形象的歪曲。这种匠气、俗气十足的东西不能称之为盆景。传统的盆景也好，现代盆景也好，它的造型必须都要符合美学规律来表现。决不是将一棵盆树扎成几个绿色的团块和严整的片子就算是盆景了。如能打碎团块和严整的片子结构，矫正有规则式的枝条伸展姿态，还树木以本来面目，给树木盆景以几分自然野趣，彻底革除上述两种弊病，我想这就标志着浙江盆景又上一个新台阶。

一、树木盆景的结构，应理解为由各种不同形式、不同性质的线条组成。主干是最粗的线条，侧枝线条是比主干线条细，而侧枝上又生长着许多更小的枝条。枝条在主干上是按树木生态规律生长着。当制作成盆景时，还得按盆景美学的要求决定侧枝的取舍；如处理疏密、聚散、虚实、争让、均衡、枯荣……等等。更小的枝条在侧枝上的去留，也得同样按上述原理进行处理。所以杂木盆景的枝干空间结构布局，应是根据树木的生态规律和美学要求同时进行处理，而不能有所偏废。

二、枝条伸展的姿态，在浙江有两种常见弊病：1.以圆弧线形式表现，主要出现在浙北一带；2.以波浪式线条表现，出现在浙南一带为多。这两种姿态均属规则式，应尽力避免。圆弧线在形式上缺少变化，表现单一。从内容上说这种线条过于柔软，属软线条。如果一棵树上偶然出现一条已是够勉强的。可是我省的部分地方将全树所有枝条都作这样处理，那距枝条伸展应有表现力度的要求太远了。波浪式或跳跃的幅度呈有规则变化的线条在形式上虽有些变化，但过于单调、重复。从内容上仍然属于软线条。以上两种线条均缺乏变化，不符合盆景造型的要求。我们要求枝条的伸展姿态，应该表现"刚柔相济"。这种"刚柔相济"的线条，分解开来包括直线、圆弧线以及由它们演变出来的硬角、软角等线条。而这些线条又可分为长、短、粗、细不同的各种线段。我们要将以上各种性质、各种形式的线段在自然舒展、协调适中的前提下，有机地组织在一根线条中，使之略呈不规则地变化发展着。以这种多变的线条为基本表现技法，就能使杂木盆景获得无限的表现力和艺术价值。

载于《中国花卉盆景》1992 年第 8 期

2-9 《神·舍利》（1994年）

载于《花木盆景》1994年第3期

神，舍利，是日本的盆栽用语，现已为各国盆景界人士所普遍接受，而对我国大陆来说，这词的使用还有点生疏、不很普及。我国习惯称"枯干、枯枝"。舍利原语意是指佛教高僧火化后的遗物。神，是指一种广大无边的力量所造化的，故将之称为神。这两个词语用在盆景创作上很恰当，它有一种永恒、力量、境界的意义，内涵较为丰富，比之"枯干、枯枝"要好。

树木由某种原因造成局部枯死，树皮剥落，木质变成坚韧不拔的白骨化姿态，在自然界时有发现。在盆景上呈这种情况，如出现在主干的顶梢或枝条上，称为神。如出现在主干的其他部位则称为舍利。

松柏类树木的木质部坚硬，是最适宜表现神、舍利的树种，其他杂木类亦可。神、舍利作为盆景技艺，我国一向有采用。如历史上苏州的劈梅作法，及现代拙作"生死恋"（1981年出版的60分盆景邮票图案）。但我们对这方面的技艺研究不够细致深入。其实这是树木盆景追求自然韵味，表现严酷的自然环境、大树古木的年龄及其风采的很有效方法。自然界树木出现神、舍利的原因很多，主要由于树木老化、环境恶劣、病虫害等引起。但树木盆景的神、舍利，除少数在山采素材上有保留外、绝大部分以自然神、舍利为依据，进行人工雕刻而成。

1. 树液在树体中是怎样流通？

在进行人工神、舍利的创作之前，必须了解树液在树体中是怎样流通的。这个问题关系到神、舍利的布局、构图和树木的生命安危。简单地说，树木是由树皮、形成层、木质部组成。木质部分布有导管，将根部吸收的水分送往上部。树皮部的筛管将光合作用的物质送还至树木各部，这一循环称输导系统。通常该系统的枝、干、根呈纵向分布。所以原则上树液呈纵向流动。形成层的细胞分裂，未完全发展成木质部和树皮之前，树液通过这些细胞时不仅可以呈纵向流通，也可以呈横向流通。因树种的不同，形成层的厚薄也有不同。厚者树液流通量也大些，雕刻起来，对树木的健康影响小。薄者则反之。

2. 制作时间

制作人工神、舍利的时间，大致可分为两种情况。一种是雕琢已枯死的部位；一种是雕琢尚活着的枝、干部位。前者在任何季节进行均可。后者在四月中旬至五月上旬（晚春初夏），当树木吸水及光合作用旺盛前的一段时间最佳。此时形成层细胞分裂尚未旺盛，也容易剥皮。剥皮后木质部还是去年秋材，质地坚硬不易腐败。剥皮不可避免地减少一定数量的叶面积，但此时恢复能力最强。所以避免在秋季剥皮制作。一般说松柏类树木在晚春初夏时进行剥皮，待木质部干燥后，冬季进行雕刻为最好。不同树种有不同的雕刻时间，同时也应结合雕刻的面积强度进行考虑。

3. 保留树皮部分的位置

"吸水线"这一名词是日本、我国台湾盆景界在制作舍利干时的常用语，其实际是指被保留的树皮（即筛管）部分。它的功能并非吸水，而是将光合作用的物质作为树液向下流送之用。

树皮部分的保留法，应按几种情况进行综合考虑。一般当树木在主干向上伸展时，在主干表面会出现凹凸变化，特别是各种柏树，当主干在回旋扭转伸展时，凹凸变化更为突出。通常以凸出部分作为树皮的保留部分，凹进部分作舍利最恰当。如主干线条缺乏流畅感时，将凝眼的部分雕刻成舍利，可使主干线条流畅。树皮的保留部分应避免留在主干的正面或背面，最理想的位置应在主干的左右两侧略向前的位置较好，树皮保留部分的以后发展会加粗，所以树皮留在理想的位置会使主干变宽，对盆景树木的发展有利。（见文后附图）

4. 神、舍利的制作过程

神、舍利的创作，要服从构图的需要及树种的要求；尤其是神枝的出现要讲究总体效果好坏。

神、舍利的创作，应是以少胜多、绿多白少，才像一棵树。千万不要树树皆有、满树都是。要使作品表现得既饱经风霜又欣欣向荣。

神、舍利的创作，千万不要人工过度，痕迹过多，应是恰到好处、宛若天生，才不致于表现病态。在此原则前提下，反复推敲神、舍利存在的需要。然后：

①预定雕琢的部位，先用粉笔圈定范围。

②定点部位先作粗略雕刻，后再作精细加工。

③处理刀痕，用不同型号沙纸细磨，使之宛若天生。

④雕刻部分的保护措施，如大面积的雕刻，伤口处包以水苔或湿布防止伤口干燥，

有利愈合。雕刻完成后，待木质部干燥风化后方可涂防腐剂。常用的防腐剂有石灰硫磺合剂，或石硫合剂加少量白色绘画颜料。不论用何种防腐剂，务需注意使神、舍利部分保持有高度的木头质感，才为真实。

5. 神、舍利的保养

神、舍利部分容易因潮湿或霉菌的滋生而引起腐败，所以要经常保持清洁，刷除青苔、泥土等污物，故特别注意每年雨季前洗刷后涂防腐剂一次。

保留主干一侧树皮示意图　　　保留主干两侧树皮示意图

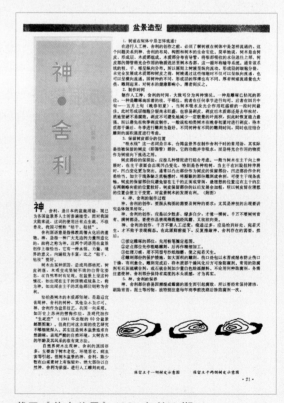

载于《花木盆景》1994年第3期

2-10 | 《谈气温的异常变化和五针松盆景的养护——答田启银问》（1997年）

载于《花木盆景》1997年第3期

来信（见文后附信、照片）谈到当你在1996年5月18、19日两天独自管理你单位盆景园时，于20日发现一棵五针松盆景老叶、新叶均抽干，且发黄，遂断定是这两天管理不善所致。现对你所提疑问答复如下。

关于五针松盆景死亡的问题，据来信介绍结合散人的经验，认为归结起来主要原因有三：

一、气温的异常变化，

二、水分的控制失宜，

三、综合管理欠佳。

5月份和9月份是一年里气温变化最大的季节。它正处在气温由低温到高温和由高温到低温转变交替时间，伴随着晴雨反复无常地出现，形成闷热气候现象。这种不稳定的反复无常的变化，使五针松盆景的管理人员很难捉摸，于是难免出现问题。过了5月、9月这两个月后，其他月份相对地说气温的变化较有秩序地平稳过渡，管理人员也就容易掌握。

五针松盆景的死亡很难及时被发现，其原因正如读者所说它是"油性较大的针叶树"。如一旦被发现

死亡（如所附的照片中看到的那样：针叶变色而下塌、嫩枝垂头、个别枝叶变黄）说明死亡的时间已久，估计在10天至半个月，或半个月至20天不等。

五针松盆景的死亡，也出现有如下几个过程：开始是盆土不易干燥。叶色难以辨别是否正常，而枝叶弹性不足，用手轻轻拍打比较，始觉有不同反应。针叶小枝失色干瘪并出现皱纹。最后就似所附照片那样，早已死定。

以上仅仅就信中提到的五针松盆景死亡的时间及树体的各个部位的不同反应，谈一些看法，排除其他促使死亡的因素（如肥、药等等）的加入。

最后围绕读者提出的问题，谈一点对五针松盆景的养护管理，以加深理解，并尽量使五针松盆景在5、9两个月份里安全平稳度过。

由于这两个月的气温及晴雨变化无常，或骤冷骤热，或骤晴骤雨，甚至造成闷热天气，这种现象对盆养五针松十分不利，如平常的养护管理欠佳（或称疏忽），对这种异常变化的

气象适应不了，便造成死亡。

和此有关的主要问题：一、置养五针松盆景的场地必须通风良好，阳光充足。二、土质疏松、排水通气性能良好。三、及时翻盆换土，修剪根系，促进根系健康生长，保证土质疏松、排水通气性能良好，一般三或五年翻置换土一次。四、水的管理：信中提及"干松湿柏"，这句话原则上是对的。松耐干旱些，柏喜温润些，但对水的管理，要根据植株的健康状况、具体的养护管理情况及气象情况进行综合考虑，然后确定该浇水的浇水，可浇可不浇的不浇，或改变浇水方式（改盆土浇水为叶面浇水等）。另一个值得注意的问题，是"宁干勿湿"。使土壤结构有足够空间，促使空气流通。如不能掌握好盆土的干湿，即造成失水过量或土壤里缺乏空气（水量太多），使五针松窒息而死。因此，五针松盆景的日常综合管理不佳，如遇5月及9月不正常稳定的天气，它的死亡率即随之增加。

编辑老师：

您好！

我是济南市大明湖公园的一名普通园工，从学校毕业参加工作刚好一年时间，因工作中遇到一个难题，特来请教您们，望赐教！事情是这样的：1996年5月18、19日两天，我独自管理我们单位的盆景园，对各种盆景的生长状况也未细加观察。20日该园负责人回来后，发现一棵五针松盆景老叶、新叶均抽干，且发黄，遂断定是我这两天管理不善所致。该五针松树龄在30年左右，今春且有新叶冒出，但有几年未换盆了，用盆为紫砂盆，规格为80×40×25cm，我管理的其他五针松盆景用盆有的比这还浅，那些一点也没事，现在我有这样的问题，假设是我管理所致，对五针松这种油性较大的针叶树种，第三天会出现明显的抽干现象吗？出现这种现象，是因水旱还是水满的原因呢？因为我从书上学习过"干松湿柏"的理论，随信附上一张出现类似现象五针松的照片，仅作参考。

编辑老师，作为一名学园艺的毕业生，工作第一年便遇上这样的难题，它给我的生活和以后的工作带来很大的影响，为了弄明白事故的原因、责任所在，我特向贵刊投信，我想以贵刊的权威性和众多盆景界前辈编委的丰富实践经验，必会给我一个权威的答案，望您们在百忙之中能给我一个答复。

忠实读者：济南大明湖公园田启银

2-11 《黑松》（1999年）

载于《花木盆景》1999年第6期

黑 松（Pinus thunbergii Parl.），松科常绿针叶树，冬芽灰白色，叶两针一束，色浓绿、树姿雄健，阳性树种，耐干旱、耐贫瘠，对土壤的要求不高，适生于排水良好的中性、酸性土壤。原产日本，我国山东、江苏、浙江、福建及安徽等省均有分布，在沿海及诸岛屿用作防风林带，在内地用作荒山造林树种，在都市作庭园绿化用，但也是树木盆景的好材料。

松树自古备受人们的推崇赞赏，它姿容古雅，苍劲翠绿，雄伟挺拔，经严寒而不凋，历酷暑而不萎，品格高雅。用黑松制作盆景，通过特殊的控制技术，作品更见精神。有人赞美黑松是"男性"的象征，有"武夫"气派，可谓盆景中之瑰宝。

选材

作为盆景素材，来源一般有二：山采和人工培养。

大部分取之于山野的黑松很容易识别：远望山头，凡颜色浓绿的为黑松林，色较浅绿的为马尾松林。近看针叶粗且直的是黑松，针叶细而软的是马尾松。作为盆景素材的黑松，一般不在茂密的松林里，而在林外那些土壤贫瘠的碎石岗上、土层浅薄的岩石隙缝里，或是山头风口处、或是海岛的迎风面、或是在人为破坏严重的山区，这些地方，黑松长得特别矮壮、苍老，树姿千变万化、多姿多彩，符合盆景造型的要求。

我国还少有辟为专业培养盆景素材的苗圃基地，所谓人工培养，是在作为绿化用的黑松苗中挑选留有下株的黑松中截干培养，但它和山采的素材相比，差距实在太大。不论山采或人工培养，对黑松素材的要求是主干虽不很完整，但其基部应该比较粗壮，自根盘至主干的变化要自然流畅，干上要有几根可缩剪或紧凑的枝条，不理想、不完善处是可以改造的。

采掘

黑松的采掘最佳期应该是农历12月至翌年2月黑松的休眠期，黑松为常绿树，挖掘或移植必须带有土球，黑松不耐修剪，它不像杂木那样，砍光枝叶能重发新枝，所以必须在挖掘之前认真观察，将不要的枝、干做一次大略的修剪，带一部分枝条挖掘起运一些取材于岩隙间或砂岗上不带土的，可就地打泥浆及包装运输，以减少蒸发损耗。运输时间要短，耗时长影响成活。

种植

黑松不论地栽或盆栽，都必经过一次有目的的认真修剪。缩小根部的伸延范围，尽量截去多余的主干和枝条，还考虑该树材的盆景形式，如斜干式或悬崖式等等，然后方可开始种植。

这时的栽培土，用排水性能良好的砂质壤土或山泥均可。种植时周围的泥土要压实，然后浇足水分，此后要注意向叶面喷水以保持湿度，土面不干一般无需多浇水，直到发新芽长新叶才算大体成活，经过一个秋天就可基本稳定，地栽的黑松第二年春上盆，已上盆成活的，冬季可以开始造型。

造型

造型的黑松必须已经培养1~2年，造型的时间以12月至翌年2月为最佳，造型的方法是以吊扎为主、结合修剪、扎缚物以金属丝为最方便。造型作业的具体内容有：（1）主干、枝条的取舍；（2）枝条生长方向的调整；（3）枝条伸展姿势的矫正以及花盆的选择和种植位置的确定等等。

养护管理

（1）**盆土选择**：黑松盆景的培养土，一般选用腐叶土与河砂的混和土，比例为7:6或6:4，这种土既含有一定的肥力又有良好的排水性能。

（2）**浇水方法**：常言道"干松湿柏"。这说明松树是耐干燥不宜水湿的，而"宁干勿湿"则是其盆栽水分管理的要诀，干了可以加水予以湿润，长期潮湿则易使植物窒息而死。实践经验告诉我们，新上盆的要立即浇水，让盆土充分湿透，直至水从盆底流出，以后待盆面土干白时再喷水，但这时盆内部的土壤还有一定水分，只能适当浇水，不能像第一次那样浇水。如盆土经常潮湿，土壤间空气全被水分排挤出去会造成植物窒息，最后导致植株枯萎，夏秋天气晴热时，还可进行叶面浇水，以满足黑松对水分的要求。

（3）**场地选择**：黑松属喜阳性植物，要求种植场所阳光充足、干燥、通风、无大气污染。春季里新上盆的黑松盆景，可以直接移置于阳光下，春季气候有利，又值黑松休眠期结束，旺盛生长之时。但如秋季上盆则要将它放置于通风良好的半荫处，十天半月后移置于露天，才较为安全。

（4）**肥料的控制**：黑松能耐贫瘠，盆栽后一般不需多施肥，一年仅秋季施一次肥即可，秋季施肥能使黑松长得粗壮，肥不宜浓，以淡为好。常用有机肥——菜籽饼泡水发酵，将饼粒置于盆面或用复合肥等肥效持久的肥料，春季不宜施肥，这时肥水过多，反使黑松的芽、叶长得过长，有碍观赏。

（5）**摘芽**：芽的发展就是树的枝和叶。盆景为保持已经形成的树形，必须对其枝叶生长予以摘除，这一工作就得从控芽做起。春季3~4月份，黑松的芽逐渐膨大变绿，当长至出叶时，就要进行摘芽，摘去芽长的2/3或更多。对一整株来说，摘芽必须全面。

弱芽、边芽生长较慢，为求枝片、树冠的整齐，还要做第二次、第三次摘芽，如果某一枝条需要继续蓄枝，它的芽可以留长一点，摘去 1/2 或 1/3。

（6）**翻盆换土**：黑松盆景翻盆换土的间隔时间可稍长些，一般 7~8 年一次。去掉部分旧土，增加部分新土，补充土壤营养，改变土壤结构，促进盆树健康生长，防止其衰老，翻盆换土的间隔时间可以稍长，这是一种控制方法。

黑松针叶长得健康粗壮，叶色茂密苍翠，植株气魄雄伟，这是黑松盆景的魅力所在，但它的优点——针叶的长粗恰恰成了黑松盆景的不足之处。如何处理好这个矛盾呢？我们通常的办法就是控制好肥、水、土等方面的管理，要深刻了解肥、水、土和短叶的关系。在日本的盆景界，除了采用上述办法进行养护管理外，他们还创造了黑松短叶法。他们的短叶法对我们来说，首先是要改变养护观念，既要达到短叶的目的，又要保证植株的健壮，使之有足够的能力接受短叶法作业的"摧残"。

短叶法包括的内容有切芽和摘叶。

春芽长到 5~6 月份，新叶完全展开并成熟。7~8 月便可进行切芽（剪芽）。植物有自我恢复伤残的能力，第二轮的新芽又将在老叶的夹缝间长出，这时还要进行抹芽，仅留枝条两侧的两只芽（水平方向），其他的芽都要抹去。由于季节已入寒秋，抑制了新芽和新叶的伸展，在 10~11 月间剪除老叶（或称拨叶），促成了第二轮叶子的短叶化。进入冬季，展览、摄影或布置居室，黑松盆景就成为非常漂亮的艺术作品。所以 12 月是黑松盆景的最佳观赏月，它叶短、整齐、明丽、清秀，不失黑松固有风格。

日本、我国台湾的盆景书刊对短叶法的介绍，在主要问题上是一致的，但在细节上也有不同。在此对黑松短叶法的扼要介绍仅供大家参考、研究、探索。

我对短叶法的理解是，促使黑松二次发芽，必须视其植株的健康状况来决定，因此要实施短叶法，就要改变养护管理的观念，所以我用"摧残"二字来形容它，并认为此法可行，但不宜年年进行，可以隔一二年进行一次，让植株有一个间歇期作自我休整调养。

2-12 | 《松树盆景造型》（2002年）

载于《花木盆景》（盆景赏石版）2002年第9期

一、盆景造型的完整过程

（一）一个基础——文化艺术综合素质和盆景制作技术基础。

（二）四个阶段：

①创作准备：盆养素材及工具、土壤、盆等。

②立意构思：由创作动机到未来完整作品的形象诞生。立意构思依据"因材制宜"原则。寻找"观赏面"应注意，观赏面的要求是从根盘到主干顶梢，其伸展姿态和发展趋势能起决定作用。其次是左右枝条。如创作时应注意主干要收腹，以形成前有空间，后有深度；干梢前倾，以形成亲切、和谐的意味。

③加工制作：遵顺系列盆景艺术表现手法，进行吊扎、修剪、雕凿等园艺技术措施来完成具体加工制作程序。先主干后枝条，枝条造型应由下而上，最后上盆。

④养护完善：养护是树木盆景造型的继续，是日臻完善的阶段。盆景是有生命的艺术品，是永远也完成不了的。

二、松树盆景的创作特点

（一）松树盆景宜用壮美、阳刚美为主的表现手法来完成创作。

（二）以松树的生态生理特点，来决定它只能利用原有枝条，进行吊扎造型，以体现枝条层次重叠的自然姿态。

（三）松树性喜阳、耐旱，宜选用排水通气良好的土壤及紫砂浅口盆。

三、松树盆景素材的最佳移栽上盆时间：农历八月至九月上旬和正月至二月上旬。

松树盆景造型的最佳时间：农历十二月至二月上旬。

四、根、干、枝是构成盆景树木的骨架结构

造型是指素材的根、干、枝的骨架结构按照盆景美的艺术规律进行重新组合，使之成为完整协调、线条流畅、意境深远的有生命的盆景艺术作品。重新组合的主要内容有：取舍、调整、矫正。

（一）主干处理

自然界树木的体态，千变万化，大多数是因为树木的生长环境不同，促使树木主干姿态产生不同的变化，所以主干的处理是树木盆景造型的关键所在。尽管自然界树木主干千姿百态，但归结起来，只有两种基本形式：直干与曲干。曲干可以是"S"形的变形处理，又可分若干盆景形式，如斜干式、曲干式、悬崖式等等。

对树木主干的要求：

①不论曲干、直干，都要求主干自下而上，有逐渐缩小的变化。变化速度快，可制作矮壮型盆景；变化速度慢，可制作成"文人树"盆景。

②除直干外，都要求主干线条有自然舒展和恰到好处的弯曲变化。

③如是一本多干的素材，除注意上述两点外，还要注意主干的高低大小的变化、主次和疏密聚散的变化等。

对主干的处理方法：

①截短。树木盆景素材，自主干基部到顶梢都在不断地变化着，如干的粗细、曲直、枝条在干上的位置，树皮的纹理色泽等，凡认为主干上部哪一段缺少变化或表现平凡，就在哪里截去；如认为留取的哪一段高度不够，为求完美协调，当立最高位置的枝条来代替顶梢。

②使用简单机械矫正主干伸展姿态，使之屈而短之或使主干线条更为苍劲生动。曲直皆属天赋，唯求主干线条符合盆景美的要求，并使其特点充分发挥，都有成为佳作的可能。

③小盆景的主干造型，一般都加以适当弯曲，以求体现苍劲遒曲。

（二）枝条处理

枝条处理，最集中地体现了盆景造型的取舍、调整、矫正的具体内容。

1. 枝条的取舍。枝条取舍最为关键的问题有：枝条的淘汰；第一枝在主干的理想位置；枝条的长短；枝条的疏密；枝片的变化；树冠的组成；树冠的外轮廓线描述等等。

一般规律，枝的粗宜是出枝处主干粗的1/4左右。直幅画面作品，枝的长度应大大短于主干的高度；横幅画面的作品，枝的长度有可能超出主干的高度。

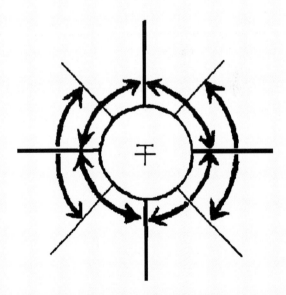

枝条前后调整范围示意图

第一枝应在主干高的1/3处上下或2/3处上下最为理想。松树盆景出枝宜略高，以体现其风格的高昂挺拔，但不宜在主干高的

1/2左右出枝。

第一枝与其上部枝条的间隔距离最大，以示突出主枝。越向上发展，枝条的间隔距离越密，以求树冠丰满，并注意防止"露脖子"现象出现。对枝条的取舍控制，下部从严，上部从宽。

第一枝为全树最长枝，依次向上发展，应是逐渐变细、缩短。以形成树冠为不等边三角形。就枝条总体处理，有前后、长短与疏密的变化，使树冠实际外沿线应是一条有起伏、有进出、有韵律节奏、音乐感很轻的自由曲线。

造型过程中应避免的枝条，大体有轮生枝、对称枝、直立枝、内向枝、近距离平行枝、交叉枝、正前枝、正后枝、切干枝等等。对这些枝条的处理方法一是调整其伸展方向，二是直接删除。

2. 枝条生长方向调整。有上下调整和前后调整。

自然界树木枝条的生长方向，因树种、树龄、生长环境的不同而有不同的变化，归纳起来大体上有如下不同形式：上伸式、平展式、下垂式、放射式。

松柏类盆景的枝条宜用平展式和下垂式，而枝条的平展或下垂的角度一般在45°至90°之间，同一棵树上的枝条和主干所成角度一般控制一致，不宜随意改变。对杂木来说因树而异，可以适当放宽，允许"杂"一些。

枝条的前后调整有个范围，一般只宜在一个平面上作角度不大的调整，以求枝条有自然舒展、朴素大方之美（见334页示意图）。

3. 枝条伸展姿态的矫正。

"刚柔相济"是树木枝条伸展姿态的基本要求，指的是一根枝条的姿态变化，应具有刚与柔两种性质不同的线段同时存在。如将这些不同性质的线段进行分解，不外于包括直线和圆弧线，以及由它们相交出来的有硬角和软角，而直线、圆弧线又可分成长、短、粗、细不同的各种线段。我们要将以上各种不同性质的线段组织在一根枝条中，使之在自然舒展、协调适中的前提下，略呈不规则的变化发展，这才是符合盆景艺术要求的理想姿态。

在枝条造型中，应尽量避免波浪式、锯齿式、直线式、弧线式等简单而又单调重复的姿态出现。

随着枝条的发展，逐渐形成枝片。枝片的造型不应过于严正、过于规范，要求略为自然松散。片子的大小、形状，视枝条自身的条件及其同上下、左右各枝片的互相关系而定，务求配合默契，协调适中。每一枝片必须有一根主枝贯穿始终。大枝条也允许有多个分枝，以便形成枝中有枝、片中有片的生动、活泼、真实的姿态。

（三）根部处理

根是树木赖以生存之本，也是盆景树木重要的观赏部位，也是作品完整性的体现，故不容忽视。

用"根盘"二字来描绘树木根的群体性和群体结构是十分抓住要领的。根盘的主要作用在于稳固地支撑整棵树木，并有吸收和储存营养的功能。

一个理想的根盘，它必须是：

①四面八方有根，而且在根盘的左右两侧略前和略后都有较为强大的根群，才见得安稳、牢固。

②根自根盘伸出后，要有一、二级分枝，才见得苍劲而有年代感。并要求其姿态有变化和流畅感，避免生硬、重叠、交叉等忌根。

③根盘紧密贴在土面，根的伸展要平整，不可有高低错落，才显得有力量。

④根盘必须带土隆起于土面，接受阳光照射，以求根的皮层的老化并和主干皮表相统一。对根的处理，也必须是通过取舍、调整、矫正等手段，才能达到理想的根盘结构。

由于松树盆景形式不同，对根的分布要求也有不同，在这里就很讲究均衡、藏露等艺术表现手法的运用。

五、养护完善

养护管理是树木盆景造型的继续，是作品养护完善阶段。它短则二三年，长则十、廿年或更长的时间。它的主要内容有盆土配制、肥料使用、水分控制、场地选择、整形改作、翻盆换土、病虫害防治等。其中整形与改作作业就直接关系到作品形象的塑造，其他各项则是从树木盆景的健康生长的角度促使作品日臻完善。

"临风图"；树种：五针松；作者：胡乐国

"向天涯"；树种：五针松；作者：胡乐国

2-13 | 《瓜子黄杨盆景的改作》 （2004年）

载于《花木盆景》（盆景赏石版）2004年第6期

> 瓜子黄杨是很受盆景人士喜爱的盆景素材，因为它符合盆景树木所有的特殊要求，被视为杂木盆景传统的最佳树种之一。

图一，这是三四年前，我从常州取得的一棵黄杨盆景素材，仅对其在原基础上略作初步修剪。粗眼看它还可以，树高86cm，干基部直径9cm，根盘横展36cm，体量之大也属难得。在树干高26cm处，主干分主、副二干，亦较理想。树冠成不等边三角形也颇为悦目。然不足之处也十分突出：

图一

（1）在二干分枝之下的主干基部

一段表现得十分僵直呆笨。（2）根盘的表现也十分丑陋，各根状似地瓜，且其分布走向不顺畅，有逆一般树木根的自然形态及其对分布走向的要求，这是最大的缺陷。（3）在二干分枝点之下，出一小横枝，作为树冠的第一枝，不符合常理，也不合欣赏习惯。鉴于以上三点，时刻考虑如何对其作扬长避短的处理。抱着这种理念，遂于2003年四五月间用环剥高压的办法，使它来了个彻底的改头换面，以求成为理想中的一棵较为新颖的作品。

图二，环剥的位置和方法：先剪去第一枝，然后在主、副干之下，进行环剥。环宽在3cm左右，在这范围之内尽行剥去皮层。

图三，环剥后，套上一只剖开塑料花盆，固定之后盛满砂土，让环剥处埋在盆土之中即可。然后浇水，进行正常的养护管理，这时不要忘记原盆和套内都要浇水，后期套盆中也要略施一些薄肥。因黄杨为容易发根的

环剥皮层
至木质部

第一枝

图二

图三

图四

树种,所以套上容积较大的盆,发根容易茂盛。

图四,今年2月底3月初,打开塑料盆,就可以看到土团垂满许多白色的嫩根,根长在20cm～30cm。

图五,为了截获被高压而成的新植株,首先必须轻轻地去掉泥团底部的泥土。

图六、图七,然后在环剥处之下,用手锯截断主干。截断处要尽量接近发根部位,

以利以后在浅盆中种植。

图八,该新作选用宜兴紫砂浅圆盆,盆高9cm,直径36cm。因盆浅,为使新植株能稳定种植,在盆底拴上一根金属丝,然后在二干之间将植株牢牢固定。

图九,固定种植后,对其枝叶进行修剪,缩小树冠体量,以求树冠和根部能取得一定平衡,以利成活。

图五

图六

图八

图七

图九

图十，对树冠枝条按盆量要求进行修剪后，要对盆面进行整理，如对高于泥面的原土球及部分裸根要作细微的处理。

图十一，为使盆面有起伏变化，将干周围的盆土略高，近盆口处略低，然后再撒些粉末状的干青苔碎末，然后转入正常养护，新作制作暂告一段落。新作规格为60cm×60cm。

讨论

（1）从商品盆景的角度来看，还是原封不动的好。因为树形比较高大，基部也很粗，可能具备更高的价格。

从艺术盆景的角度来看，新作为连根的双干形式，更兼枝条出枝位置较低，完全不同于作品的原貌，作品更显得自然新颖和富有现代气息，应该被认为是大大提高了作品的艺术品位，从而更具观赏性。

（2）通过实践，认为环剥高压是盆景创作值得推广的好方法。不仅黄杨，其他树种包括松柏类都有实现的可能，这在国外已不是新鲜事了。

（3）该新作还有未完成的工作，如枝条还是按原样缩剪，还有可能作进一步推敲的余地。另外盆土还可以降低，让两干的分叉连接处裸露出来，明确地显示它是一本双干的盆景形式。

（4）遗留下来的原桩在截去原主干基部僵硬呆笨的一段后，在其根盘的不同部位，可以进行嫁接，务求培养出一本多干的盆景素材。

2-14 《名家教你做树木盆景》（2007年）

载于《花木盆景》（盆景赏石版）2007年第1期到第12期连载

名家教你做树木盆景

树木盆景制作实例

■ 胡乐国

(一)松柏盆景制作

五针松原产日本，称日本五针松，是松柏类盆景素材中最受宠爱的树种之一。我国的五针松盆景主要集中在上海及浙江、江苏的各主要城市。

这是一盆近百年的大型五针松盆景。因原主人不懂养护，多年没有整形，近于荒芜，所以重新制作起来比较复杂。

2.这是素材的背面。主干变化也不错，但波浪式的主干线条有悖松树高耸挺拔、气势雄伟的风格。另外，主要枝条缺乏呼应，根部也略显不足。

1.经多方观察，选择这一面作为观赏面。主干的曲直变化恰到好处，能看到部分粗根，而且主干顶梢自然地向观赏面略微倾斜，符合作为观赏面的要求。

3.这是一张背面的图，拟切除第二大枝中的一根正前枝（从观赏面看是正后枝）。

4. 这是素材的正面和背面图。在左图中可见主要碍眼的一根大枝条已经被切除，树体下部的骨架结构已非常清晰，可以开始制作。主干上部如有多余的枝条，可在制作过程中逐一裁减。制作时拟将树体分为三个单元。第①单元为第一枝，第②单元为第二枝，第③单元为树干顶部，即树冠的最高部位。制作顺序由下而上。

64 盆景赏石

这12期连载的12篇文章选自胡乐国编著的《树木盆景》一书，这里不再展示内容

编者按: 4月18日至20日，2013国际盆景大会在扬州举办。会议期间，组委会邀请10位国际盆景大师进行了现场盆景制作示范表演，有日本的小林国雄，澳大利亚的林赛·贝博，澳大利亚的戴维·德克鲁特以及中国的赵庆泉、胡乐国等。国际盆景大师胡乐国应本报之邀，特将他在盆景创作表演时的构思和制作过程进行了总结，与大家交流、探讨。

这次进行盆景现场表演我选取的素材是五针松，采用的造型手法是"高干垂枝"。

"高干垂枝"是我从事盆景创作50年来总结出来的一种独特的创作手法。因为"高干垂枝"最符合松树自然生长的特点，如果你仔细观察就会发现，一般年轻的松树枝条呈上伸式，随着树龄的增长，枝条逐渐变为下垂式。但是，在日常生活中，我们也会看到悬崖式和曲干式的松树，但这些松树都是在特殊环境下生长的，只是极个别的表现，当然这些盆景也很受欢迎。但是，"高干垂枝"则更接近松树的自然生长规律。

仔细分析素材

大家拿到一盆盆景素材时，先不要急于动手，首先要仔细观察一下它的特点。看看这棵盆景素材有什么优点，它的缺点是什么。做的时候尽量把优点放大，把缺点掩盖起来，这样做出来的盆景才美。

摆在我们面前的这盆盆景素材的优点是"一本多干"，"一本多干"的特点是做出来的盆景变化多，干与干之间有层次，看起来气势恢弘，可欣赏的点多，这些都是"一本独干"盆景所无法比拟的。但是，"一本多干"式盆景做起来的难度要比"一本独干"盆景大。因此在做"一本多干"式盆景时，一定要考虑各主干之间的关系。你看这盆盆景素材的枝条有粗有细，有高有矮，有直有弯，因此在盆景造型的时候就要考虑各个枝条间粗细、高低、姿态和曲直的变化，如果有一方面搭配不好，看起来就分不清主次，还有一些杂乱的感觉。

制作过程

分析完素材的特点之后，下一步就开始制作了。在制作过程中，首先要站在不同的角度观察素材，选取一个最佳的角度把它当成正面，然后在这个角度做个标记，通常放一个小树枝即可。只有站在最佳角度制作出来的盆景，才能充分展示出盆景的美感。像面前这盆盆景，如果按照最佳角度展示给观众就要选用一个圆形的盆景盆，因为现场表演没准备圆盆，因此暂且用这个长方形的盆。但是大家在制作盆景的时候一定要注意按照盆景的特点来选取盆景盆，否则就会影响盆景的观赏效果。

说完盆了，下一步就要删除多余的枝条。因为这是"一本多干"式的素材，通过观察，我发现制作"一本三干"式盆景比较合适。

因此，对于面前的素材，就要删除一些多余的枝条。但是，删除哪些枝条为好呢？有些人在制作盆景的时候有一个误区，认为粗的枝条不能动，其实错了，往往粗的枝条是最不容易造型的，所以对于粗的枝条不要手软，该锯的锯掉。而细的枝条既好拿弯，又好造型。因此，我保留了三条比较细的枝条，确立好三条枝条的位置，把一些多余的粗枝条去掉。但注意要在主干周围留一两枝细的枝条用于最后增加主干的高度。

最后，把一枝靠近主干上部的侧枝向主干上翻，以增加主干的高度，再用铝丝把它和主干缠在一起，用这个枝条来增长主干的高度，以此来体现松树挺拔的特点。整个盆景的造型出来了，再把多余的叶片剪掉，这盆盆景就制作完毕了。

相关链接：胡乐国，国际盆景大师。从事盆景50年，经常参加各种盆景展览、盆景教学、制作示范表演和展品评审等活动，擅长松树盆景造型，尤以"高干垂枝"手法为业界所称道。胡乐国的盆景作品多次获得各种盆景展览重要奖项，并曾出版多部盆景专著。

2-16 | 《我看五针松》（2017年）

载于《中国花卉盆景》2017年2月下半月刊

做了一辈子盆景，摸了一辈子松树，其中和五针松有一种难解难分的缘分。

五针松好像天生就是为盆景而生的。株形矮，生长慢，最可贵的地方，就是针叶短小，制作成盆景后，整体比例十分协调。

五针松原产日本，因为天生就是制作盆景的绝佳素材而美名远扬，传遍全世界。中国引种五针松已有百年历史，浙江宁波奉化三十六湾村的花农，从1920年开始就从上海引种繁殖五针松，现在种植场地更是从山上发展到平原。宁波北仑区也大面积发展五针松生产。此外，温州近郊的茶山（大罗山）也是五针松繁殖地，其产品已有初步基础造型，热销省内外，但生产规模远不及宁波。

由于适应性很强，五针松在我国可生长的区域还是很宽的，长江流域各地，上自四川、云南，下至长三角地区都可以生长。但沿长江流域南北究竟有多宽，还有待考察。至少实践证明，五针松格外适应浙江的水土，浙江可称为五针松的第二故乡，甚至其被认为是浙江的乡土树种。浙江盆景人也确实对它钟爱有加，赋予五针松盆景别样的艺术风姿和文化内涵。浙江五针松盆景大都具有高干垂枝、俊朗挺拔、写意传神、古韵盎然的风格。

不过，实事求是地说，我国也有不利于五针松生长的三大禁区。一是岭南、海南及福建中南部，因高温使五针松没有一定的休眠期。二是京津冀盐碱地使它水土不服。三是对高寒地区它难以适应。虽然近年来国内五针松盆景发展状态良好，各繁殖基地生产的素材基本能满足需要，也有一批优秀的五针松作品问世，浙江台州的梁园还收藏有一些在国内首屈一指的国产老桩五针松。但是，作为一个老盆景人，我不得不把自己看到的问题说出来。一是国内种植五针松历史短，质量上乘的五针松老盆景不多。二是近年来国内五针松生产面积在减少。主要是老种植户的后代不愿继承父业，种植面积自然萎缩。长此以往，定会影响五针松盆景的发展。

人无远虑，必有近忧。经历了五针松由始而盛的繁荣，很不愿看到它未来由盛而衰的式微。希望有识之士早早关注这个问题，让这么优秀的盆景树种能够代代传承。当然，短期内还不会到如此严重的程度，过程将是缓慢的。

胡乐国

做了一辈子盆景，摸了一辈子松树，其中和五针松有一种难解难分的缘分。

五针松好像天生就是为盆景而生的。株形矮，生长慢，最可贵的地方，就是针叶短小，制作成盆景后，整体比例十分协调。

五针松原产日本，因为天生就是制作盆景的绝佳素材而美名远扬，传遍全世界。中国引种五针松已有百年历史，浙江宁波奉化三十六湾村的花农，从1920年开始就从上海引种繁殖五针松，现在种植场地更是从山上发展到平原，宁波北仑区也大面积发展五针松生产。此外，温州近郊的茶山（大罗山）也是五针松繁殖地，其产品已有初步基础造型，热销省内外，但生产规模远不及宁波。

由于适应性很强，五针松在我国可生长的区域还是很宽的，长江流域各地，上自四川、云南，下至长三角地区都可以生长。但沿长江流域南北究竟有多宽，还有待考察。至少实践证明，五针松格外适应浙江的水土，浙江可称为五针松的第二故乡，甚至被认为是浙江的乡土树种。浙江盆景人也确实对它钟爱有加，赋予五针松盆景别样的艺术风姿和

文化内涵。浙江五针松盆景大都具有高干垂枝、俊朗挺拔、写意传神、古韵盎然的风格。

不过，实事求是地说，我国也有不利于五针松生长的三大禁区。一是岭南、海南及福建中南部，因高温使五针松没有一定的休眠期。二是京津冀盐碱地使它水土不服。三是高寒地区它难以适应。

虽然近年来国内五针松盆景发展状态良好，各繁殖基地生产的素材基本能满足需要，也有一批优秀的五针松作品问世，浙江台州的梁园就收藏有一些在国内首屈一指的国产老桩五针松。但是，作为一个老盆景人，我不得不把自己看到的问题说出来。一是国内种植五针松历史短，质量上乘的五针松老盆景不多。二是近年来国内五针松生产面积在减少。主要是老种植户的后代不愿继承父业，种植面积自然萎缩。长此以往，定会影响五针松盆景的发展。

人无远虑，必有近忧。经历了五针松由始而盛的繁荣，很不愿看到它未来由盛而衰的式微。希望有识之士早早关注这个问题，让这么优秀的盆景树种能够代代传承。当然，短期内还不会到如此严重的程度，过程将是缓慢的。

载于《中国花卉盆景》2017年2月下半月刊

　　玩了一辈子松，各种松都摸过，各种松也都跟我很亲和，但仍然觉得黄山松很有种特别的味道，以至于二三十年前我不下十余次登上黄山，观赏黄山松在原生地的风姿，以获得创作盆景的灵感。

　　黄山松高可达30米许，树冠端正，枝条平展略下垂，层层叠叠，十分壮观。黄山松适宜在高海拔的山地生长，山上气候无常，时而云蒸雾气，朦胧一片；时而云散雾消，群峰叠翠。放眼望去，峰顶崖上或崖下缓坡，便是清一色成片的黄山松林，壮哉壮哉！如遇大风乍起，松声如雷，松林似海，波涛汹涌，势如万马奔腾，气势恢宏。顷刻间，又烟消云散，复归平静。一语道之，黄山松因山势奇险，整日出没在云雾间，长年以云雾为饮，清风为餐，形成了它独有的特色，也适应了这多变的生存环境。

　　朋友们，你登过黄山、三清山、天目山吗？那是黄山松的家乡！搞盆景的人，特别是爱好松树盆景的你，不上黄山是做不好盆景的。画家要上黄山，政治家要上黄山，为的就是领略大山的气魄和松树的精神。

　　黄山松为我国特有树种，它适宜生长在高海拔的山地上，而不适宜在平原种植。黄山松不仅仅在黄山上生长，在长江中下游流域各省的高海拔山区均有分布。喜阳，喜清凉湿润的高山气候和土层深厚、排水良好的酸性黄土地。且性耐严寒，抗风雪，畏酷暑。

　　黄山松别名天目松，冬芽深褐色，微被树脂。针叶二针一束，一般叶长5~13厘米。然针叶长短、粗细、叶色等等都会随着生长环境的不同而有不同的表现。它在江浙一带是制作盆景的极佳素材，又因产自天目山而名声颇为响亮，甚至很多爱好者误以为它与黄山松是两个不同的树种。

　　有一种提法，认为只有在一种特殊环境下生长的黄山松素材，才可以用来制作黄山松盆景。这一说法提出了两个问题：

　　1. 什么样的环境是"特殊环境"？

　　2. 黄山松盆景素材的特征如何？

　　我认为，在高海拔的石壁岩缝或未曾完全风化的沙石滩上生根落脚的黄山松，常年以云雾为饮、清风为伴，而缓慢地长成了小老树，主干屈曲多姿，有年代久远的感觉。松针短小而苍翠，入冬后叶尖变为金黄色，一看就叫人爱不释手。这些便是黄山松的"特殊环境"和特征。

我曾于"文革"后期在安徽歙县的卖花渔村得到两株曲直自如的黄山松小老树，十分可爱。我将其合栽于一盆，十分协调，成为树高45厘米左右的斜干文人树作品。

我十分喜欢地处浙江西北安吉境内的天目山，也可以这么说，天目山背靠安徽黄山，面向江浙大平原。这里聚集有苏、扬、杭、宁、沪等诸多大城市，政治经济文化发达，人民生活富裕，玩盆景的风气最为鼎盛。所以很自然地，天目松便成为浙江人民很早就接受的优良盆景树种。至今，安吉仍有许多专以养护天目松为业的专业户。

谈到天目松，不能不提明代鄞县（即今宁波）的屠隆。他在所著的《考槃余杂·盆玩笺》中就对天目松盆景的创作有了理论性的总结："盆玩，时尚以列几案间者为第一，列庭榭中者次之，余持论则反。是最古者以天目松为第一，高不过二尺，短不过尺许，其本如臂，其针若簇，结为马远之倚斜诘曲、郭熙之露顶正拳、刘松年之偃亚层叠、盛子

昭之拖拽轩翥等状，栽以佳器槎牙可观。"

这段话的最大特点是其主旨肯定是写"天目松"盆景的，以免乱套乱用。其次，明确了以"高不过二尺"的中型盆景为第一。再次，天目松盆景的造型上提倡学习四大画家的画风。

现代天目松盆景素材有其本如臂的大型盆景素材，也有中小型盆景素材，造型上应提倡因材施艺的原则。我告诉大家一个易于接受的松树盆景造型方法，即不考虑主干的形式如何，对枝条的处理，都应做"高干垂枝"形式处理。如遇到特殊情况，没找到更合理的方案，那就要更耐心地去发现，有时候前后左右只差一点点距离。有句老话叫"万变不离其宗"，对盆景造型来说，那就是要做成一株小老树。在这基础上，才有升华成艺术作品的可能。

中国盆景的艺术造型，有一套源于中国文化的艺术表现手法，是人人必须认真学习的。它内容丰富，够你学一辈子。当然，要想制作一件好的黄山松盆景，也必须用心研学。学好了，才能使你的作品立于不败之地。

我说 "黄山松"

胡乐国 文/摄

黄山松盆景专辑　Pinus taiwanensis PenJing

玩了一辈子松，各种松都摸过，各种松也都跟我很亲和，但仍然觉得黄山松很有种特别的味道，以至于二三十年前我不下十余次登上黄山，观赏黄山松在原生地的风姿，以获得创作盆景的灵感。

黄山松高可达 30 米许，树冠端正，枝条平展略下垂，层层叠叠，十分壮观。黄山松适宜在高海拔的山地生长，山上气候无常，时而云蒸雾气，朦胧一片；时而云散雾消，群峰叠翠。放眼望去，峰顶崖上或崖下缓坡，便是清一色成片成片的黄山松林，壮哉壮哉！如遇大风乍起，松声如雷，松林似海，波涛汹涌，势如万马奔腾，气势恢宏。顷刻间，又烟消云散，复归平静。一语道之，黄山松因山势奇险，整日出没在云雾间，长年以云雾为饮，清风为餐，形成了它独有的特色，也适应了这多变的生存环境。

朋友们，你登过黄山、三清山、天目山吗？那是黄山松的家乡！搞盆景的人，特别是爱好松树盆景的你，不上黄山是做不好盆景的。画家要上黄山、政治家要上黄山，为的就是领略大山的气魄和松树的精神。

黄山松为我国特有树种，它适宜生长在高海拔的山地上，而不适宜在平原种植。黄山松不仅仅在黄山上生长，在长江中下游流域各省的高海拔山区均有分布。喜阳，喜清凉湿润的高山气候和土层深厚、排水良好的酸性黄土地。且性耐严寒，抗风雪，畏酷暑。

图 1　早年拍摄的黄山松——蓬莱三岛

黄山松别名天目松，冬芽深褐色，微被树脂。针叶二针一束，一般叶长 5 ～ 13 厘米。然针叶长短、粗细、叶色等等都会随着生长环境的不同而有不同的表现。它在江浙一带是制作盆景的极佳素材，又因产自天目山而名声颇为响亮，甚至很多爱好者误以为它与黄山松是两个不同的树种。

有一种提法，认为只有在一种特殊环境下生长的黄山松素材，才可以用来制作黄山松盆景。这一说法提出了两个问题：

1. 什么样的环境是"特殊环境"？
2. 黄山松盆景素材的特征如何？

我认为，在高海拔的石壁岩缝或未曾完全风化的沙石滩上生根落脚的黄山松，常年以云雾为饮、清风为伴，而缓慢地长成了小老树，主干屈曲多姿，有年代久远的感觉。松针短小而苍翠，入冬后叶尖变为金黄色，一看就叫人爱不释手。这些便是黄山松的"特殊环境"和特征。

我曾于文革后期在安徽歙县的卖花渔村，得到两株曲直自如的黄山松小老树，十分可爱。我将其合栽于一盆，十分协调，成为树高 45 厘米左右的斜干文人树作品。

我十分喜欢地处浙江西北安吉境内的天目山。也可以这么说，天目山背靠安徽黄山，面向江浙大平原。这里聚集有苏、扬、杭、宁、沪等诸多大城市，政治经济文化发达，人民生活富裕，玩盆景的风气最为鼎盛。所以很自然地，天目松便成为江浙人民很早就接受的优良盆景树种。至今，安吉仍有许多专以养护天目松为业的专业户。

谈到天目松，不能不提明代鄞县（即今宁波）的屠隆。他在所著的《考槃余事·盆玩笺》中就对天目松盆景的创作有了理论性的总结："盆玩，时尚以列几案间者为第一，列庭榭中者次之，余持论则反。是最古者以天目松为第一，高不过二尺，短不过尺许，其本如臂，其针若簇，结为马远之倚斜诘曲、郭熙之露顶正拳、刘松年之偃亚层叠、盛子昭之拖拽轩翥等状，栽以佳器槎牙可观。"

这段话的最大特点是其主旨肯定是写"天目松"盆景的，以免乱套乱用。第二，明确了以"高不过二尺"的中型盆景为第一。第三，天目松盆景的造型，提倡学习四大画家的画风。

现代天目松盆景素材有其本如臂的大型盆景素材，也有中小型盆景素材，造型上应提倡因材施艺的原则。我告诉大家一个易于接受的松树盆景造型方法，即不考虑主干的形式如何，对枝条的处理，都应做"高干垂枝"形式处理。如遇到特殊情况，没找到更合理的方案，那就

图 2　早年拍摄的黄山松——始信峰上

图 3　早年拍摄的黄山松——送客松（已死）

黄山松小品　高约 20 厘米　胡乐国作

要更耐心地去发现，有时候前后左右只差一点点距离。有句老话叫"万变不离其宗"，对盆景造型来说，那就是要做成一株小老树。在这基础上，才有升华成艺术作品的可能。

中国盆景的艺术造型，有一套源于中国文化的艺术表现手法，是人人必须认真学习的。它内容丰富，够你学一辈子的。当然，要想制作一件好的黄山松盆景，也必须用心研学。学好了，才能使你的作品立于不败之地。

以上图片来自《中国花卉盆景》2017 年第 9 期

我说"黄山松"

黄山松为松科松属、常绿乔木，高可达30M许。树冠端正、皮枝条平展略呈下垂，层层叠叠，蔚为壮观十分。

黄山松适宜生长在高海拔的山地上，山上气候变化无常。时而云蒸雾起、朦胧一片，时而云散雾消、群峰叠翠。放眼世界、峰顶崖上或崖下缓坡，便是情一色成片成片的黄山松林，伟哉壮哉！如遇大风飞起、松声如雷，松林似海、波涛汹涌，势似万马奔腾，气势恢弘。顷刻间它又烟消云散，归复平静。一句话、黄山松因山势奇险，整日出没在云雾间、长年以之雾为饮，清风如友、这是必需的生存环境。

朋友们！你上过黄山、三清山、天目山吗？那儿是黄山松的家乡！搞盆景的人、特别是爱好松树盆景的你，不上黄山你是做不好盆景的。画家要上黄山、政治家更要上黄山，取的是领略大山的气势和松树的精神。

《我说黄山松》手稿

三、盆景作品赏读篇

3-1 │ 封面作品图片"扶摇直上"（1988年）

载于《花木盆景》1988年第五期（9—10月）

载于《花木盆景》1988 年第五期（9—10月）

著名的中国盆景艺术家胡乐国的盆景艺术作品，像一股清新的和风，拂去了陈俗虚无、颓废衰败的浊气，引导人们回归自然，在宁静舒坦中领略山川树木之美、民族文化之情，进入淡雅、朴实的艺术天地。

胡乐国先生的盆景艺术基础深厚，发展全面，尤擅长松柏类盆景的造型。其作品结构严谨、线条舒展、体态自然，能在雄伟壮丽中透出一种独特的秀气。

胡乐国将自己的全部生活都献给了盆景事业。创建和主持温州盆景园工作，曾多次出国考察，作品在国际和国内的各次大展中都能频频获奖。这些辉煌成就的取得，是他扎实的艺术功底、勤恳的潜心创作、谦恭的治学精神和朴素坦荡人生的佐证。

载于《花木盆景》1994年第3期

3-3 | 《我的近年新作》（2001年）

载于《花木盆景》2001年第5期

我爱盆景，曾培育过一大批盆景。盆景也给我以丰硕的回报，它丰富了我、充实了我，使我人生有个美好的寄托，使我有个健康的身体和欢乐的晚年，这就是人生的意义和价值。

近40年来都在温州盆景园工作，但一到退休回家，我即觉一贫如洗、两袖清风，失落的滋味叫人难受。痛定思痛，我创造了条件，得到了一个120平方米的屋顶，我满足了。在一年多时间里，我拥有盆景100余盆，虽都年轻不及往年，但却唤起我更加精心的呵护，因为我能排除外界的干扰，有更充裕的时间去琢磨它。我希望晚年工作能胜过往年。人虽依旧是那个人，但环境变了，首先是所得的盆景素材不同了，相信它将影响自己风格的发展，永葆盆景艺术青春。

以我这五幅近年新作，来祝贺《花木盆景》"盆景赏石版"的刊行。

"将化苍龙"（真柏，45cm×35cm）

"独领风骚"（五针松，80cm×62cm）

"春"（野葡萄，26cm×24cm）

"榆林曲"（榆，53cm×35cm）

"红五月"（杜鹃，50cm×120cm）

3-4 | 封面作品图片 "茶梅"（2003年）

载于《花木盆景》（盆景赏石版）2003年4月B

载于《花木盆景》（盆景赏石版）2003 年 4 月 B

载于《花木盆景》（盆景赏石版）2003 年 9B

3-6 《"黛色参天"小析》（2003年）

载于《花木盆景》（盆景赏石版）2003年第9B

"黛色参天"（规格70cm×65cm）所用树种为偃柏，该素材产自西北高山，刺状针叶细而密，较柔软不刺手，生长缓慢，为较理想的盆景新树种。

该作品为笔者近年新作之一。素材一本双干，有可能原为一体，受自然外力作用而一分为二。二主干的高低、粗细及距离之间的变化适当，曲直所表现的藏露关系尤其巧妙，绝非人力所能完成。舍利干自然天成，只加适当去腐修饰，未作其它处理。神枝不可缺，它曲长枝截短而成。二水线都长在干的外侧，阔狭适当，位置理想。二树冠紧密组合，其取势和二干相统一。景、盆、架在形体、色泽等的配合上，协调得体。全树动静相宜，结构紧凑、苍古雄奇，给人以稳重、沉静、和谐、协调之美感。

"黛色参天"，偃柏，高58厘米

载于《花木盆景》（盆景赏石）2007 年 10 月号 B 版

载于《花木盆景》（盆景赏石）2007年10月号B版

载于《花木盆景》（盆景赏石）2007 年 10 月号 B 版

3-9 《胡乐国作品"风骨"》（2016年）

载于《花木盆景》2016年6月下半月刊

题名：风骨
树种：五针松
规格：110cm×80cm
作者：胡乐国

载于《花木盆景》2016 年 6 月下半月刊

3-10 │ 封面作品图片
"从容淡定"（2016年）

载于《中国花卉盆景》2016 年
6 月下半月刊

3-11 │ 封面作品图片
"跳跃·飞行"（2017年）

载于《中国花卉盆景》2017 年
1 月下半月刊

3-12 | 封面作品图片
"不了情"（2017年）

载于《中国花卉盆景》2017 年
9 月下半月刊

3-13 | 封面作品图片
"天地正气"（2018年）

载于《中国花卉盆景》2018 年
7 月下半月刊

3-14 《"从容淡定"随感》（2016年）

载于《中国花卉盆景》2016年6月下半月刊

中国的松画和中国的松树盆景，都有着源远流长的文化积淀，都出自中国古代文化人之手，都寄寓着高洁的道德、情操和内涵。

"从容淡定"是我近期的盆景作品之一。作品的题名，蕴含着努力表现松树道德情操之意。

我一开始接触盆景，就是从五针松开始的。浙江是日本五针松的第二故乡。在温州近郊的茶山，农民世代都种五针松。至今，仍有不少青年有志于留在山上种松树。温州盆景人家里养的也都是五针松，可谓情有独钟。作为温州人，五针松也是我比较偏爱的树种，做起来比较有感觉。

凡树木都是直干向上生长的。所谓曲干，只能是特殊环境下的特殊树形，所以我一向以高直者为贵，因为这是松的本色。只要把它养老了，就一样会有苍古的松韵，也就更加堂堂正正，更加弥足珍贵。"从容淡定"的造型仍是高干垂枝式。它的素材，原是一本独干，造型时注意到第一枝比较粗，我就把它拉上去，跟着主干

一起长。经验告诉我们，横着的枝条长势差，竖着为干长势才好，因此这件五针松很快成了主次得当、十分协调的一本双干作品。经验还告诉我们，多干式总比独干式好看，因为它包含的内容丰富、可看之点更多。

主干自右向左略有倾斜，树冠的不等边三角形也随着主干的倾斜而倾斜，自然协调，动势从容淡定。造型时大株条做了较多牺牲致使下部有许多小枝条，反让树冠有空灵通透之感。

"从容淡定"，五针松，高72厘米

树木盆景的造型重在因材施艺，这是一个认真、细致的思考过程。它包括从根盘开始直到树的顶梢的所有环节，比如干的粗细、弯曲变化及根的走向等，枝条在主干上的着生位置以及枝条的粗细、疏密、长短等。然后就要考虑盆景以什么形式展示最为适宜。

作品"跳跃•飞行"取材为中型短叶的日本五针松（俗称大阪松）。看它的主干情况，不宜制作直干等形式，最宜作半悬崖式盆景来处理。主干的顶梢昂头向上，符合植物生长特性，也贴近主题思想——跳跃•飞行。

关于悬崖式盆景，意在模仿自然界树木攀附悬崖而生的画面。

这是一种在特殊环境中生长的特殊树形。它象征着树木为求生存在艰苦环境中挣扎、拼搏的毅力。这种精神深得人们的赞扬和敬爱，因此悬崖式盆景也深受大家喜爱。树木以直干生长为主要形式，而悬崖式盆景横空出世，令人叫绝称奇。

在长江流域，过去将悬崖式盆景细分为半悬崖、悬崖、倒挂三种形式。

作品"跳跃•飞行"属于半悬崖形式。悬崖式的树身大体越出盆口而下垂，树身低于盆口；倒挂式则是树干垂直而下，似倒挂于盆口上，别有情趣。

地域不同，对悬崖形式的称呼也不同，如岭南称悬崖式盆景为"捞月式"，而其盆景形式也确有不同。"捞月式"盆景主要特点是树干或向左或向右横越盆前而出，状似向水底捞月，颇为形象。它是传统形式，具有一定的规矩。此外，其他悬崖式特点为主干下垂后不规则地随意盘旋而下，只要人工痕迹不过分就可以，否则不可取。

悬崖式这种创作形式，灵活多变，动感强烈，是一种颇能发挥想象力的盆景创作形式。

跳跃•飞行。

"跳跃•飞行"，五针松，横展38厘米

3-16 《浅析"不了情"的创作》（2017年）

载于《中国花卉盆景》2017年9月下半月刊

黄山松益景作品"不了情"，是我20年前创作的作品，我一直很喜欢它，觉得它很美。

美在哪里？美在很特殊的两主干配合得很默契，既统一又有变化。统一在两主干由相背变为相向的变化上，这就形成了全树树势的统一，这是重要的关键之处！变化表现在前（左）干成为舍利干，后（右）干成为生机盎然的绿色树冠。这就是我们盆景美学上所说的对比和变化。进一步说，绿色的树冠，象征着阴柔之美，而强大的舍利干象征着阳刚之美，两者和谐地组合在一起，就十分符合刚柔相济之道。它暗喻着生命形式的周而复始、生生不息，表现了"中和"之美，这便是我们所追求的"美学境界"。

"不了情"的造型，是原素材经过1年时间的养护之后才开始的。在1年的养护时间里，我时刻在思索它的造型。所以对素材的制作，早已心中有数。只要在右干的中部某部位处，把它向左下方施压，让两主干有相近的相向伸展（如右图），便可以了。

对枝条的处理，是将左干上生长的枝条全数剪去，让它成为一个漂亮的舍利干，比右干苍老，比右干粗壮，比右干变化多。干的长度也刚好适中，这是理想中的表现。

对右干上的枝条处理也比较简单，原则上让它组成一个不等边三角形，让它在适当的状况下和主干相接合，然后让枝条和针叶疏密有致，让树冠有适当的通透感。这样才能让绿色的树冠和舍利干产生强烈的枯荣对比，让树体的枝干之间表现出线条之美和虚实变化。

造型方法和过程说起来就是这么简单，但是在实际创作过程中，每个细节上都不能马虎，应认真对待，因为细节决定成败。

"不了情"，黄山松，树高：68厘米

载于《中国花卉盆景》2018年8月下半月刊

3-18 《胡乐国作品欣赏》（2018年）

载于《中国花卉盆景》2018年9月下半月刊

载于《中国花卉盆景》2018 年 9 月下半月刊

四、国际交流篇

4-1 | 《日本行》（2005年）

载于《花木盆景》（盆景赏石版）2005年第1期

　　盆景艺术起源于中国，但它通过日本的努力而风靡于世界。作为一个中国的盆景爱好者，想了解一下、亲眼看一下日本盆景的底细究竟如何，这种心情想必大家是能理解的。我们怀着对中国盆景的热爱，相约在一起，终于如愿以偿，圆了我这久远的梦。

　　2004年10月15日，我们登上了东航航班直飞日本东京。我们这一行共六人，有辛长宝、鲍世骐、梁景善、陈文娟、刘贵妹（翻译）和我，组成了一个小小的盆景观光团飞赴日本。

大宫盆栽村

　　10月16日早上，我们从东京饭田桥坐地铁向郊外大宫村出发，中途转车二三站即到大宫公园，这就是大宫盆栽村的所在地了。山田登美男的太太闻讯早已在园外的小路上翘首等候，因为我们都曾在常州辛总家见过面，所以如同老朋友见面，分外热情亲切。

　　据说山田先生是一位知识分子，是清香园的第三代传人。他是日本盆栽作家协会的会长，他的庭园比较起来虽不算大，但作品的美却深深地吸引着我们，每一件都让人驻足流连。日本庭园以其传统的木结构民居建筑和室内固有的盆景布置，结合露天盆景的摆设，显得格外和谐协调，使我们得到一种综合美的享受。

　　我们在日本的旅游全在山田先生的策划和陪同下进行。我们把拜访参观的重点放在几位盆景大家和名园上。

　　大宫村是日本盆景园较为集中的地方。据山田先生介绍，大宫村原是一个树木茂盛的森林地带，它的环境很适宜于盆景的养护，于是政府同意在这里开发盆景村。原先这里曾有50来家盆景园，后来因为环境的优美，外面的人家也开始慢慢进来了。现在这里还有30来家盆景园，其中著名的约十家，如加藤三郎的蔓青园、山田的清香园、浜野博美的藤树园及山竹园等。实际上这里的每家每院都有盆景，我们只要一伸首就能看到院内的风光。

这里不仅有培育盆景的好环境，而且是培养盆景人才的好地方。我们看到好几处盆景园都开办有盆景教室，有五六人或十多人在老师的指导下，在认真地进行盆景制作。我征得同意进去观摩，并拍了几张照片，发现学员年龄大小不等，学习的重点是学员自己动手制作而不是老师授课。学习用的素材，大都是有一定盆龄的五针松小盆栽，真让人羡慕！

大宫村确实是个好地方，至今还有不少森林时代遗留下来的大松树，它们树姿优美雄伟、引人注目。小路旁各家自种的花灌木也生长茂盛，柿子、石榴正是着色的季节，非常漂亮，难怪盆景家看中这片地，富有人家也要在这里盖别墅。这里的环境太优美、清静了。

在大宫村我们走访了山田登美男和他对门的山竹园以及浜野博美、加藤三郎等名家。加藤先生因年事已高，卧床未起，故未能见面。他是世界盆栽友好联盟的名誉会长、日本盆栽协会的理事长，大家都说未能见面是一大遗憾。他的园子在大宫可能算是最大的，现在由其儿孙在掌管。其孙子还兼任盆景教室的老师，那天他正好在指导造型。

我们参观的园子一般面积都不大。小的二三亩，大的七八亩。而盆景却家家都很精美。精在哪里？一是选材好，二是造型美，三是盆龄老，四是环境整洁清静。

此外，我们还参观了家住崎玉县的木村正彦先生的园子。木村先生的舍利干制作名气很响，他也来过中国，大家比较熟识。除住房外，他的园子也不大，可能是比较小的了。作品除了一部分松柏老盆景外，另一半大都是带有舍利干的新作。在一个挂有宽帷的房间里，我们看到有两位青年在造型绑扎。据说木村先生出国去了，接待我们的是他的夫人。这又是一大遗憾。

小林国雄和他的春花园

16日我们用了整整一个下午，拜访了自称日本盆景界鬼才的小林国雄先生和他的"春花园盆栽美术馆"。能够给盆景设馆，可见他的盆景园是上了规模、上了档次的。他作品品位高，庭园布置自然优雅，园舍的设计古雅，充分起到了适宜盆景展示、古盆陈列及图书室、会客等功用。小林国雄是一位盆景创作的实干家，而且性格热情爽直、容易和客人拉近距离。他有一句很风趣的话说："我这里的东西是都可以卖的，只有老婆不能卖。"一句话就使气氛活跃起来，于是大家就如同老朋友相见轻松多了，也就无所不谈了。在参观时大家问得最多的是盆景的价格和盆龄，因为我们也要了解日本的盆景行情。

我们在他的客厅里聚谈时，发现小林国雄先生还是一位能说会道的人。记得那天应台州梁先生的提问，他谈了梅花盆景的枝条处理问题。此外还谈了他对盆景的认识，如盆景要"高于自然"的提法和目前日本也有人提出要"近于自然"的问题。他还说培养盆景的目的和意义，是在于"培养情操，提高意境"，并说："盆景造型要讲究技术，但不可过于强调，要强调的是作品意境的表现，这一点山田就做得很好，他的作品最讲究意境。"这一席话，虽言词简短，但寓意深刻。

风采别样岩崎大藏和他的"高砂庵"

岩崎大藏先生的盆栽庭园"高砂庵"座落在四国的爱媛县新居滨市。18日下午，我们在山田先生及其夫人的陪同下，从京都乘新干线列车到达爱媛县时已是傍晚时分。我们从"高砂庵"前门进、后门出，先照上一眼即驱车入住新居滨市的大饭店。第二天早上再去"高砂庵"作正式拜访参观。

岩崎大藏先生是一位大企业家，他用企业来支撑"高砂庵"盆栽庭园，这一点他和其他诸名家是不一样的。

岩崎大藏在国际盆景界是很有声望的，他是"世界盆栽友好联盟"的副会长，国际友人的来访陆续不绝，他每每谦虚热情地接待。他也对盆景和造园十分在行，这从他对庭园的布局要求和对庭园树及树木盆景素材的选择上可以看得出来。他还为我们每人准备了一份树木盆景造型方面的复印资料，想为我们上一节盆景课呢！后来不知什么原因没有上课，可能他是年事已高身体欠佳的缘故吧！（事后当我们离开时得知他立即住院检查了）。还有一件事我们深深地留在脑海中，就是大藏先生是一位十分乐观的人，生活得也十分轻松愉快，因此也十分喜欢说笑话，这也是他精神状态年轻健康的表现。先生的夫人是一位精明强干、年青漂亮的贤内助，她既是妻子又是秘书。从我们到达新居滨市的接待开始，一直到我们上飞机离开日本为止的一切生活活动，无不安排得十分细致周到（在韩国其实我们也没有朋友，也是在大藏及夫人的直接关怀下，韩国协会派专人陪同，一竿到底地负责接待，直到我们上飞机离开汉城回国。对此我们每人无不深受感动，赞叹不已）。

"高砂庵"是座大型的盆栽庭园，占地面积约50来亩，分"盆栽园"、"树木庭园"、"枯山水园"和"盆栽培养区"四部分。"盆栽园"摆满了以松柏为主的各式盆景；"枯山水园"地形起伏，以砂代水，波纹清澈，变化丰富，其间点缀山石或造型的古树，此即日本典型枯山水庭园的造型手法；"树木庭园"以经造型的名贵古树为主体，布植在起伏的绿地之间，块石小道蜿蜒其中，山石点缀在林下道旁，这和我国的造园手法相似，不同的只不过多了几盏石灯台而已。名贵的古树以原生的真柏、五针松、赤松、枷罗木、枫槭类为主。庭园树养护得十分精神。它们都不高，却很老，树干变化丰富（包括舍利干处理），枝条姿态都十分自然生动。树、石、草、路的组合协调优美，不可多见。我个人认为这里是该园的精华所在。主人把唯一的一幢木结构传统平房安排在这里，用作制作研修、图书储藏、陈列作品和接待用房等，且房子木料讲究、做工精细，据介绍造价是同类房子的四倍。

几点思考

旅日虽仅七天，应属走马观花，但总算是走访了名家、名园，应该说是接触到了日本盆景的精神，它给我留下了深刻的印象和美好的回忆。

同时，也留给我几点思考：

一、差距是存在的。

1.日本盆景的盆养年龄长，相传二三代的名园名作不是个别现象。经几代人的精心养护和不断的取舍、调整，矫正作品的根、干、枝各部位之间的关系，作品更臻完美，姿态也更现苍劲、古朴。经几代人的选择和淘汰，保留下来的，自然是素材基础好、造型优美的佳作。

2.我们之间的盆景形式、造型方法是一样的。不同的只是局部细节的技术处理，我们还不到位。如松树盆景的二次芽处理，我们还在摸索中。摘芽、疏芽、摘叶、疏枝（包括小侧枝的取舍），枝片的形态及个别树种的特殊处理方法等等。要理解小处不到位会坏了全局的道理。

3.日本盆景用盆讲究，盆的种类形式多。

陶质盆——有中国宜兴盆和日本陶盆，多用于松柏类盆景栽培。

彩釉盆——有中国釉盆和日本釉盆，多用于杂木和花果类盆景。

南蛮盆——看似粗糙但古老朴素，多用于文人木种植，效果特佳。

石片类——如马鞍石等，多用于多干式盆景，效果特佳。

二、日本盆景在发展。

1.日本盆景的造型，已基本上摆脱了民间的规则式的束缚，如松树等腰直干的造型，已经看不到了。柏树树冠呈封闭式弧线状的作品也基本不见了，只是在一些杂木及花果盆景中有所存在，这就趋向自然了。

2.日本盆景出自中国，和中国盆景一样源于自然、高于自然。它们都在寻求作品的诗情画意和意境的表现。就此，我想我们一度对日本盆景的看法是有偏差的，我们可能犯有双重标准的错误：拿自己的自然式作品比人家的规则式作品，或者拿好作品比人家的差作品，而忘了各国好作品总是数量有限，差一点数量总是多一些，更忘记自己至今还流传有不少各种各样的规则式盆景呢！我们对外缺少交流，没有好好地全面地了解日本盆景。如本文中小林国雄的一段谈话，就是很好证明。

3.各国盆景之间存在差异是正常的，盆景艺术是文化，是各国各民族文化的一部分，所以各国盆景带有自己的个性是天经地义的，换一个角度看，如常言道："一方水土养一方人"，我们是否也可以说："一方水土养一方树。"岛国日本和大陆中国，天各一方，它们的树木形态自然是不一样，所以说中国盆景的树形和日本盆景的树形有一些不同也是自然的，但它们之间不存在好坏和贵贱之分，更不可另眼相看，它们都是好材料、好形式。

日本行

■胡乐国

▲图1 大宫盆景村盆景园分布简图和指路牌

盆景艺术起源于中国，但它通过日本的努力而风靡于世界。作为一个中国的盆景爱好者，想了解一下、亲眼看一下日本盆景的底细究竟如何，这种心情想必大家是能理解的。我们怀着对中国盆景的热爱，相约在一起，终于如愿以偿，圆了这我久远的梦。

2004年10月15日，我们登上了上海东航直飞日本东京，我们这一行共六人，有辛长宝、鲍世骐、梁景善、陈文娟、刘贵姝（翻译）和我，组成了一个小小的盆景观光团飞赴日本。

大宫盆栽村

10月16日早上，我们从东京饭田桥坐地铁向郊外大宫村出发，中途转车二、三站即到大宫公园，这就是大宫盆栽村的所在地了。山田登美男的太太闻讯早已

在园外的小路上翘首等候，因为我们都曾在常州辛总家见过面，所以如同老朋友见面，分外热情亲切。

据说山田先生是一位知识分子，是清香园的第三代传人。他是日本盆栽作家协会的会长，他的庭园比较起来虽不算大，但作品的美，却深深地吸引着我们，每一件都让人驻足流连。日本庭园以其传统的木结构民居建筑和室内固有的盆景布置，结合露天盆景的摆设，显得格外和谐协调，使我们得到一种综合美的享受。

我们在日本的旅游全在山田先生的策划和陪同下进行。我们把拜访参观的重点放在几位盆景大家和名园上。

大宫村是日本盆景园较为集中的地方。据山田先生介绍，大宫村原是一个树木茂盛的森林地带，它的环境很适宜于盆景的养护，于是政府同意在这里开发盆景村。原先这里曾有50来家盆景园，后来因为环境的优美，外面的人家也开始慢慢进来了。现在这里还有30来家盆景园，其中著名的约十家，如加藤三郎的蔓青园、山田的清香园、浜野博美的藤树园及山竹园等（见图1）。实际上这里的每家每院都有盆景，我们只要一伸首就能看到院内的风光。

这里不仅有培育盆景的好环境，而且是培养盆景人才的好地方。我们看到好几处盆景园都开办有盆景教室，有五、六人或十多人在老师的指导下，在认真地进行盆景制作。我征得同意进去观摩，并拍了几张照片，发现学员年龄大小不等，学习的重点是学员自己动手制作而不是老师授课（见图2）。学习用的素材，大都是有一定盆龄的五针松小盆

▲图2 盆景园中附设有盆栽教室

盆景赏石 19

栽,真羡慕人!

大宫村确实是个好地方,至今有还有不少森林时代遗留下来的大松树,它们树姿优美雄伟、引人注目。小路旁各家自种的花灌木也生长茂盛,柿子、石榴正是着色的季节,非常漂亮,难怪盆景家看中这片地,富有人家也要在这里盖别墅。这里的环境太优美、清静了。

在大宫村我们走访了山田登美男和他对门的山竹园以及浜野博美、加藤三郎等名家。加藤先生因年事已高,卧床不起,故未能见面。他是世界盆栽友好联盟的名誉会长、日本盆栽协会的理事长,大家都说未能见面是一大遗憾。他的园子在大宫可能算是最大的,现在由其儿孙在掌管。其孙子还兼任盆景教室的老师,那天他正好在指导造型。

我们参观的园子一般面积都不大。小的二、三亩,大的七、八亩。而盆景却家家都很精美。精在哪里?一是选材好,二是造型美,三是盆龄老,四是环境整洁清静。

此外,我们还参观了家住崎玉县的木村正彦先生的园子。木村先生的舍利干制作名气很响,他也来过中国,大家比较熟识。除住房外,他的园子也不大,可能是比较小的了。作品除了一部分松柏老盆景外,另一半大都是带有舍利干的新作。在一个挂有宽帷的房间里,我们看到有两位青年在造型绑扎。据说木村先生出国

▲图3 木村正彦的盆景园一角

去了,接待我们的是他的夫人。这又是一大遗憾(见图3)。

小林国雄和他的春花园

16日我们用了整整一个下午,拜访了自称日本盆景界鬼才的小林国雄先生和他的"春花园盆栽美术馆"。能够给盆景设馆,可见他的盆景园是上了规模、上了档次的。他作品品位高,庭园布置自然优雅,园舍的设计古雅,充分起到了适宜盆景展示、古盆陈列及图书室、会客等功用。

小林国雄是一位盆景创作的实干家,而且性格热情爽直、容易和客人拉近距离。他有一句很风趣的话说:"我这里的东西是都可以卖的,只有老婆不能卖。"一句话就使气氛活跃起来,于是大家就如同老朋友相见轻松多了,也就无所不谈了。在参观时大家问得最多的是盆景的价格和盆龄,因为我们也要了解日本的盆景行情。

我们在他的客厅里聚谈时,发现小林国雄先生还是一位能说会道的人。记得那天应台州梁先生的提问,他谈了梅花盆景的枝条处理问题。此外还谈了他对盆景的认识,如盆景要"高于自然"的提法和目前日本也有人提出要"近于自然"的问题。他还说培养盆景的目的和意义,是在于"培养情操,提高意境",并说"盆景造型要讲究技术,但不可过于强调,要强调的是作品意境的表现,这一点山田就作得很好,他的作品最讲究意境。"这一席话,虽言词简短,但寓意深刻。(见图4)

风采别样的岩崎大藏和他的"高砂庵"

岩崎大藏先生的盆栽庭园"高砂庵"座落在四国的爱媛县新居滨市。18日下午,我们在山田先生及其夫人的陪同下,从京都乘新干线列车到达爱媛县时已是傍晚时分。我们从"高砂庵"前门进、后门出,先照上一眼即驱车入住新居滨市的大饭店。第二天早上再去"高砂庵"作正式拜访参观。

岩崎大藏先生是一位大企业家,他用企业来支撑"高砂庵"盆

▲图4 在"春花园"的接待室里留影(自左到右:梁景善、鲍世联、山田登美男、辛长宝、小林国雄、胡乐国、陈文炯)。

栽庭园，这一点他和其他诸名家是不一样的。

岩崎大藏在国际盆景界是很有声望的，他是"世界盆栽友好联盟"的副会长，国际友人的来访陆续不绝，可他照样谦虚热情的接待。他也对盆景和造园十分在行，这从他对庭园的布局要求和对庭园树及树木盆景素材的选择上可以看得出来。他还为我们每人准备了一份树木盆景造型方面的复印资料，想为我们上一节盆景课呢！后来不知什么原因没

▲"高砂庵"树木庭园的一角

有上课，可能他是年事已高身体欠佳的缘故吧！（事后当我们离开时得知他立即住院检查了）。还有一件事我们深深地留在脑海中，就是大藏先生是一位十分乐观的人，生活得也十分轻松愉快，因此也十分喜欢说笑话，这也是他精神状态年轻健康的表现。先生的夫人是一位精明强干、年青漂亮的贤内助，她既是妻子又是秘书。从我们到达新居滨市的接待开始，一直到我们上飞机离开日本为止的一切生活活动，无不安排得十分细致周到（在韩国其实我们也没有朋友，也是在大藏及夫人的直接关怀下，韩国协会派专人陪同，一竿到底地负责接待，直到我们上飞机离开汉城回国。对此我们每人无不深受感动，赞叹不已）。

"高砂庵"是座大型的盆栽庭园，占地面积约50来亩，分"盆栽园"、"树木庭园"、"枯山水园"和"盆栽培养区"四部分。"盆栽园"摆满了以松柏为主的各式盆景；"枯山水园"地形起伏，以砂代水，波纹清澈，变化丰富，其间点缀山石或造型的古树，此即日本典型枯山水庭园的造型手法；"树木庭园"以经造型的名贵古树为主体，布植在起伏的绿地之间，块石小道蜿蜒其中，山石点缀在林下道旁，这和我国的造园手法相似，不同的只不过多了几盏石灯台而已。名贵的古树以原生的真柏、五针松、赤松、榉罗木、枫槭类为主。庭园树养护得十分精神。它们都不高，却很老，树干变化丰富（包舍利干处理）；枝条姿态也十分自然生动。树、石、草、路的组合协调优美，不可多见。我个人认为这里是该园的精华所在。主人把唯一的一幢木结构传统平房安排在这里，用作制作研修、图书储藏、陈列作品和接待用房等，且房子木料讲究，做工精细，据介绍造价是同类房子的四倍。（图5）

几点思考

旅日虽仅七天，应属走马观花，但总算是走访了名家、名园，应该说是接触到了日本盆景的精神，它给我留下了深刻的印象和美好的回忆。同时，也留给我几点思考：

一、差距是存在的

1. 日本盆景的盆养年龄长，相传二、三代的名园名作不是个别现象。经几代人的精心养护和不断的取舍、调整、矫正作品的根、干、枝各部位之间的关系，更臻完美，姿态也更现苍劲、古朴。经几代人的选择和淘汰，保留下来的，自然是素材基础好、造型优美的佳作。

2. 我们之间的盆景形式、造型方法是一样的。不同的只是局部细节的技术处理，我们还不到位。如松树盆景的二次芽处理，我们还在摸索中。摘芽、疏芽、摘叶、疏枝（包括小侧枝的取舍）、枝片的形态及个别树种的特殊处理方

法等等。要理解小处不到位，会坏了全局的道理。

3. 日本盆景用盆讲究，盆的种类形式多。

陶质盆——有中国宜兴盆和日本陶盆，多用于松柏类盆景栽培。

彩釉盆——有中国釉盆和日本釉盆，多用于杂木和花果类盆景。

南蛮盆——看似粗糙但古老朴素，多用于文人木种植，效果特佳。

石片类——如马鞍石等，多用于多干式盆景，效果特佳。

二、日本盆景在发展

1. 日本盆景的造型，已基本上摆脱了民间的规则式的束缚，如松树等腰直干的造型，已经看不到了。柏树树冠呈封闭式弧线状的作品也基本不见了，只是在一些杂木及花果盆景中有所存在，这就趋向自然了。

2. 日本盆景出自中国，和中国盆景一样源于自然、高于自然。它们都在寻求作品的诗情画意和意境的表现。就此，我想我们一度对日本盆景的看法是有偏差的，我们可能犯有双重标准的错误：拿自己的自然式作品比人家的规则式作品，或者拿好作品比人家的差作品，而忘了各国好作品总是数量有限，差一点数量总是多一些，更忘记自己至今还流传有不少各种各样的规则式盆景呢！我们对外缺少交流，没有好好地全面地了解日本盆景。如本文中小林国雄的一段谈话，就是很好证明。

3. 各国盆景之间存在差异是正常的，盆景艺术是文化，是各国各民族文化的一部分，所以各国盆景带有自己的个性是天经地义的，换一个角度看，如常言道："一方水土养一方人"，我们是否也可以说："一方水土养一方树"。岛国日本和大陆中国，天各一方，它们的树木形态自然是不一样，所以说中国盆景的树形和日本盆景的树形有一些不同也是自然的，但它们之间不存在好坏和贵贱之分，更不可另眼相看，它们都是好材料、好形式。

以上图片来自《花木盆景》（盆景赏石版）2005年第1期

4-2 《韩国行》（2005年）

载于《花木盆景》（盆景赏石版）2005年第2期

结束了在日本的盆景之旅后，10月21日我们从日本关西机场飞抵韩国汉城。出机场直接驱车到郊外参观一个韩国盆景作品展览会——因为展览将于当日下午闭幕。

盆展和三星盆景园

我们的车在一个森林公园的山路上急驶，周围山上的杂木林已开始变红，秋意将浓，环境十分优美。这个展览办在山间的一个游乐场里。在游步道两侧和水池上，摆满了盆景，有展台，也有背景。观众或游客虽多，但游乐场的欧式建筑和盆景所需的环境格格不入，很不协调，不免使人觉得不对味。

韩国毕竟不如中国之大，这个展览的规模有限，作品200盆不到，但盆景的质量还算不错，作品规矩而又完整，但它的成熟程度（盆龄）有点像中国盆景，有年代感的老作品很少。

距展览会场不远处有个三星盆景园，它是三星集团公司底下的一个盆景园。盆景数量也算不少，集中在几个敞开的大棚里。这里没有庭园建筑，像是个生产场地，也像是展览、参观两用场所，因为他们已经注意到盆景的背景和间隔的处理，作品还是以松柏类为主。场外他们移栽了几棵大赤松和圆柏，棵棵苍劲古朴，姿态优美。虽然我无力将它搬回家，但我对它们很感兴趣，忙着拍照留念。

盆景公园和会长的盆景园

22日晨，我们驱车向北，据说那里离"三八线"仅30公里左右，我们从城市到山村，然后车转入一个大树蔽天的峡谷里，这里景色迷人，似别有一番天地。渐渐地我们看到前方山上一片大棚和几辆工作着的推土机，据介绍就在这里韩国要建设一个盆景公园。在这里我们重点在几个大棚穿梭，大棚里的盆景除一部分从日本购入之外，几乎都是从山上挖掘的松柏类盆景素材。说老实话，素材使人着迷，我没有看到过树龄这么老、数量又这么多的盆景好素材，它们留给了我深刻的印象。韩国是一个出好盆景素材的国度，难怪日本也进过他们的庭园树和盆景素材。

下山仅参观了韩国名品盆栽艺术振兴协会会长郑二锡的盆景园。盆景园面积不大，据说是暂时集中在这里的，盆景数量较多，制作水平也是我们在韩国所看到的最好的一家，想来它能代表韩国盆景的最高水平。常州的辛总已不止一次来这里看盆景，这次他点上了十来盆。

这位会长是位四十来岁的年青人，人也英俊潇洒，十分热情，一定要邀请我们到他家里坐一会儿。盛情难却，我们也就下车上楼，原来会长也是位大老板，好大的阳台上种植着造型过的松树和庭园石，布置得很得体、很有水平。室内陈列有不少观赏石，虽石种不够丰富，但够场面、够气派。主人还搬出许多韩国盆景画册，我们看到一册2003年出的画册，其中也有好几盆辛总点的盆景作品。看了之后大家颇有感触，它使我们改变了对韩国盆景的认识，认为韩国盆景进步很快，上水平。同时也感叹我们国家能真实地反映当前盆景发展水平的画册出得不多，言下之意，认为我国当前盆景发展很快，技艺水平是好的，作品风格也十分突出，但是优秀的盆景画册却出得不多，很多画册良莠混杂，时代感不强。

济州岛

当天下午即从汉城飞往济州岛，入住宾馆已是傍晚时分。

济州岛是在日本海中韩国和日本之间的一个正在开发中的大岛，碧海蓝天，风光秀丽。岛上还种植着许多棕榈科植物，乍看之下，有误认为是我南国岛屿，它是一个度假、旅游的好去处。

10月23日早上，我们即向岛上的盆景艺术苑出发。当我们到达用石块垒砌起的石头桩、石大门时，汽车就在对面的停车场停下。一进门就看到一些园林小品，都是就地取材，用卵石构筑起来，风格别致。

在会客厅里我们看到一处壁上挂满我国领导人江泽民、胡锦涛等的亲笔题词。因此，这里声名大扬，游客盈门，生意自然是不错的。

盆景艺术苑是一个私家盆景园，现已成为岛上著名的旅游景点。面积约50亩左右，园内有一幢现代建筑，主要用于游客餐饮休息，上面所提到的会客厅其实也是餐饮厅的一部分，所不同的只是用大的会客桌，主人热情接待也就在这里。

据介绍，园主成范永最早在这里艰苦创业，亲自动手，花了30多年的时间，终于在这个遍布石头和荆棘的荒地中建成这个远近闻名的盆景艺术苑，是他带动和开发了济州岛的旅游事业。江泽民等来岛视察，主要是了解园主的艰苦奋斗精神。据说回国后曾在中央的一次会议上作过传达介绍，所以其他领导人也相继过来看看。

这个园子像个小公园，地面起伏，种植有许多庭园树，道路两侧摆放着许多各式各样的树木盆景。在一处室内，墙上挂着许多照片，介绍园史或来园参观的名人、要人或大事件纪录照，我国扬州红园跟盆景艺术苑是友谊园，所以也有赵庆泉大师等一行的访问照片。

告别园主，我们还参观了岛上一家公园的盆景园。

24日我们即从汉城飞回上海，结束了为

期10天的日本、韩国盆景之旅。

几点印象和看法

一、韩国的树木盆景资源丰富。树种方面最为突出的是山采的伽罗木、赤松及一些果树。它的桩之苍老、皮层龟裂之深厚以及形态之奇特，实属少见，韩国的盆景及庭园树在日本亦很受欢迎。

二、韩国盆景和日本盆景一样，代表树种松柏类十分明确。这可能是因为它们国家较小，容易形成共识。不像我国东部诸省以松柏为主，而中部及南部各省份却以杂木为主，而主要树种又因地而异，可谓丰富多彩。

三、中国盆景和韩国盆景的现状，从制作技术的角度看，还是认为大家都处在发展和提高的过程中比较切合实际，但有一点，我国盆景植根于五千年文化历史的深厚底蕴，它今后的发展必将再度辉煌。盆景是艺术，各国盆景的发展，最终还是要比文化、比底蕴。技艺是否成熟是个条件，但重要的还是要看你的作品，从形式到内容能否反映自己民族文化的内涵，有没有自己民族的风格。如果没有，就说明这个国家的盆景还不到成熟的时候。现在许多国家的盆景都处在这一状况，学谁的就像谁的，没有化为自己的东西。

四、盆景园是园林建筑里一种专类园，它的建设必须要有自己的民族风格，哪怕是一件小小的建筑小品，都须与盆景作品相协调、相统一，才使得盆景园有一定人文素质，有一种美的魅力。如中国的几个老盆景园——苏州的万景山庄、扬州盆景园、上海植物园盆景园、广州流花西苑等。前者为传统的古建筑，后者是在传统的基础上创新发展起来，依然是属于中国风格的建筑。在日本如岩崎大藏的高砂庵、小林国雄的春花园、加藤三郎的蔓青园等，它们的园内建筑都是日本传统结构平房。但在韩国我们就看不到有这样两全其美、相得益彰的盆景园。据了解，这是因为在历史上日本曾长时间统治韩国，使其文化基础遭受了破坏的结果。

在盆景艺术院内的合影。前排陈文娟、刘贵姝，后排梁景善、鲍世骐、成范永（园主）、辛常宝、胡乐国

韩国盆景上的一盒漂亮的赤松作品

韩国盆景展场一角

盆景公园中的大棚

会长盆景园中的一盆伽罗木作品

4-3 | 《美国一盆景园参观记》（2005年）

载于《花木盆景》（盆景赏石版）2005年第8期

应美国国立国家植物园主任汤姆斯先生的邀请，我们一行8人参加5月28日至5月31日在华盛顿希尔顿饭店举办的第五届世界盆栽大会。5月26日抵达后的第二天，我们在汤姆斯先生的陪同下，驱车前往位于郊外的一处植物园。汤姆斯先生给我们介绍了该植物园的情况与未来发展后，我们乘游览车，浏览了一遍古木参天的植物园，下午安排参观植物园内的盆景园。

该盆景园是植物园的一部分，位置靠近植物园办公室，可算是中心区域，这里经常有白宫政府官员来休闲游玩，可想而知环境是非常优美的。

该盆景园建成已29年了。就现状看，它是美国较著名的盆景园之一，盆景园面积并不是很大，因未设园标于路旁，我们就站在它的门口处也没发现从这一木门进去就是盆景园。可一进二道门时，里面的布局就使我们认定这是一盆景园，格局幽深莫测、变化无穷，木质结构的平房，直线条组成的白墙，简洁、朴素、实用。不像国内一些盆景园讲究建筑——古建筑、假山、水池……它几乎不用圆弧线，

这有点像美国建筑风格，唯一的木质结构平房，是用来作图书、盆景图片及赏石的陈列展览。而两道木制门庭和平木屋，就有点模仿日本建筑了。

我本人认为，这个盆景园的规划设计最可取之处有两点，一是进口处简易的木门和正中那长方形的照壁，照壁右前方摆着一盆大型五针松盆景，壁的左上方有一阳纹圆形园标作装饰，造型简朴大方，色调协调精美，富有现代气息。它既起到中国古园林建筑中的照壁作用，又明确地告诉你，这里面是一个盆景园。二是园内按内容的不同，除室内陈列外，其他三个展区如日本盆景、北美盆景、中国盆景都在平面上用平直的矮墙作分隔，漫步走来，都很自如流畅，所有盆景的陈列都沿着白墙摆放，转折自然，有利于游客观赏及摄影。

但值得推敲的也有两处：一是所有的将近300盆盆景几乎都上展台，后备养护的场地有限，几乎没有像样的作品可供轮换，长此以往，展台上倚墙一面的盆树生长必然受影响。二是中国盆景展区入口处，建了一座"文农学圃"古典式台门，墙脊黑瓦覆盖，

这和总体设计不太协调。

该园原有盆景 500 盆，现精减至 300 盆以内。主要分为日本盆景、北美盆景与中国盆景。北美盆景以美国为主。

这些来自不同地区、不同风格的盆景聚集在一起，如何养护和保持其风格不变是个难题，我也就抓住这一问题请教汤姆斯先生，他也只能以该园技术人员的分工情况来作答复。

该园有三名经过培训的工作人员，但也可能是由美籍的日本人来分头负责这些盆景的养护。他们都曾在日本名家那里学习过。负责中国盆景养护管理的是一位美国人，曾到中国上海在赵或邵（译音）氏门下学习过。日本盆景和北美盆景在质量和体量方面都还算不错。对此不必多说，请大家看作品照片自找答案吧！

中国盆景展区的盆景，是香港已故伍宜孙先生早年捐赠的作品，故特在入口处建一座中国古典式的"文农学圃"台门作为纪念。

时代在飞跃发展，人们对盆景艺术的审美追求，也在不断地发生变化，当三国盆景聚集在一起时，过去时代的盆景作品又如何适应当今时代的盆景艺术发展要求呢？

伍宜孙先生是我国老一辈著名的盆景艺术家，他的作品融诗、书、篆刻于一体，以诗情画意见长，可在这一场合又如何得以完全表现呢？

来中国学习过的美国人，能掌握好伍宜孙先生的盆景艺术风格吗？

难！难！难！这是三个问题的答复。

说实话，当我进了"文农学圃"的大门，只看了一半还不到就转出来了。心酸了，不忍再看下去。当 5 月 29 日傍晚去植物园赴晚宴前，庆泉又拉我去看中国盆景，这回算是看到底了。对这里庆泉比我熟悉，此刻我意识到他似乎要和我说什么，这时我终于想到要拍几张照片带回家，供国内同行们欣赏。我俩此时此刻有着同样的看法，有着同样的心情，叹息着这样的盆景怎么能在这样的环境里展出。这些盆景就是在国内展出，也是不可能获奖的！出来时再回头看看"文农学圃"的大门时，心底里不由自主地产生一种强烈的对比感，那就是里外的反差太大了。

我一直在想，中国园艺界的高层人士（或称领袖人士）来美国时，总少不了要来看看这个盆景园，当他们看到在对比之下，中国盆景竟是如此苍白无力时，有没有想到要改变一下这种面貌？中国新兴的私家盆景大户发扬您的爱心吧，用爱我中华之心，来重振中国盆景之雄风！

载于《花木盆景》（盆景赏石版）2005 年第 8 期

美国盆景欣赏

　　这是一组摄于美国华盛顿第五届世界盆栽大会的美国盆景照片。时间 2005 年 5 月 28 日—5 月 31 日，地点在希尔顿饭店地下 1 ～ 2 层展厅。

　　美国盆景大家比较生疏，我也是第一次面对面地见到了她，感到面熟而又陌生。面熟，是因为她是源于中国，是中国文化在美国的发展。陌生，是因为她有了自己的新长相。换句话说，她摆脱了些许日本盆景的影响，能跨出这一步是非常难得的。

　　美国盆景很年轻，但作品富有朝气，有一种感人的蓬勃向上的气息，它的作品很少受到一些规矩的束缚，用一分为二的观点来看美国盆景，在它本国没有所谓传统历史的包袱。换句话说，这也是美国国情在她的盆景领域的反映。

　　看了这次展览，感到有不过瘾的地方，那就是它们的盆龄太短，大部分作品都应被认为是新作品，太嫩了。（说明：因展品仅有编号，没有景名、树种、作者，所以照片不作任何说明。）

载于《花木盆景》（盆景赏石版）
2005 年第 8 期

4-4 | 《最后的礼物——日本〈盆栽逸品集〉欣赏》（2008年）

载于《花木盆景》（盆景赏石版）2008年第4期

加藤三郎先生走了。为中日友好盆景代表团准备的、有亲笔题词的礼物——盆景挂历，他来不及亲自分发就匆匆地离去了。这礼物是给代表们的，但也是给中国盆景界同仁的。以此想法，我把它翻拍出来，与大家一起欣赏并怀念。

加藤三郎先生题词：饱含生命意味的盆栽艺术，令世界人民为之而感动。见《花木盆景》（盆景赏石版）2008年第4期

五、鼓励地方篇

5-1 《温州盆景》（1986年）

载于《大众花卉》1986年第3期

一、发展情况

温州盆景于宋时已颇流行。宋相王十朋（温州乐清人）写的《岩松记》中，就描写了家乡友人将一盆附石式的松树盆景作为礼物赠送给他时的生动场面。由此可以推见，南宋时温州地区盆景的栽培和养护已有较高的水平，也可以想见以盆景作为礼品在亲友间相赠已经风行。

温州地处东南沿海，气候温和，雨量充沛，土质肥沃。在延绵起伏的群山里蕴藏着丰富的盆景资源。解放前夕，温州市内先后有规模不等的15家私人花园，经营种植的都是以盆景山茶为主。在郊外有个世世代代、家家户户都或多或少种植花卉盆景的花村——茶山。所以在历史上，温州盆景的技术力量多数是从茶山培养出来的。解放后，市园林处集私家盆景于一园，为温州盆景的发展创造了有利条件。

20世纪60年代中期，温州盆景在造型技艺方面做了改革与创新。改过去用棕丝吊扎为用金属丝造型，改规则式为自然式。从此，温州盆景形式多样，体态自然，饱含诗情画意，充满时代气息，在1981年浙江省首届盆景展览上赢得优异成绩。与此同时，省园艺学会举办盆景专题学术活动时提出了"以温州盆景风格为基础，吸收其他各地的长处，以形成浙江盆景风格"的建议。

近年来动工的，规模较大的新的温州盆景园，即将在风景优美的江心屿建成。温州盆景又将取得新发展。

二、风格特点

1.**取材**：松柏为主，杂木齐上。

树种的选择是盆景风格的特征因素。五针松、黑松、真柏、罗汉松是温州盆景的四大树种。除黑松树桩可以在沿海岛屿和近海山区挖掘外，五针松、真柏、罗汉松都是通过嫁接、扦插繁殖培养的。五针松的多头（芽、枝）高接成功，促使五针松盆景快速成型，给温州盆景增添了光彩。

杂木、花果类桩景也是温州盆景重要素材，在今后它将受到更大的重视。主要的树种有榆树、雀梅、黄杨、金豆、野梅、胡颓子等。现已被采用的有一百多种。

2. 技法：剪扎兼施，南北并蓄。

温州盆景的造型师法自然，因材施作。松柏类的造型是采取"吊扎为主，结合修剪"的方法。它继承北派盆景的扎片传统，一个枝条扎成一片，但对枝条的处理十分注意主次分明，层次清楚，简洁凝练，自然舒展。片形大小长短不拘，安排自然，结构严谨，动态强烈。既表现了松柏类雄伟、苍劲、挺拔的风格，又带有几分古朴清雅的风韵。

杂木类树桩的造型，采用"修剪"的方法。它继承北派盆景对主干的取材与审美要求，吸收了类似岭南派对枝条的处理方法，从而形成了温州盆景风格的又一特点。

温州的杂木桩景，大都取材山野，极少用人工繁殖培养，因而主干形态自然，苍劲古朴。枝条就在主干的适当位置上选择培养，在反复的剪短、多次的删减下形成曲折自然、粗壮有力的枝条。这些枝条大体属"上伸式"（国画称"虎角式"）。各枝条的向外伸展方向，必须与主干之间能交相统一协调。成型后的杂木树桩，虽似苍古遒劲的老树，却能给人以轻松明快的感受，似乎在不同程度上带有一些岭南风味。

总之，温州杂木树桩的造型方法，在"北派"的基础上结合"南派"的特点，取得了别开生面、独创一格的效果。

3. 风格：高本直干，自然朴素。

温州盆景的主要树种五针松的造型，继承了浙江盆景传统的写意手法，多取高本直干、二三棵合栽方式，殊使山林野趣横溢，颇具针叶型大树那参天覆地的气势。

此外，温州盆景貌虽平淡，但有意味无穷的朴素美。主要表现在，主干或枝条的伸展方向和姿态讲究自然舒展，力避矫揉造作。因此线条曲直自如，寓曲于直，似直而曲，让曲线和直线在适度配合下产生美的价值。

温州盆景

温州　胡乐国

一、发展情况

温州盆景于宋时已颇流行。宋相王十朋（温州乐清人）写的《岩松记》中，就描写了家乡友人将一盆附石式的松树盆景作为礼物，赠送给他时的生动场面。由此可以推见，南宋时温州地区盆景的栽培和养护已有较高的水平，也可以想见以盆景作为礼品在亲友间相赠已经风行。

温州地处东南沿海，气候温和，雨量充沛，土质肥沃。在延绵起伏的群山里蕴藏着丰富的盆景资源。解放前夕，温州市内先后有规模不等的十五家私人花园，经营种植的都是以盆景山茶为主。在郊外有个世世代代、家家户户都或多或少种植花卉盆景的花村——茶山。所以在历史上，温州盆景的技术力量，多数是从茶山培养出来的。解放后，市园林处集私家盆景于一园，为温州盆景的发展创造了有利条件。

六十年代中期，温州盆景在造型技艺方面做了改革与创新。改过去用棕绳吊扎为用金属绕造型，改规则式为自然式盆景。从此，温州盆景形式多样，体态自然，饱含诗情画意，充满时代气息，在1981年浙江省首届盆景展览上赢得优异成绩。与此同时，省园艺学会举办盆景专题学术活动时提出了"以温州盆景风格为基础，吸收其他各地的长处，以形成浙江盆景风格"的建议。

近年来动工的，规模较大的新的温州盆景园，即将在风景优美的江心屿建成。温州盆景又将取得新发展。

—24—

二、风格特点

1、取材：松柏为主，杂木齐上

树种的选择是盆景风格的特征因素。五针松、黑松、真柏、罗汉松是温州盆景的四大树种。除黑松树桩可以在沿海岛屿和近海山区挖掘外，五针松、真柏、罗汉松都是通过嫁接、扦插繁殖培养的。五针松的多头（芽、枝）高接成功，促使五针松盆景快速成型，给温州盆景增添光彩。

杂木、花果类桩景也是温州盆景重要素材，在今后它将受到更大的重视。主要的树种有榆树、雀梅、黄杨、金豆、野梅、胡颓子等。现已被采用的有一百多种。

2、技法：剪扎兼施，南北并蓄

温州盆景的造型师法自然，因材施作。松柏类的造型是采取"吊扎为主，结合修剪"的方法。它继承北派盆景的扎片传统，一个枝条扎成一片，但对枝条的处理十分注意主次分明，层次清楚，简洁凝练，自然舒展。片形大小长短不拘，安排自然，结构严谨，动态强烈。既表现了松柏类雄伟、苍劲、挺拔的风格，又带有几分古朴清雅的风韵。

杂木类树桩的造型，采用"修剪"的方法。它继承北派盆景对主干的取材与审美要求，吸收了类似岭南派对枝条的处理方法，从而形成了温州盆景风格的又一特点。

温州的杂木桩景，大都取材山野，极少用人工繁殖培养，因而主干形态自然，苍劲古朴。枝条就在主干的适当位置上选择培养，在反复的剪短、多次的删减下形成曲折自然、粗壮有力的枝条。这些枝条

《飙得春光》（榆）

大体属"上伸式"（国画称"鹿角式"）。各枝条的向外伸展方向，必须与主干之间能互相统一协调。成型后的杂木树桩，貌似苍古遒劲的老树，却能给人以轻松明快的感受，似乎在不同程度上带有一些岭南风味。

总之，温州杂木树桩的造型方法，在"北派"的基础上结合"南派"的特点，取得了别开生面，独创一格的效果。

3、风格：高本直干，自然朴素

温州盆景的主要树种五针松的造型，继承了浙江盆景传统的写意手法，多取高本直干，二三棵合栽的方式，珠使山林野趣横溢，颇具针叶型大树那参天覆地的气势。

此外，温州盆景貌虽平淡，但有意味无穷的朴素美。主要表现在，主干或枝条的伸展方向和姿态讲究自然舒展，力避矫揉造作。因此线条曲直自知，寓曲于直，似直而曲，让曲线和直线在适度配合下产生美的价值。

载于《大众花卉》1986年3月刊

5-2 | 《快速起飞的黄岩盆景》 （1992年）

载于《中国花卉盆景》1992年第10期

黄岩市的盆景有悠久的历史，只是20世纪50年代前后衰败下来。直到80年代初（浙江省首届盆景艺术展览后）开始，黄岩盆景又重振雄风，继杭州温州之后迅速地发展起来，可谓"异军突起"。

黄岩盆景以杂木为主。它资源丰富，大都取材于本地山野及永嘉括苍山脉。主要树种有雀梅、榆、檵木、野梅等。黄岩发展盆景有她自己的特点。第一，他们没有大中型的国营大集体的盆景园，只是在花协的领导下以个人爱好为目的的一家一户小规模地发展起来，现在足有数十家，面广，影响大。第二，黄岩杂木盆景还是以传统审美观、传统的标准来取材。造型方法采用修剪法，使作品具有自然潇洒、轻松明快的时代气息。黄岩盆景取材于山野，主干的模样是天赋的。除主干的顶梢外，其它基本上没有人为造作。所以主干的式样变化自然多样。对枝条的处理，有的利用萌发的长枝条造型，更多的是用修剪法使其一段段地伸长。但它伸长的一段段线条长短不一，角度各异，直线弧线兼备，各枝条均在自然舒展协调适中的前提下作不规则变化发展。各主要枝条的伸展方向是大体上统一，给小枝条以一定的自由。所以这里的枝条处理就没有团块结构存在，也没有严整的片子结构的陋习。

总观黄岩盆景树木的各部位及互相之间的关系，都是处理协调默契，结构完善，线条优美，技法细腻，精益求精。作品给我的印象是新鲜感强，形态美，气质好，内涵丰富。

5-3 | 《云南盆景上路了》（2003年）

载于《花木盆景》（盆景赏石版）2003年第1期

第二届云南省盆景评比展览于2002年8月15日—8月19日在南疆城市蒙自举办。十分荣幸，让我有机会了解云南盆景的方方面面。

云南省是盆景起步较晚的地区，它是在昆明世博会之后才大开眼界，探索着开始步入现代盆景发展的道路。云南省盆景协会也因形势的需要于2000年宣告成立，并举办过第一届盆景评比展览，这一次算是第二届了。两届展览，相比之下，展览规模、盆景的质量都有很大的提高。

第二届云南省盆景评比展览，参展的各类盆景计560件，大大超过原定300件的计划，可以说参展作品之多，群众热情之高，在云南历史上是空前的，在盆景制作技艺方面也取得很大进步。这使云南的有关领导和盆景作者群都异口同声地赞美不已。这种喜悦之情深深地震撼着每一个人的心。

这次展览，评出金奖13盆、银奖26盆、铜奖48盆。这些作品包括树木盆景、山水盆景（包括树石、水旱盆景）、观花观果、花草类盆景等。从规模看有大型、中小型、微型组合、挂壁式盆景，可谓门类齐全。

云南有植物王国之称，盆景资源丰富，气候得天独厚，这一点在盆景树种的开发利用中也得以充分体现。在展台上除一般常见的盆景树种外，还可以看到我们未曾认识的盆景新树种，如清香木、小石积、铁马鞭、红牛筋、尖叶木犀榄、两面针、流梳、云南黄素馨等，此外还有我们熟识的，但很少有在盆景上使用的羊蹄甲、云南松、鹅耳枥、倒挂金钟等。这些新开发的盆景新树种，经过多年的盆栽养护和造型修剪，表现了良好的盆景性能。其中我最喜欢尖叶木犀榄，它叶色、叶形十分可爱，耐修剪易萌发，可塑性很强，于是我也带了一小棵回家试种，也祝愿云南同志能早日有佳作和大家见面。

过去，云南盆景受到四川民间艺术的影响，出现了一些象形、文字、图案式盆栽。这是历史，为了对老艺人的尊敬和拨正盆景发展方向，在这次展览中，老艺人的作品照样参展，但不予评奖，我想这个做法还是正确的。

现在云南盆景的造型开始有向江浙、岭南学习的趋向，图片中的山水盆景、柏树盆景等就是按江浙一带作法学习的，而刘华东先生的作品就是按岭南的作法学习的。盆景制作尤如学书法，先从模习大家字贴开始，掌握习字规律、技法，然后逐渐自成风格，这是一条非同寻常的艰辛道路。本文题目"云南盆景上路了"也就示意云南盆景开始走上了一条正确的道路，但云南盆景还需要较长时间的努力，才能走向成熟。

"师法自然"是盆景工作者永远的座右铭，云南盆景在学习江浙、岭南之后，要把目光收回来，看看云南那高原的天、高原的地，看看高原的树木、高原的山水是怎样的，看看云南特有的人文风土又是怎样的，展品中我欣赏《虎跳金沙》这一山水盆景，它反映了金沙口上虎跳峡的风光，高原情调洋溢。我希望云南盆景以后要有自己的面孔，外地盆景专家的授课指导，只能教给一些规律性的东西，那内在的或风格方面的事，还是要靠自己不断的创作实践逐渐形成。

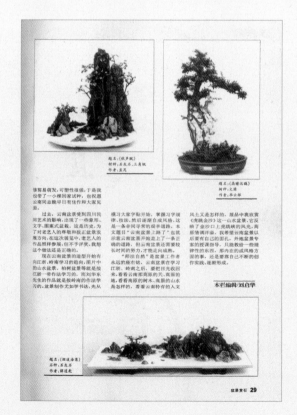

载于《花木盆景》（盆景赏石版）2003 年第 1 期

5-4 《温州盆景园》（2004年）

载于《花木盆景》（盆景赏石版）第5期

温州盆景园是上世纪50年代浙江老盆景园之一。它的前身为原温州市园林管理处妙果寺小花圃的一部分。1958年寺西张瓌碑亭周围约0.13公顷土地被辟为盆景园。该园曾于1979年参加在北京举办的"中国盆景艺术展览"和1981年首届浙江省盆景艺术展览，成绩斐然，声名鹊起。盛名之下，园林处深感盆景园规模小、盆景少，声誉和现状极不相称。时适江心屿公园扩建，遂在屿西划地建盆景园，面积约2公顷余，这即今之"温州盆景园"。

江心屿，中国四大名屿之一，素有"海上蓬莱""诗之岛"之誉。屿上唐宋双塔被世界航标协会命名为世界百座历史文物灯塔。这里古木参天，江水时涨时退，风光秀丽，文化积淀深厚。盆景园为屿上主要文化旅游内容之一。

温州盆景园少建筑，多盆景，为自然式园林布局。盆景点缀于绿茵之上，高低错落，疏密有致，园内小池、小亭、山石点布，树姿优美，园外山光水色亦尽收眼底，分外妖娆。

温州盆景园以树木盆景为主，树种曾多达百余。现主要树种有五针松、黑松、罗汉松、真柏、圆柏、杂木等，现可展示作品500余盆。

温州盆景以五针松盆景造型最具特色，不仅数量多，且树龄老。这些作品以宋时浙江四大画家的松树画为参考。在种植上沿用传统的"双木结对""或三五寨"等合栽方式，努力使我国传统文化与现代审美情趣相结合，让作品有着一股清新自然的文化气息，以体现出中国悠久的传统文化。柏树盆景则采用舍利干、神枝技法来加强作品主干的扭筋转骨与古拙苍劲，并与树冠的枝繁叶茂相结合来表现森森古柏气象。杂木盆景造型崇尚温州传统技法和"蓄枝截干"相结合，使枝条伸展更符合杂木的基本树相和枝条的个性特征。

温州盆景园曾参加1986年在意大

利举办的第五届世界花卉博览会，荣获金奖一个、银奖两个，为国争了光。参加过国内最具权威的全国展览：

（1）中国盆景评比展览四届，荣得一等奖四个。

（2）中国花卉博览会盆景展四届，获金奖六个。获得的二、三等奖及省展奖项，则为数更多。

在温州市园林部门及现江心屿景区管理处的直接关怀、领导下，温州盆景园继承和发展了温州的盆景艺术，还培育了一名中国盆景艺术大师，在大家的共同努力下，温州盆景最终获得全国行家的赞同和认同，形成了"浙江盆景以杭州、温州为中心"的格局，使温州盆景步入全国强者的行列。

载于《花木盆景》（盆景赏石版）2004 年第 5 期

5-5 | 《第三届山东"枯桃杯"花卉盆景展销会获奖盆景作品》
（2006年）

载于《花木盆景》（盆景赏石版）2006年第6期

为繁荣山东省花卉盆景产业，由山东省花协、青岛市花协、青岛崂山区人民政府主办，青岛枯桃花卉交易中心承办的第三届"枯桃杯"花卉盆景展销会于2006年4月29日—5月6日在青岛枯桃花卉交易中心举行。其中盆景作品180件，分别由省各主要城市送展。设一等奖一名，奖金3000元；二等奖二名，奖金2000元；三等奖五名，奖金1000元。现将获奖作品6件刊出，供大家交流共赏。

第三届山东"枯桃杯"花卉盆景展销会获奖盆景作品

盆景的发展，有赖于两个条件：一是文化、二是经济。这些年来，随着农村物质生活水平的不断提高，人们也开始对文化生活的提高有了迫切的要求，于是环保意识也日益浓厚，人们开始关注自己的精神生活空间的充实。花木是大自然的精华，是美的象征。花卉盆景作为人与自然的和谐共处的载体，以其独特的艺术魅力，逐渐步入庭院，丰富了人们的生活。

浙江乐清市七里港镇曹田后村，是一个有600来户的港口农村，十分富裕。为了争创省"环境整治小康村"，业余盆景爱好者积极配合，于最近举办了该村第三届花卉盆景展览，成绩显著。该村有盆景爱好者数十家，胡春芳先生是带头人，他的作品曾在全国、省、市盆展中不断获奖。这次展览共展出盆景作品120余件，作品树种以松柏为多，也有乡村树种如茶树、榔榆等。参观者众，颇具节日气氛。

我们从"村"这个角度来看，在有条件的地方来办盆展，值得提倡。该村的盆展在全国来说恐怕为数不多。从这批展品来看不能不说是上乘的。这体现了该村领导有决心把曹田后村建设成为社会主义新型的花园村庄。

现将这次展览的部分作品供大家欣赏。

树种：黑松，作者：周西华

树种：榆树，作者：胡春芳

5-7 | 《展望云南盆景》（2016年）

2016年，未及发表

我应邀参加了2015年昆明（斗南）中国盆景精品邀请展，让我有机会了解展会的全过程，它给我留下了深刻的印象和美好的回忆。

一、展览由原来的省展，扩大成为全国的盆景精品邀请展，它的档次和规模即近于全国性的展览。并在短短的三个月筹备工作时间内，将各项工作做得条理井然、运作流畅、展台亮丽、完满成功。而且它还有云南赏石、根艺多项内容同时展出。单就盆景一项，除盆展外，围绕盆展的还有研讨会、大师表演、制作竞赛、盆景拍卖、盆景资源考察、大卖场的配合，展场安检治安的严密是前所未有的。它疑似一项大工程，缺了某一方面，可能都将是一个缺憾。由此可见云南省盆协和展会的班子是一个有超强能力和有高水平的领导班子，它使我们放心，云南盆景事业的发展将是前途无量！

二、我曾多次参加云南省的盆景展览活动，对云南的盆景资源和盆景技艺水准，心里有个底数。

云南素有植物王国之称，说明它的植物资源丰富，相对来说以树木为主的盆景资源也应该是丰富的。然而就云南树木盆景的树种来看相对少了点。云南的树种选择，应以乡土树种为主，从中选出适宜的盆景造型和栽培管理的树种，以利于形成具有云南特色的盆景艺术风格。我的意思是在这次云南展台上本地树种偏少，除青香木和山采瓜子黄杨外，其他也都是人有我也有的树种，这样你就好不过人家了。记得在那次蒙自的展览中，本地树种还多几个，对外省人来说这就稀奇了。

在选择新树种时要注意该树种的适应性，有适应省外周边地区推广成活和繁殖的潜力，这就关系到经济效益的扩大问题，也有利于云南盆景走出去的能力。如云南松应该可以作为盆景素材来培养。但它能否在云南以外种植，它的范围有多大？就要找到科学依据，然后推广它。当然在植物王国中应该还有许多可选择和发展的盆景树种。这是个长期而艰难的任务，这事关云南盆景的发展，有志者必须勇于承担。

记得在那次蒙自盆景展后，我写了篇"云南盆景上路了"发表在《花木盆景》杂志上。那时我就肯定云南盆景走上了一条规范的发展道路，云南盆景有了自己的技术力量。人才、技术是发展的基础。希望云南能出更多的有德有艺的技术人才。

近年来，云南多次组织人员到盆景发达的地区参观访问。这一次更是大规模地将发达地区的盆景引到本地来展览，让更多的人接触盆景、了解盆景、学习盆景。这是大手笔、大气魄的动作。是云南盆景起飞的吉祥先兆，让云南盆景飞得更高更远！

这次展出的云南盆景，比较起来只是觉得年轻了点、嫩了点。可事情的发展总是有个过程。看全国不一定云南是最年轻的，在发达地区的周边也会有同样年轻的兄弟。

中国是世界盆景艺术的祖国，都说它有1300多年的历史。而现代中国盆景实际也是从改革开放后发展起来的。故说它古老，也不错，但就它的表现，觉得还是年轻了点。

盼云南盆景能健康快速发展！

编者按：这篇文章是我们在胡乐国先生去世后在他的写作文稿中发现的，而且已经打字入册，打字稿上还有先生亲笔修改字样，经和云南盆会核实，认为应该是先生为参加2016年云南盆会举行的"世博杯"中国盆景艺术大师、名人、名园作品邀请展而准备的发言稿，后续可能因为先生行程或健康原因，该稿没有启用。

六、提携后辈篇

6-1 《心有灵犀 出手成景——郭君盆景作品赏析》（2001年）

载于《花木盆景》2001年第3期

看了郭君先生的盆景作品照片，令人喜悦，感叹他的盆景技艺进步很快。郭君先生"玩"盆景始于80年代中期，算是浙江黄岩发展现代盆景有数的几个带头人之一。

郭先生的盆景以杂木为主，如榆、雀梅、梅桩等。树桩取材山野，用修剪法完成盆景造型，但与岭南的蓄枝截干法的不同之处是：

一、郭先生的树桩素材是在花盆里培养而成的，而岭南的树坯是在地上培养的。

二、郭先生的作品小枝略见小、细，修剪时留取的枝节也略见短、密。

三、岭南盆景的枝条伸展方向，大体上向上呈鹿角式发展。而郭先生的枝条处理却是以平展为主。从这里可以明显地看出，他的枝条处理是继承了浙江盆景传统的片状方式，只是把以"扎"为主，改为以"剪"为主，当然成片后的结构也就大不相同了。

这种改进是长江流域各地对杂木盆景造型的一大发展，现已互相学习、广为传播。这种技法虽不能说是郭君先生所创造，但郭君先生及黄岩的朋友对此却心有灵犀、出手成章。

黄岩的梅花盆景甲天下，这也是名不虚传的事。郭君先生的两幅梅花盆景，枝条的长短、粗壮控制得恰到好处，花朵满枝，开得更见精神。这就是作品成功之处，也是作者的养护功夫过硬的表现。就"冰清玉洁"和"春晓"两作品的造型来比较，"冰清玉洁"还胜一筹。不论从取材、枝干的取舍还是用盆都符合盆景艺术的要求。但建议制作梅花盆景要学会对舍利干的运用和处理。而"春晓"作品在造型上还欠缺认真，其中两主要粗干呈"丫"形的样式，不很协调，建议采取措施使其中的一干改变伸展方向，或截去一干，或另行选择观赏面以回避、掩盖不够老成的主干部分，可能会使作品有所改观。此外"春晓"用盆过大，可选择略小的其他形式的景盆，可能更合适得体些。

石榴作品"秋颂"，果实累累，画面色彩协调，木质纹理得以充分表现，这是作品成功之处。但主干通直，缺乏斜干的韵味。新培育的干梢部分，要改变继续直线伸长的方向，使全干呈"S"的变形形式，将更符合树木生长规律，也符合盆景树木斜干式的斜中有变的要求，仅主干基部有点变化还是不够的。

纵观郭先生其他几幅作品，我认为都是很成功的，主要表现在枝条的培养已经到位，枝条的粗细及曲折变化和主干的配合恰到好处，这说明郭先生对树木盆景的造型很有年份和很深的功力——这恰恰是目前发表的一些杂木盆景作品很难办到的。但作品"当然"（榆）、"纵横驰骋天地间"（朴树）、"冰姿铁骨见精神"（榆）、"激情岁月"（雀梅）等作品有一个共同的不足之处，即注重左右枝条的培养而对前、后枝的培养不力，使得树冠的深度感不足，偏于单薄，并且下部主要枝条有对称之嫌。

作品"临危不惧""独木亦成林"（榆树）两件作品比较起来最为完美。作者的素材取得相当不容易，加上几根主干的高低、粗细及细条变化和伸展方向也都十分合适，枝条的处理也颇为合理，是为佳作。

"冰清玉洁"，梅花

"独木亦成林"，榆树

▲《纵横驰骋天地间》(朴树，高45cm)

〈个人风格〉

心有灵犀　出手成景

——郭君盆景作品赏析

■胡乐国

看了郭君先生的盆景作品照片，令人喜悦，感叹他的盆景技艺进展很快。郭君先生"玩"盆景始于80年代中期，算是浙江黄岩发展现代盆景有数的几个带头人之一。

郭先生的盆景以杂木为主，如榆、雀梅、梅桩等。树桩取材山野，用修剪法完成盆景造型，但与岭南的蓄枝截干法的不同之处是：

一、郭先生的树桩素材是在花盆里培养而成的，而岭南的树坯是在地上培养的。

二、郭先生的作品小枝略见小、细，修剪时留取的枝节也略见短、密。

▲《冰清玉洁》(梅花，树高90cm)

6 盆景赏石

三、岭南盆景的枝条伸展方向，大体上向上呈鹿角式发展。而郭先生的枝条处理却是以平展为主。从这里可以明显地看出，他的枝条处理是继承了浙江盆景传统的片状方式，只是把以"扎"为主，改为以"剪"为主，当然成片后的结构也就不相同了。这种改进是长江流域各地对杂木盆景造型的一大发展，现已互相学习、广为传播。这种技法虽不能说是郭君先生所创造，但郭君先生及黄岩的朋友对此却心有灵犀、出手成章。

黄岩的梅花盆景甲天下，这也是名不虚传的事。郭君先生的两幅梅花盆景，枝条的长短、粗壮控制得恰到好处，花朵满枝，开得更见精神。这就是作品成功之处，也是作者的养护功夫过硬的表现。就《冰清玉洁》和《春晓》两作品的造型来比较，《冰清玉洁》还胜一筹。不论从取材、枝干的取舍、用盆都符合盆景艺术的要求。但建议制作梅花盆景要学会对舍利干的运用和处理。而《春晓》作品在造型上还欠缺认真，其中两主要粗干呈"丫"形的样式，不很协调，建议采取措施使其中的一干改变伸展方向，或截去一干，或另行选择观赏面以回避、掩盖不够老成的主干部分，可能会使作品有所改观。此外《春晓》用盆

过大，可选择略小的其他形式的景盆，可能更合适体些。

石榴作品《秋颂》，果实累累，画面色彩协调，木质纹理得以充分表现，这是作品成功之处。但主干通直，缺乏斜干的韵味。新培育的干梢部分，要改变继续直线伸长的方向，使全干呈"S"的变形形式，将更符合树木生长规律，也符合盆景树木斜干式的斜中有变的要求，仅主干基部有点变化还是不够的。

纵观郭先生其他几幅作品，我认为都是很成功的，主要表现在枝条的培养已经到位，枝条的粗细及曲折变化和主干的配合恰到好处，这说明郭先生对树木盆景的造型很有年份和很深的功力——这恰恰是目前发表的一些杂木盆景作品很难办到的。但作品《岿然》(榆)、《纵横驰骋天地间》(朴树)、《冰姿铁骨见精神》(榆)、《激情岁月》(雀梅)等作品有一个共同的不足之处，即注重左右枝条的培养而对前、后枝的培养不力，使得树冠的深度感不足，偏于单薄，并且下部主要枝条有对称之嫌。

作品《临危不惧》、《独木亦成林》(榆树)两件作品比较起来最为完美。作者的素材取得相当不容易，加上几根主干的高低、粗细及细条变化和伸展方向也都十分合适，枝条的处理也颇为合理，是为佳作。

(本文作品见第30页)

载于《花木盆景》2001年第3期

"松韵阁"五针松盆景如诗似画，它给人的第一印象是构图清新脱俗，既反映生态环境对松树的影响作用，又富有盆景创作的艺术个性，它真实地、艺术地表现了松树的神韵和风采。从造型技艺来看，不仅能从大处着眼，注意主干的取舍、枝条的出处、枝和干的关系及枝和枝之间的关系。从小处来看，也基本上处处都处理得干净利落，没有或很少有多余的或碍眼的地方。在养护上也是十分成功的，它们针叶浓密、刚劲，枝条粗壮，生长健康，精神饱满。正因为这样，作品《曲韵》曾在全国盆景展中获奖，《千里共婵娟》《普天同庆》曾在省盆展获奖。

师法自然，因材施艺，是"松韵阁"五针松盆景造型的要诀，也是作品风格的集中体现。面对这一组五针松盆景照片，静心欣赏时似入松林世界，更有一缕缕深浅相随的白云在松间飘游，构成一幅幅完美无瑕的风景画卷。之所以能有这样美好的艺术效果，是因为五针松盆景的造型是以大自然中各种不同生态环境生长着的不同的松树姿态为蓝本，如这组作品照片中表现独干式、双干式、悬崖式、丛林式

等等。如以某一个作品来看，其主干姿态、枝位的高低或枝条下垂的角度大小、树冠不等边三角形的变化等等都可以令人想象到它活似自然界的一棵棵真实、苍劲古朴的老松树。

且看其五针松主干的处理，几乎寻不到有人工吊扎、扭曲的造作痕迹，而是突破传统，采取因材施艺、取其自然的做法。将其主干上部粗细变化不大或僵直呆滞或枝间距离过大的部分截去，这样留下来的部分虽不能说是十全十美，但也可说是全干中最为精彩的部分，是它使主干线条体现了直中寓曲、刚中带柔。这样做是遵循着因材施艺、去芜存精的造型原则，更体现了当今崇尚阳刚之美的时代精神。这是这组五针松盆景作品的风格特征在主干造型方面的表现。

作者很注意旋律、节奏、动势力量在枝条处理中的表现。枝条的处理包括枝条的疏密、枝条的长短、枝条和主干的关系、枝条的争让等等，这一切在这组作品中都处理得比较合理，树冠外沿的实际边线的曲折变化十分生动，富有旋律美和节奏感，整个画面的虚实处理使空间显得十分突

出……现以作品"青松颂"作具体分析。

该作品的枝条造型和空间处理，跟主干的配合很默契。即让较多、较长的枝条偏于右侧，而且还出现了两个开放式的空间。左侧则显得较弱，而且下方留出一个大空间，这样作品就出现了很大的运动趋势，这就是作品所追求的动态美的表现。此外枝条和主干所成的角度，都属锐角，枝条呈下垂式伸展。其中第一枝出枝位置较高，下垂的程度也就较强，所表现的力度也就较大。这样使所有的枝条在既统一又有变化之中，树姿更加活跃。

五针松素材的主干瘦、长，恐怕是我国五针松素材的普通情况。因为我国五针松素材的繁殖、培养是以绿化材料的培养方法进行的，它没有一套按盆景的要求进行培养的方法。这种情况按日本盆景的要求，恐怕是适宜作"文人本"的材料。在我国则运用因材施艺的办法，将它们组合成二株、三株或更多株的丛林形式来处理，如作品中的"群仙拜寿""千里共婵娟""双鸾起舞"（一本双干）那样，只有这样，才能使素材的特点得以最佳的发挥。

这组作品是成功作品，但仍存在许多欠缺。

一、五针松盆景素材来源不同于杂木类或其他柏类盆景素材，它不可能取木于山野，也就是说不可能向自然界索取苍劲虬曲的老古素材。我们现在看到的上了年纪的五针松，一是从解放前遗留下来，二是 20 世纪 50 年代后期自行繁殖培养长大的。像"松韵阁"这一组五针松盆景的树龄约在 30 年左右（包括地栽盆栽时间），但主干及主要枝条上还没有出现鳞片斑驳的树皮，不能从外观特征上充分反映五针松的苍劲，不能不说是美中不足。

二、"横空出世""渴骥奔泉"二作品，由于第一枝出枝位置偏低，枝条伸展只能采取"平展式"，在作品的势与力的表现上有不足之感。且树冠和主干相比略有过大之嫌。这也是五针松素材主干的瘦、长，对制作独干式的五针松盆景，较难取得较好的效果。

三、"群仙拜寿"为丛林式五针松盆景，丛林式是最富有表现力的盆景形式。该作品总的构思、布局都很好，动感活现，有可能成为好作品，但就选材看，虽已有高低错落的变化，主干的粗细变化却不显，建议个别的可以换株补救。枝条还可以考虑再精减。枝叶显得有些松散，这也是养护时间不够或整形时较为仓促所致。

看金文虎先生的一组杂木盆景作品，真可谓树树成景，情景交融，盆盆皆文章，耐人寻味，受益不少。看10幅作品中没有松柏类盆景，可想见金先生对杂木盆景情有独钟。金先生对杂木类盆景的造型是采用"修剪法"的，但他是在浙江传统对枝条的要求基础上吸取岭南"蓄枝截干"法进行造型的，所以它的枝条伸展和姿态的表现，既有岭南的踪影，也仍隐约看到枝条横向发展的层片存在，因而它的枝条总体结构较为自然、真实、潇洒自若。

其次看金文虎先生作品的取材及其特点。作品中的"火红神州"，红楼木的素材实属不可多得，它粗壮雄伟，气势非凡，而其他的作品素材都属极为一般的普通材料，如狭叶十大功劳，是常见的绿化材料，每丛价格在几元钱。据了解他的大部分素材都是自己利用休息日上山挖掘的。

树木盆景的素材好坏，对盆景艺术造型来说是很重要的，一个好作品往往出自一个好树坯，这是基础条件。所以目前一些富裕的盆景收藏家们愿意出资数万或一二十万去买一个松柏类的盆景毛坯就是这个道理。就中国盆景发展来说，这也是必然的，是好事。但就金先生对素材的取材观点和爱好，从艺术的角度来看也是值得提倡，它是一个事物的另一个方面。不同的艺术风格对素材有不同的要求，因为美是多方面的。

让我们举例来欣赏他的几个作品吧！

就以几幅多干式的作品（不论是合栽的还是一本多干的）来看，我认为金先生的组合能力很强，他善于处理好各主干线条的取舍，主干线条的伸长方向、伸展和姿态的和谐协调，以及它们之间高低、粗细、前后、疏密、正欹等等盆景艺术表现手法的运用，从而产生了美的感受，这就是这几幅作品成立的主要原因。

我最喜欢"故乡情"这一作品，它曾获得过全国展的银奖。该作品除了上述主干线条方面的处理成功外，在构图上也不落俗套，他把总体树冠的不等边三角形的最高点移向盆的左边缘上方，大大增强了树势向外运动的力度。然而他又利用山石向右成细长的伸延，在结束处又种了一丛小小的树，这一丛小树拥有千钧之力，从而使画面取得均衡。当然那丛大树中的最右一棵的树主干的伸长方向和另两棵为主的树的伸长方向相反，这也在起着重大作用。

这一丛树的主干细长，曲折有致，而它的枝条伸展姿态也变化丰富，粗细到位，和主干的关系也配合得颇为默契，给人以自然、亲切之感。

这是一幅以树为主体的山水盆景。树在石上的种植位置、石的体量轮廓、石的质感表现、石与水面之间的曲线变化等，都叫人觉得真实、自然、亲切，似曾相识。

大自然是盆景艺术的创作源泉，是盆景作者的第一老师。这作品和"楠溪春早"的艺术素材的积累，源于温州国家重点风景名胜区——楠溪江。楠溪江以水秀、滩林美著称。作品"故乡情""楠溪春早"中所表现的景观在楠溪江的水中央、滩林里及古渡口时有出现。

"楠溪春早"作品中树丛结构采用分组处理，颇为理想。四株一大组、二株一小组，每组树丛中的主次、高低、粗细、前后、疏密等等以及它们的小枝修剪、树丛的总体效果、盆的形状及色彩的选择都处理得恰到妙处，给人以美的享受。但该作品有一个美中不足之处值得商讨，作品中的山石点缀看来不可少，但从石质、石色、石形的选择，置石的位置、石纹理的走向及石的数量都有重新推敲的必要，务求石的点缀在整体形象中能有和谐协调之美。还有一个建议如果将盆面在离树丛一定距离的环境改用白石子或粗砂似的黄石子铺装，是否使景观更贴近命题，更能使作品中的滩林美超越于生活真实。

作品"春风得意"和"云淡风轻"在艺术风格上近于一致，文人树的韵味很浓。这一类作品看起来难度不大，但作者没有具备一定的文化修养和造型的技艺基础，实践起来也不是一件容易的事。就素材看它们都属于盆景上很不起眼的树种，如狭叶十大功劳是普通的绿化材料，它跟南天竺相似，天生的几根直枝条丛生在一起。因此对它的造型和欣赏，重点在于枝条的取舍。通过合理的取舍，使丛生的直线枝条在疏密、高低、先后等方面处理得恰到好处时，作品就成功了一大半。至于叶的处理也以轻为好，寥寥几片也就够了。当然也要注意疏密、浓淡、上下等关系。且看该作品，如把右侧的这一高枝条剪去，那就逊色多了，显得简单，少了画意。越是这种画面简洁的作品，它的景物不可多一点或少一叶，巧到好处就是美。看出来了吗？作品底下那块垫板是否觉得太厚一点？这块垫板的作用和架子一样，它的形状、高低、色彩可直接影响作品的艺术效果。如果该作品改用薄一点且形状变化自由一点的垫板，可能效果会更好些。

"春风得意"作品的取胜因素有二：其一是刚萌发的黄色嫩叶似羞答答的小脸，讨人喜欢。而且它的疏密处也十分恰当；其二，它的枝条处理没有传统框框或人工造作迹象，有一种自然野趣之美。这就表现了作者对盆景艺术的造型有因材施艺、灵活多变的深厚功底。这幅作品中的树木部分的处理，酷似国画中的树木画法。在这里我想，如果将这棵树作为画来看，它很美，具有文人写意风格。但作为盆景来看，它好像是没有经过缩龙成寸的手段将树冠部分做适当的收缩，于是暴露了一些不应有的失衡现象。如树冠和干、枝的比例关系，枝条的藏露问题等。

树木盆景中使用山石，主要是使景观环境内容丰富和有均衡画面的作用。对此，我始终有这样一种理念，认为树木盆景的造型，应使树木的根、干、枝、叶在造型过程中，力求取得自身的均衡，尽量不要求助于使用山石、配件等，以使画面更加简洁、含蓄，

有更高层次的美。所以此作品中的山石，我认为是多余的东西。

盆景是景、盆、架三位一体的艺术作品。树要有缩龙成寸、小中见大的艺术效果；盆的形状、质地、颜色及造型技艺的选择，以得体为准，架要造型简洁大方、方圆高矮适可协调，只有这样才能达到要求。现将改作方案作图示意如下，以供参考。

总之，金先生的这组盆景作品是组好作品，仔细品赏起来，盆盆耐人寻味，盆盆有文章。我要做评析的作品，基本都选用裸枝或半裸枝的作品，其原因在于我们能够看清楚盆景树木的骨架结构——根、干、枝的处理及其相互间的关系。盆景赏析如此，盆景创作更是如此。

"楠溪春早"，胡颓子

"故乡情"，雀梅

6-4 《清新优雅 不落俗套——周西华盆景作品赏析》（2002年）

载于《花木盆景》（盆景赏石版）2002年第5期

周西华先生是温州一位年轻的业余盆景爱好者。他的这一组盆景作品很美，首先美在造型上几乎不露人工造作的痕迹，很巧妙地将自然美和艺术美融合在一起，展示了作品的不落俗套和给人以清新、优雅的新鲜感。其次在树种的选择上除两盆榆树外，没有其他重复。在盆景形式上有丛林式、双干式、直干式、曲干式、斜干式等较多变化。在色彩方面，因树种或季节的不同，使叶色、花色的反映也比较丰富。

我喜欢松柏盆景，但在这里我却很喜欢其中丛林式的榆树、双干式的槭树（见右下图）、斜干式的杜鹃三幅杂木作品。就素材说，前两件作品的取材得来容易，可以说尚属年轻小树苗，价格谈不上昂贵。但通过作者的精心构思，巧妙地安排，照样能造就出精美的作品。这告诉我们一个道理，对树木盆景素材的要求，苍老是一个面，但更重要的是看您是否有创作激情和对艺术手法的运用。斜干式的杜鹃作品取材不易，种植得法——树冠、主干和花盆所产生的关系，使画面生动，养护功夫深，满树繁花，疏密处理得当。

直干丛林式榆树是一盆别开生面的好作品，特殊之处在于所有树木的主干选择都基本通直。其次能将丛林的制作分为两组，并能掌握好选材的高、低及粗、细的处理，及通过疏密、聚散等艺术手法合理运用，充分表现了作品那高耸、挺拔、雄伟、深厚的气势。

这组作品很美，但也存在不足之处。

①丛林式榆树、直干榆树（见下图）、火棘三作品明显存在枝条未到位的情况，即枝条和主干的配合缺乏默契，使人感到养护时间太短，还未到最佳的观赏期。

②火棘作品色彩迷人、树冠生动，但两根主干的伸展方向及姿态缺乏协调，不论是一本多干或多株合栽而成，都有重新考虑的必要。

③杜松作品（见右上图）的水线、舍利干部分的设计和雕刻均比较理想或恰到好处，唯石灰、硫磺的涂刷不理想，刷得太浓，有失实和造作之嫌。这点不仅国内作品有这种现象，在域外盆景作品图册中也有出现，万望作者多加注意。

④杜鹃作品的拍摄角度太高，呈俯视角处理，且黄色背景影响花色的准确表现。

载于《花木盆景》（盆景赏石版）2002年第5期

6-5 《梁园》（2003年）

载于《花木盆景》（盆景赏石版）2003年第5期

梁园是个私家盆景园，园主梁景善，虽创建仅三五年时间，然在浙江还是屈指可数的，在盆景界已有一定的知名度。

梁园建园起点高，园地面积50亩，分地栽培养、半成品、成品三区，布局合理，园容园貌有亲切自然、令人心旷神怡的美感。

梁园盆景以树木盆景为主，品种以松柏、梅花为主，其次有罗汉松、瓜子黄杨及部分杂木类。

梅花在台州地区有悠久的栽培历史，有天台国清寺的隋梅为证。"黄岩梅桩惊天下"，黄岩、路桥咫尺之遥，整个台州地区的天时、地利、人和都适宜于梅花盆景的栽培养护管理。梁园的梅花品种多，养护措施及时合理，故树势强壮、花朵多、花色亮、花期长。并在树干的舍利干制作上采用现代技术，将自然美和艺术美接合起来，给作品提高了品位档次。梁园梅花盆景具有诸多优点，曾应邀在杭州诸大城市展览，颇受好评。

梁园近年来在沪、杭等地收购进了大批苍老的五针松盆栽，正在改作中。五针松盆景的改作，展现了浙江五针松盆景风格，颇具文化内涵。

山采的松树及柏树老桩盆景素材，数量尽多，也正在改作中。

近年来，随着盆景新作及收藏品的日益增多，梁园园容园貌进一步改善，逐渐地成为国内盆景界人士交流观摩的好场所。

梁 园
■胡乐国

梁园是个私家盆景园,园主梁景善,虽创建仅三、五年时间,然在浙江还是屈指可数的,在盆景界已有一定的知名度。

梁园建园起点高,园地面积50亩,分地栽培养、半成品、成品三区,布局合理,园容园貌有亲切自然、令人心旷神怡的美感。

梁园盆景以树木盆景为主,品种以松柏、梅花为主,其次有罗汉松、瓜子黄杨及部分杂木类。

梅花在台州地区有悠久的栽培历史,有天台国清寺的隋梅为证。"黄岩梅桩惊天下",黄岩、路桥咫尺之遥,整个台州地区的天时、地利、人和都适宜于梅花盆景的栽培养护管理。梁园的梅花品种多,养护措施及时合理,故树势强壮、花朵多、花色亮、花期长。并在树干的舍利干制作上采用现代技术,将自然美和艺术美接合起来,给作品提高了品位档次。梁园梅花盆景具有诸多优点,曾应邀在杭州诸大城市展览,颇受好评。

梁园近年来在沪、杭等地收购进了大批苍老的五针松盆栽,正在改作中。五针松盆景的改作,展现了浙江五针松盆景风格,颇具文化内涵。

山采的松树及柏树老桩盆景素材,数量尽多,也正在改作中。

近年来,梁园随着盆景新作及收藏品的日益增多,园容园貌进一步改善,逐渐地成为国内盆景界人士交流观摩的好场所。

树种:真柏

树种：五针松

树种：黑松

树种：梅

树种：梅

以上图片来自《花木盆景》（盆景赏石版）2003 年第 5 期

| 《盆里乾坤仙世界——胡春明盆景艺术》（2004年）

载于《花木盆景》（盆景赏石版）2004年第7期

"春风十里旧罗阳，明月千秋邹鲁乡。盆景乾坤仙世界，景中树木古文章。"这是我国著名画家、北京的郑熹老师，看了春明先生的盆景作品后的即席赞誉。

胡春明先生是一位有廿多年玩盆景经历的业余爱好者，他没有其他爱好，仅此而已。他玩盆景是有缘由的，作为瑞安市渔业公司的职工，海洋生活是他最为熟悉的，与之也深有感情。近海的小山、半岛，有时虽无人烟，但它的大大小小、疏疏密密、忽隐忽现使他着迷。一旦海上起风暴、渔船进港避风时，那两侧连绵的山脉、裸露的礁石和那惊涛拍岸的雄伟场景，让他产生创作盆景的欲望，希望能把这样的山水美景永远留在自己的身边，留在自己的家里。

他没有可以从事创作活动的大地方，只有一个小阳台，他没有人们热衷追求的重量级大盆景，有的都是中、小型盆景。他说自己不做盆景买卖，不考虑经济价值，只在于中意，能让自己退休生活过得充实些，能乐在其中就是目的。我想这正好是适合生活在城市里的人玩盆景的一个最恰当的模式。

他玩的盆景样样都有，应该说是比较全面，这也是十分难得。有山水盆景、杂木盆景、松柏盆景，还有观果盆景，有独木成景，也有合丛林，有附石式也有水旱式。就树种看，用五针松为素材来制作盆景是难度最大的尝试。因为日本五针松为人工繁殖，在山野里是找不到的。所以用它来制作盆景，都是一些年轻的主干光滑的素材，要想找到上了年纪、全身长鳞片的老树为素材是极为困难的。像胡先生用的素材，说它是小苗，却估计都已盆栽十多年，又瘦又高略显苍劲姿态，这样的素材已是极为少见的。但仅此还是远远不够要求的，他的五针松作品从造型的角度看，不论是从合栽的方法、枝条的取舍、枝条的争让和疏密的处理等来看都比较合乎自然、合乎造型的表现规律，这种直干合栽的格调形式也适合现代人的审美要求。

　　杂木盆景的修剪也十分自然合理，而且显得认真细致，枝条粗细到位，布局合理，构图严谨。作品没有粗俗匠气，这是最重要的前提。

　　金豆盆景，金果灿烂，一簇多者四五棵，可见他对树木盆景的养护功夫也颇深厚。

　　他的山水盆景包括丛林水旱盆景对山石的拼接技术以及作品的构图布局，都不比一般我们在杂志上看到的山水盆景有多大的逊色，场景辽阔，意境尚存。但我总觉得我国近年来的山水盆景缺少了创新的一面，常被框框所围困，有的形式上缺少变化，有的讲究面面俱到、处处真实。比如少了一只船，多了一匹马，一棵树大了，……太认真了，没能给观赏者以更多一些的想象空间。我在想山水盆景的发展，能不能从"观赏石"的欣赏中找到启发，寻求创新、发展。

"云红秋色"，石灰石

"茂林通幽"，榔榆

6-7 | 《谢园》 （2004年）

载于《花木盆景》（盆景赏石版）2004年第12期

"谢园"是谢跃月先生的私家盆景园。谢先生性喜盆景，用他自己的话说是为了过把瘾，于是他花多年心血，投入巨资，终于在1999年迈出了实现梦想的第一步。

"谢园"位于温州市平阳近郊，离温州市区仅55公里。它拥有近百亩的园地，并收集了约3000余盆松柏类等盆景素材，也拥有具备较高的创新能力和制作技巧的技术力量，历年来作品都能在全省、全国的盆展中获得金奖、银奖，颇受同行、专家的好评。谢园堪称温州市最有实力的盆景园，也是浙江省乃至全国的著名大园之一。

谢园继承了温州盆景以松柏为主的优良传统。在此基础上，在创作方面有较大的创新和提高——成功地登上了目前我国对松柏类盆景的制作和创新的新高度。该园拥有的素材以山采的桧柏、黑松为主。这批素材的特点是桩形大、树龄老、木质坚，形状无奇不有，所以制作起来难度较大，如果创作人员没有较高的艺术修养和技术能力，是难以掌握的。该园的作品在因材处理的前提下，表现构思新颖奇特，构图自然优美，格调大气高雅，这就是它的艺术个性所在。

观谢园盆景作品，我们深深地体会到，盆景艺术的发展，需要继承优良传统，但更可贵的还是创新精神。

载于《花木盆景》（盆景赏石版）2004年第12期

6-8 | 《悬崖式柏树盆景造型纪实》（2006年）

载于《花木盆景》（盆景赏石版）2006年第11期

素材分析：

该素材为盛士达盆景园留存的仅有两盆未造型的刺柏（俗称）之一，树高约150cm，宽120cm，近基部的干粗在25cm左右，为山采素材。该素材值得注意的有三点：

1. 从图3中可以看清楚，主干从基部分三组向上发展，其中两组略近，一组稍远。

2. 所有枝条基本是荒废的秃枝，只有枝梢才有绿叶，枝条无法缩短，接近主干，这对造型来说是最大的难题。

3. 中间最高最大为主的一组，前有早已枯死的树段，其背后有又粗又大的嫩枝，和左右二组的枝条之粗细相差过大，难以协调。

仅根据其中第2点，就明白该素材的造型不能依原种植姿态制作，因为枝条无法缩短。

创作构思：

在素材分析的基础上作出创作构思。首先，将树体向右作约45度倾斜，作悬崖式造型，让树形飘逸灵动，以最大限度地发挥素材特点，从而避免了秃枝的毛病。

其次，截短中间一组所有的粗枝条，改作神枝，留用背面的小枝条。

全树都选用粗细相差不大的细枝条，让所以枝条的姿态变化能自如流畅，富有飘逸的动感。去掉粗枝条，能使树冠结构紧凑统一，配合默契。

此二招足见表演者思路敏捷，经验丰富，让作品有出奇制胜的效果，获得众多国内外大师、同好们的称誉。

讨论：

一、在常州现场，有人提议把下面二枝去掉，留一段枝就够了，让底下空间多些，更空灵些。当时表演者没有接受提议，我想有两个原因：

1. 枝条分上下两部分，让它们之间留有一定的空间，可以展现枝条之间疏密、聚散的变化，树冠显得复杂些、有分量些，不致有单薄感觉。

2. 这三组枝干，上二级从基部开始全是舍利干部位，水线在背后。惟独提议去掉的一组，水线在前，而且这根线条的姿态也是最优美的。

二、当时主人不同意立即翻盆，担心会造成死亡，故在原盆里养护。卡海先生只能用电脑制作，将该作品的效果展示给大家。

一个意外的收获，通过电脑处理，现场杂物没有了，排除了干扰，于是上述的提议也就不存在了。这也是一种锻炼吧！

载于《花木盆景》（盆景赏石版）2006 年第 11 期

载于《花木盆景》（盆景赏石版）2007年第6期

近十多年来，我国在柏树盆景创作的现代化方面，取得了突飞猛进的进步，这不能不说是盆景界人士对此作出了刻苦钻研和不懈的努力，因为这是我们的使命。

回忆我们老一代盆景人的年轻时候，柏树盆景的素材大都是人工培育的，如日本真柏、桧柏之类，谈不上有很高的树龄和较大的体量。所以，如今拿山采素材作盆景，不但年轻人在学，老年人也跟着学，希望急起直追，可惜已力不从心了。这可能是我要写这篇文章的动机吧！

卞海这位年轻人，当他于2000年到温州谢园工作时，我才有机会和他接触。那时对他的作品开始感兴趣，于是时常关注他。我们交往之初，他有句话深深地烙在了我的心上，他说："一个老板找到一个好的工人很难，一个工人遇到一位好的老板，同样也是很难。"这句简单的话，道出了人生最真挚的哲理——诚信。在当今的社会里，虽然都在提倡这一道理，可是真正做到的却不多。他有了这种精神，是一个可以信赖的人，后来他的表现一直在履行自己的信念。

卞海的盆景，以柏树见长。

我们从他的柏树盆景作品中，不难发现，卞海在选材上有与众不同的地方。他不追求素材的完整性和作品的端庄、规正。对此人们往往认为，他看中的素材都是些不可取的、条件较差的树桩。孰不知选材的不同，而最终使作品别出心意、不同一般，这种摆脱常规的做法，并不因此而有失规矩，反而使人感到作品能很好地表现出环境和树形之间一种神化的力量，使作品产生统一与和谐的美感。

按卞海自己的话说："枝片和整体效果的处理上，应明确要体现和表达什么？如果素材自身变化单调（主要指主干），应把重点放在枝片的变化上，以增加整体的观赏效果；如果素材变化好，舍利突出，应把重点放在表现主干与舍利上。"因此，他常把树冠安排在整个树形的中、下部或仅用一根枝条组成一个树冠，或让剥离后的根部蟠藏在盆土中。这些都属于摆脱了常规的做法，指的就是后者的情况，目的就是加强主干或舍利与神枝的表现。

卞海善于在柏树盆景上运用与制作舍利和神枝。他认为舍利和神枝的制作是艺术创作，舍利和神枝是柏树盆景的一部分，它是整体里的局部，它的存在既符合盆景作品的构图需要，也符合创作者的心愿，既能为作品提升格调，也极大地提高了作品的观赏性。

对舍利和神枝的处理，首先要明确体现和表达什么，确定枯荣的关系，其次才是如何处理好舍利、神枝创作的各种矛盾。

盆景创作的具体办法，是如何掌握和处理好盆景的艺术表现手法。作为作品的局部，舍利和神枝创作的具体办法同样也是如此。艺术表现手法的具体内容包括：虚实、疏密、大小、粗细、长短、曲直、深浅、凹凸、明暗、平面与沟纹等等的变化。很好地运用和掌握盆景的艺术表现手法，舍利和神枝的存在才能和整体的关系取得完美的结合。

他谈国内的柏树素材多以山采为主，有着切断面大、扭曲变化少、主干粗大、木质坚硬等特点。因此在制作时，首先必须在有大的起伏和明暗对比的立体效果方面入手，认真琢磨，然后转入各自深入细致的处理，万万不可对其作简单的单一形式或方法，从头至尾地进行雕刻。如在制作中对某些适当的部位可以不予做雕刻处理，这样才能使平面和深浅不同的沟纹产生强烈的对比，从而更能突现古老柏树舍利的纹理和木质的真实性。

每一件柏树盆景素材都有其各自的特点，在制作之前都必须作因材制宜的认真思考，这可能是卞海的创作风格的一部分，没有这一步功底，是没办法将不规整的、不同寻常的素材制作成出奇制胜的作品的。因此，我得到这样一种启示，"没有不好的素材，只有不好的老师"。如图所示，就是将素材作高度浓缩而取得意想不到的成功作品。

一个成功的创作者，除了有深厚的生活基础，有敏捷灵活的创作思路，有与时俱进、积极进取的精神境界外，还要有一手过硬的制作技能。卞海自幼爱好雕刻，1995年因爱好而从事根艺创作，天天用锯凿跟树根打交道。1997年转而爱上盆景，并从事职业盆景创作。所以，卞海真正从事盆景创作的历程只不过十来年，在温州的时间应该是他真正步入盆景艺术的开始。但从事根艺创作，使他对雕刻工具的使用和对木质结构及纹理的表现有较深刻的了解，这也让他在盆景舍利和神枝处理上受益非浅。他常使用的工具很简单，除大块断面的处理用电动工具外，其他常用工具只是四五把手工工具，就这几样小工具就能将舍利与神枝处理得维妙维肖，宛若天开。

卞海先生从事树木盆景创作生涯并不算长，应该说他过手的作品也不算是很多，但他经过了在大盆景园的生活和锻炼，积聚了很多宝贵的经验，我相信在盆景艺术领域里，他是一位有着很好前途的年轻人。

盆景鉴赏 APPRECIATION OF PENJING

谈卞海 和 他的盆景

■ 胡乐国

□ 树种：检柏
□ 规格：60cmX50cm
□ 作者：卞海

二十多年来，我国在柏树盆景创作的现代化方面，取得了突飞猛进的进步。这不能不说是盆景界人士对此付出了辛勤钻研和不懈的努力。因为这是我们的使命。

回忆我们老一代盆景人的年轻时候，柏树盆景的素材大都是人工培育的，如日本真柏、桧柏之类，谈不上有很高的树龄和较大的体量。所以，如今要以采素材作盆景，不但年轻人办学，老年人也跟着学，希望多点直道，可惜已力不从心了。这对他是提要写这篇文章的动机吧！

卞海这位年轻人，当他于2000年在温州举园工作时，我才有机会和他接触。那时对他的作品才开始感兴趣。于是也时常关注他。我们交往之初，他有句话深深地络在了我的心上，他说：

□ 树种：检柏
□ 规格：65cmX50cm
□ 作者：卞海

□ 树种：检柏
□ 规格：60cmX120cm
□ 作者：卞海

"一个老板找到一个好的工人很难，一个工人遇到一位好的老板，同样也是很难。"这句简单的话，道出了人生最真实的哲理——诚信。在当今的社会里，虽然都在提倡这一道理，可是真正做到的却不多。他有了这种精神，是一个可以信赖的人，后来他的表现一直在履行自己的信念。

卞海的盆景，以柏树见长。

我们从他的柏树盆景作品中，不难发现，卞海在选材上有与众不同的地方，他不追求素材的完整性和作品的端庄、规正。对此人们往往认为，他看中的素材都是些不可取的、条件较差的树桩头。轻于选材的不同，而最终使作品别出心意、不同一般，这种摆脱常规的做法，并不因此而有失稳矩，反而使人感到作品能很好地表现出环境和树形之间一种特化的力量，使作品产生统一与和谐的美感。

按卞海自己的话说，"枝片和整体效果的处理上，应明确要体现和表达什么？如果素材自身变化单调（主要指主干），应把重点放在枝片的变化上，以增加整体的观赏效果；如果素材变化好，令利突出，应把重点放在表现主干与令利上"。因此，他常把

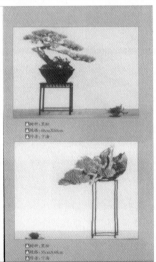

□ 树种：艺柏
□ 规格：40cmX60cm
□ 作者：卞海

□ 树种：艺柏
□ 规格：95cmX40cm
□ 作者：卞海

树冠安排在整个树形的中、下部或仅用一根枝条组成一个树冠，或让剥离后的根部蟠藏在盆土中。这些都属于摆脱了常规的做法，指的就是后者的情况，目的就是加强主干或令利与神枝的表现力。

卞海善于在柏树盆景上运用与制作令利和神枝。他认为令利和神枝的制作是艺术创作，令利和神枝虽是柏树盆景的一部分，它是整体里的局部，它的存在既符合盆景作品的构图需要，也符合创作者的心愿，既能为作品提升格调，也极大地提高了作品的观赏性。

对令利和神枝的处理，首先要明确体现和表达什么，确定枯荣的关系，其次才是如何处理好令利、神枝创作的各种矛盾。

盆景创作的具体办法，是如何掌握和处理好素养的艺术表现手法。作为作品的局部——令利和神枝创作的具体的法问样也是如此。艺术表现手法的具体内容括：虚实、疏密、大小、粗细、长短、曲直、深浅、凹凸、明暗、平面与沟纹等等的变化。很好的运用和掌握盆景的艺术表现手法，令利和神枝的存在与整体的关系取得完美的结合。

他谈国内的柏树素材多以山采为主，有着切断面大、扭曲变化少、主干粗大、木质坚硬等特点。因此在制作时，首先必须有有方的起伏和明暗对比的立体效果方面入手，认真琢磨，然后将各自深入细致的处理，万万不可对其作作单的单一形式或方法。从头至尾的进行雕刻。如在制作对某根适当的部位可以不作做雕刻处理，这样才能使平面和深浅不同的沟纹产生强烈的对比，从而更能突现古老的木和树身令利的纹理和木质的真实性。

每一件柏树盆景素材都有其自己的特点，在制作之前都必须作因材制宜的真思考，这可能是卞海的作品风格的一部分，没有这一步功能，是没办法将不规整的、不同寻常的素材

□ 树种：艺柏
□ 规格：95cmX49cm
□ 作者：卞海

BIANHAI
HTDPJ

▲令利的艺术表现

制作成出奇制胜的作品的。因此，我得到这样一种启示，"没有不好的素材，只有不好的老师"。如图所示，就是将素材作高度浓缩而取得意想不到的成功作品。

一个成功的创作者，除了有深厚的生活基础、有敏捷灵活的创作思路、有与时俱进、积极进取的精神境界外，还要有一手过硬的制作技能。卞海自幼爱好雕刻，1995年四爱好而从事雕艺创作，天天用锯磨凿制刻刀交通。1997年转而爱上盆景，并从事专业盆景创作，所以，卞海真正从事盆景创作的历程只不过十来年，在温州的时间应该是他真正步入盆景艺术的开始。但从事雕艺创作，使他对雕制工具的使用和对木质结构及纹理的表现有较深到的了解，这也让他在盆景令利和神枝处理上受益非浅。他常使用的工具很简单，除大块断面的运用用电动工具外，其他常用工具只是四、五把手工具，就这几样小工具就能将令利和神枝处理得维妙维肖，宛若天开。

卞海先生从事柏木盆景创作生涯并不算长，应该说他过手的作品也不算是很多，但他经过了在大盆景园的生活磨炼，积聚了很多宝贵的经验，我相信在盆景艺术领域里，他是一位有着很好前途的年轻人。

（编辑/徐 昱）

盆景赏石13

盆景赏石14

盆景赏石15

载于《花木盆景》（盆景赏石版）2007年第6期

第二章 盆景是文化——盆景艺术理论著述汇总 267

6-10 《"缩龙成寸"是盆景创作的要诀——卞海桧柏盆景创作赏析》（2007年）

载于《花木盆景》（盆景赏石版）2007年第6期

素材分析

———————————————————————————————

该桧柏系山采直干的盆景素材，基部直径18cm，干高150cm左右。干通直平庸，在高125cm处，开始向右折裂扭转为两股。仅此变化，让作者产生了创作的欲望。

说实话，按此素材的特点，将其制作成符合规格的盆景难度较大，制作要点为如何将主干缩短、又能突显折裂扭转部位的舍利之美。除此之外，其它部位的取舍问题就不在话下，这就是盆景创作必须奉行"因材处理"

和"扬长避短"的基本原理。

图1 素材的原貌和最佳表现角度，即主干上部折裂扭转部位的最佳观赏面。图中有粗实线处为拟截断处，虚线处为主干，应在此处缩短。

图2 在上图虚线以下部位，用电动工具将树干的本质几乎全部取出，仅留两条活树皮，宽约3cm～4cm，厚约1cm，一直延伸至下部根系处，将掏空的树皮部位用软化过的麻皮包扎保护，这是该作品成

图一

图二

败的关键。然后将两条树皮（包括两丛细根）埋在比较宽大的培养盆里作成活培养，这个养护过程也是漫长且需要十分细心的。

图3 这是该素材经截短处理成活后的状况和折裂扭转处（天然舍利）的特写图片。

图4 栽培成活后，对枝条作进一步的取舍处理，有直线部位的主干处要截去。

图5 在一段圆柱状的主干上作舍利干的初步雕刻，这是不可缺少的作业。让折裂扭转部位的天然舍利和主干上人工舍利有机地结合在一起，宛若天成。

图6 该图为在上述作业的基础上，换上体积小一点的培养盆，以利最后换上合适的更小一点的盆景盆。将树体从培养盆中翻出，发现原桩在沙质培养土中新根发达，在两条为保留原根系的树皮上多处萌发出不定根。

图三

图四

图五

图六

图七

图八

图九

图7 将在培养盆中取出素材，重新换上更小一些的培养盆。此作业的更重要意义是将素材树干的倾斜角度和俯仰姿态调整到最佳的状态。

图8 该图为树体最终确定的造型与观赏方案，对其树冠、枝条作结构处理。

图9 这是作品最后创作完成的图像。换上一只更小、更合身的观赏用盆。枝叶已然茂盛，整树就是一棵生机盎然的小老树。作品配上一件恰当的几架，构成一件景、盆、架三位一体的完美柏树盆景作品。

讨论：

按素材原貌——主干高、直，缺少变化的特点，是很难看上眼的平庸之材。但作者能掌握好"缩龙成寸""小中见大"的艺术造型原则，采用缩短主干、高度浓缩的技术措施，使主干缩短了1/3，又将作品以斜干形式来表现，使作品的高度降到80cm左右，这是理想的高度，这在造型与养护技术方面都赢得了较高的赞誉。

该作品的完成，不是几个小时或几天就能成功，它需要以年来计算，是两年或更多年的时间，但这还仅仅是作品艺术生命的开始。

6-11 《新昌明艺园》（2012年）

载于《花木盆景》（盆景赏石版）2012年第8期

任晓明，1971年生于浙江绍兴新昌，中国高级盆景艺术师，中国盆景艺术家协会副秘书长，浙江盆景艺术大师。自幼受家庭影响，对花木盆景产生了浓厚的兴趣，后来几经辗转，在1991年开始跟随我在江心屿温州盆景园学习盆景创作。历经三年后，晓明走向温州宏达盆景园、雪凡妮盆景园、台州梁园等园创作交流，所学盆景知识也得到了相应的发挥，在盆景艺术造诣与认识方面突飞猛进，收益匪浅，在盆景界也得到了一致认可，留下了不错的口碑！

2008年晓明回到家乡，建立了一个小小的私有空间，取园名"明艺园"。明艺园虽小，但远近颇有微名；不乏有喜欢其创作风格的爱好者前来交流参观，求让作品的也不为少数，这也造成了他留不住没成熟佳作的原因。

但新作还是源源不断的在创作中，其中也不缺有个性的好作品。明艺园的盆景创作，在继承浙江盆景风格的优良传统下，以松柏为主，都能因材施艺选择造型形式。他对松树的造型，能接受"高干垂枝"的创作新理念，这也是他的作品很耐欣赏、屡屡获奖的实力所在！

任晓明对松柏类的创作尤为突出，他的作品取势豪放大气，能顺树造型，主题突出，格调鲜明。没固定的制作套路，无模式可循，枝叶间能出自心意，合乎自然变化规律，不搬他人之笔，更无世俗之气。求新求变是他一贯的制作思路，对每棵树都认真分析，弃俗从雅，不随波逐流。在中国盆景界，他当是一个追求完美、具有独立人格的探索者！

新昌明艺园

■胡乐国

任晓明，1971年生于浙江绍兴新昌，中国高级盆景艺术师，中国盆景艺术家协会副秘书长，浙江盆景艺术大师。自幼受家庭影响，对花木盆景产生了浓厚的兴趣，后来几经辗转，在1991年开始虔心求教拜我在温州江心峪景园学习盆景创作。历经三年后，晓明走向温州宏达盆景园、雪凡妮盆景园、台州梁园等园创作交流，所学盆景知识也得到了相应的发展，在盆景艺术造型与认识方面突飞猛进，收益匪浅，在盆景艺界也得到了一致认可，留下了不错的口碑！

2008年晓明回到家乡，建立了一个小小的私有空间，取园名"明艺园"。明艺园虽小，但这近格有微名，不乏有喜欢其创作风格的爱好者，前来交流参观，求让作品的也不为少数，这也造成

了他留不住没成熟佳作的原因。但新作还是源源不断的在创作中，其中也不缺有个性的好作品。明艺园的盆景创作，在继承浙江盆景风格的优良传统下，以松柏为主，都能因材施艺选择造型形式。他对松树的造型，能接受"高干悬枝"的创作新理念，这也是他的作品很耐欣赏、屡屡获奖的实力所在！

任晓明对松柏类的创作，尤为突出，他的作品取象豪放大气，能厘树造型，主题突出，格调鲜明。没固定的制作套路，无模式可循，桩叶间能出自心意，合乎自然变化规律，不搬他人之笔，更无世俗之气。求新求变是他一贯的制作思路，对每棵树都认真分析，弃俗从雅，不随波逐流。在中国盆景界，他当是一个追求完美、具有独立人格的探索者！

▲ 任晓明（右）与恩师胡乐国在一起。

▲ 树种：赤松
▲ 规格：高90cm

▲ 树种：五针松
▲ 规格：高103cm

▲ 树种：黑松
▲ 规格：高90cm

▲ 树种：赤松
▲ 规格：高98cm

▲ 树种：黑松
▲ 规格：高60cm

（编辑/刘启亭）

载于《花木盆景》（盆景赏石版）2012年第8期

七、序言题写篇

7-1 | 序——肖遣《盆景的形式美与造型实例》（2010年）

2010年为黄冈师范学院美术学院教授莫伯华（笔名肖遣）所著《盆景的形式美与造型实例》一书写序

> 胡乐国非常注重美术理论的研究和其在盆景构图意义上的作用，因此，当美术教授肖遣希望胡乐国能为他的著作《盆景的形式美与造型实例》一书写序时，他一口答应，并热情称赞这本书在理论的高度为盆景艺术的形式法则提供辩证的艺术表现规律的总结和理论依据。

《盆景的形式美与造型实例》一书，是一本少见的、难得的关于盆景造型的理论与实践的著作。作者是一位年过七旬的美术学院教授，他以美术教育家的智慧和知名画家的眼光来参与盆景艺术的造型活动，很自然地对盆景艺术的创作有着新的视角、新的观点。这可以使我们在盆景理论的学习上有个明确的方向，在向盆景艺术高峰攀登的阶梯上有个扶手。

书的主要内容是谈盆景造型的形式美法则和盆景造型构成形式美的要点。要点和法则紧密联系，要点的详细阐述将大大丰富与展开法则部分的内涵。

盆景的形式美法则也称盆景的艺术辩证法或盆景的艺术表现规律等。这些内容曾有人写过或散见于其他文章。而莫先生将诸多形式美法则概括为"变化统一""均衡""比例""对比""节奏"等部分来论述，可谓系统全面、层次丰富。各章节既有详尽的理论又有盆景制作的实例相印证，并通过大量的盆景图片加以具体说明，可谓图文并茂、深入浅出。

这些法则是无数前人在长期的艺术实践中积累和总结起来的，它是一份难得的、宝贵的艺术财富。

盆景造型构成形式美的要点，有

别于法则。但它是盆景创作所必须强调的、不可或缺的重要之点，如"布势""视觉美点""外形塑造""枝的造型是关键"，等等。以上内容莫先生尝试着把它归纳在一起，并称之为要点。在盆景理论上，可算是创新之举，这是新视角、新观点的体现。

法则和要点，在内容上有虚有实，这就要求学习者具有一定的中国文化的基础和实践经验。这里充分体现了"盆景是文化"的理念。

这是一本将普及和提高相结合的盆景艺术专著，如果我们充分掌握了它，就算是掌握了造型中塑造美的奥秘。它将帮助你走上盆景艺术的成长道路，最终到达盆景艺术殿堂。

《盆景的形式美与造型实例》，肖遣编著，安徽科技出版社 2010 年版

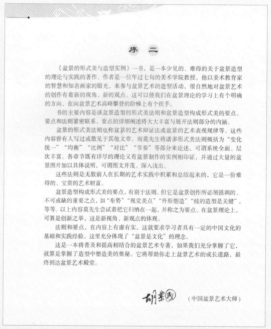

胡乐国为《盆景的形式美与造型实例》一书写序

2016年为中国盆景大师盛光荣《盛苑盆景》一书作序（浙江摄影出版社）

大园林、小盆景，盆景是园林的一部分。盛光荣先生曾身为义乌园林处主任，为义乌市建了几个公园，为自己制作了几个盆景。园林、盆景两者同根同源，其理相通。

盛先生开始玩盆景就喜欢雀梅，数十年之精力倾注于对雀梅的栽培养护与造型技艺的探索，终于掌握了一整套宝贵的经验。你一看他的作品，就知道他对雀梅的方方面面功底有多深，令人为之敬佩，《唐梅宋骨》《御风而行》是他雀梅的代表作。盆景是文化，他的水平不仅在于他对造型技艺把握得多么精准到位，更重要的是他将作品的精神内涵表现得十分丰富充实。

十多年来，他紧跟潮流，又喜欢上松树盆景。杂木的修剪和松树的吊扎，在技法上是两回事，但在造型的文化上是一样的，所以盛先生用不了多少时间，很快就找到了诀窍。他的作品如《松梢落月》等，不仅获得了大奖，还纷纷被各大杂志用作封面图案。

出版盆景集，摄影又是个陌生的难题。他和摄影师通力合作，几经反复终于取得完美的结果。这又一次体现了盛先生对待工作的一贯认真和不获得成功决不罢手的顽强精神。盆景集的精美图片、合理的排版等，都足以表明盛先生的严谨处世精神。

盆景集共收集杂木作品、松柏作品照片90多幅，文章数篇，是一本图文并茂的不可多得的盆景图册。

《盛苑盆景》，盛光荣著，浙江摄影出版社2017年版

胡乐国为《盛苑盆景》一书作序

2015年为孙成堪《半个甲子觅雄奇》一书叙序（口述，已病重，无法笔书）
（中国民族文化出版有限公司）

一位出色的松树盆景业余爱好者。

2015年，时值孙成堪先生养松30周年，《温州日报》记者对他进行了一次专题采访，以图文并茂的形式，整版刊登了《三十载痴心育松》的报道。也就在这一年的一次见面时，成堪先生对我说起他想要出一本盆景集，把这批松树盆景用照片的形式记录下来以作永久纪念，并希望我为盆景集写一篇序。出盆景集是件好事，而且他出盆景集的条件也确实具备，我自然欣然答应。但那时我的《胡乐国盆景作品》一书正在修改之中，暂无暇动笔，于是我说待这本书付梓后，一定好好地写一篇。谁料去年以来我的身体一直不好，今年还做了手术，现在提笔写字已无能力，只好口述，请人代笔了。

我和成堪先生相识于20世纪80年代中期，是30多年的老朋友了。初时是他通过一位亲戚联络到我，后来亲临寒舍，一见面就非常谦虚而又诚恳地说明来意，希望我在盆景制作艺术上予以指导和帮助。然后我们又谈了许多其他方面的事情，谈得非常投机，大有一见如故的感觉，于是我当场就答应了他的要求。此后30多年时间里，我一直坚持每年到他家一两次，帮助和指导他进行盆景制作。

几十年交往下来，我很了解成堪先生养松的全过程，也很了解他在养松上取得的不凡成绩。成堪先生是一位出色的松树盆景业余爱好者，他的许多做法很值得我们借鉴和学习，我愿借此机会把这些推荐给大家，这也算是我写序的一大目的。

第一，他非常爱松，是真心、热心和发自内心地爱松。

成堪先生很喜欢盆景，家里养有许多大型和中型的盆景，唯对松树盆景情有独钟。在七十多盆盆景中，除两盆之外，都是清一色的各种形态的松树盆景。有直干的、曲干的、悬崖的、临水的，也有双干的、丛林的，应有尽有，一眼望去，俨然一个小型的盆景园。他家的松是一批形态各异、高品位的松，是一批雄伟、苍劲、充满阳刚美的松。这批松是成堪先生在公务之余，靠起早摸黑的吃苦耐劳精神，靠像松树那种坚韧不拔的坚强意志养育出来的。通过三十多年如一日的精心养护，他把一批树皮原来是绿黝黝的地栽松，养育成现在满树嶙峋的苍劲老松。这不仅在我市的养松史上绝无仅有，在全国恐怕也罕见先例。

成堪先生养松是很细心的。比如，大阪松是松树中最为名贵的品种，温州人特别钟爱，但养得好的人很少。成堪先生根据他对这种松的特性的掌握，在用盆、用土、用肥、用水等方面采取了相应措施，把这种松树养得又强壮、又茂盛，每个树梢上的针叶都能向内作弧形弯曲，非常壮观。据我所知，在温州地区他是把大阪松养得最好的人之一。

所以，如果不是一个非常爱松的人，不是一个真心、热心和发自内心爱松的人，是不可能做到这样的。成堪先生经常说，养松要像养孩子一样。这正说明在他心目中要养好松，必须一要有爱心，二要细心，二要有恒心。

第二，不断提高盆景的精品率，是他三十多年如一日的不懈追求。

成堪先生养松是毫无功利目的的，他养了30多年的松，投入不少，但孜孜以求的不是经济上有多少回报，而是要把每盆松树盆景培养成精品。最难得的是，从一开始养松，他就有很强的精品意识。通过30多年的努力，基本实现"株株是精品、件件可入展"的目标。为什么他的盆景达到这么高的精品率？我觉得主要是采取了以下三方面的措施：一是严把入口关。他喜欢买地栽松来养，认为这样做选择的余地大，制作的余地也大，容易培养出好松，且价格便宜。他对地栽松的要求是非常严格的，一定要做到"三个坚决不要"，即不是根接的坚决不要，结疤不好的坚决不要，根部倒锥形（即所谓倒根）的坚决不要。所以他家里这么多的松，没有一棵是高接的，没有一棵的结疤是不好的，而且每棵松树的树根都是抓地结实有力的。二是严格淘汰制。对在长期养护过程中出现瑕疵的松树，哪怕是细微的瑕疵，也坚决予以淘汰。淘汰的方法是把这棵松送人了事。三是严把盆景制作关。制作是决定盆景艺术价值最重要的环节，也是使盆景成为精品的必定手段，成堪先生对盆景制作把关很严，不轻易请人来做。30多年来在他家做过大量盆景的只有两个人，一个是我，另一个是成堪先生自己。前些年主要出我来做（有时带个别学生一起做），后来主要是他自己做，做好后由我来评述，不好的地方再修改。

第三，坚持温州松树盆景的区域特色。

成堪先生很注重松树盆景的区域特色，认为只有坚持区域特色，才能在盆景世界里占有一席之地。如果一味跟风，那会一事无成。成堪先生对温州松树盆景的区域特色有自己的理解并努力实现。一是注重自然式盆景，使盆景犹如自然界的一棵树。二是"高干拼栽"，这是温州盆景最突出的区域特色，也是长期的历史沉积形成的区域特色。成堪先生非常重视高干拼栽盆景的制作和收藏，据我所知他家有高干拼栽盆景十来盆，一般都在 1 米以上，最高的达 1.25 米，这在温州其他盆景园里是很难见到的。前期的拼栽盆景是我帮他做的，后期的拼栽盆景是他自己做。如"虚怀若谷""鞠躬尽瘁仰高风"这两盆大阪松拼栽盆景和"和而不同"锦松拼栽盆景都是成堪先生自己拼的，拼得很好。三是既雄又奇的盆景风格。温州的松树盆景首先强调"雄"，要雄伟、苍劲，要有泰山压顶不弯腰的气概。同时，松树盆景又要有非常丰富的人文艺术内涵，特别讲究诗情画意，特别讲究在悬崖断壁的恶劣环境里生长出来的那种奇特形态，所以温州的松树盆景很讲究"奇"。四是强调垂枝、露干和露根。五是讲究动感，忌呆板。

第四，舍得花功本。

松树是百木之长，品质高洁、刚正，但养好一盆松也是极其不容易。所以，只要能把松养好，成堪先生定会不惜一切代价。买松是这样，买培养土是这样，买花盆也是这样。花盆是盆景的重要组成部分。但常见的普通花盆，成堪先生不喜欢，他最喜爱的是那些花盆展览会上的展品，特别是其中形态特别怪异的花盆。他称这些花盆为"怪盆"，认为这些"怪盆"同松树虽很难匹配，但如果配得好，就别有一番风味。如"梦幻天穹"这盆高干拼栽盆景的花盆，是一只大南瓜形的怪盆，艺名叫"金秋承露"，是在全国花盆比赛中获得银奖的作品，《人民日报》海外版曾对这只花盆做过专门介绍。当这对主干 1.1 米高且笔直向上的松树栽入这只花盆后，一股喷薄欲出的力量立时呈现出来，令人称绝。又如"绝壑风骚"这盆盆景所用的花盆，是一只非常怪的"怪盆"，长期放在花盆店里无人问津，成堪先生买回后配上这棵临水式赤松，松盆浑然一体，大有"终年凌绝顶，闲卧看云涛"之意。

第五，勤问好学，虚心请教，躬行实践，善于观察和总结。

成堪先生平时工作很忙，即便是退休以后社会事务也还是不少。由于勤问好学，虚心请教，躬行实践，善于观察和总结，所以他的盆景艺术进步很快。他家有好几盆盆景，从制作到后来的整形，时间跨度长达 30 多年，他都是刻意让我去打理。他说这样的盆景技术纯度最高，恰如活的教科书，是他学习盆景艺术的样板。他说当他在制作盆景遇到疑难时，就会站在这些盆景前面仔细观察和思索，直至从中得到启迪，找到解决的办法为止。

他工作再忙，事情再多，也一定要亲自养护松树，他说只有这样才能懂松、悟松，才能把松树的命运和盆景的制作艺术掌握在自己的手中。他对松树的观察是很仔细的，对不同品种的松树特性，都有很深刻而独到的见解。有一次，他对我谈起对不同品种松树特性的认识。在说到粗叶五针松时，他说，这个品种在松树中是性格最有英雄侠气的一种。"宁可站着死，不愿跪着生"，只要条件稍稍不满足，它就会舍命死去。

社会上这种松的数量很少，可能这是一个很重要的原因。这个推断是否正确，我没有去论证，但养松者能有这样仔细的观察，其专注与钻研精神是难能可贵的。

退休以后，成堪先生做了许多盆景，除了上面提到的几盆拼栽盆景外，还有"风清气正""奋起""清奇潇洒道骨仙风""飞天""绝壑风骚""横空出世""引领潮流""卧龙梦觉""春风吹绿向阳枝"等，这些都是他制作的单株松树盆景中比较优秀的作品。不勤学苦练、不躬行实践的人，是不可能做出这样好的盆景的。

胡乐国

2018 年 3 月 16 日

《半个甲子觅雄奇》，孙成堪著，中国民族文化出版社 2019 年版

根据胡乐国先生口述记录整理

8-1 《五针松栽培和造型》（1986年）

五针松栽培和造型

浙江科学技术出版社

浙江科学技术出版社 1986 年 3 月出版，统一书号：16221-155

8-2 | 《温州盆景》
（1999年）

中国林业出版社 1999 年 8 月出版
ISBN 7-5038-2307-0

8-3 | 《中国浙派盆景》
（2004年）

上海科学出版社 2004 年 1 月出版
ISBN 7-5323-7353-3

8-4 │《名家教你做树木盆景》（2006年）

福建科学技术出版社 2006 年 7 月出版
ISBN 7-5335-2819-0

8-5 │《树木盆景》（名家授艺十日通）（2007年）

福建科学技术出版社 2007 年 11 月出版，ISBN 978-7-5335-3076-1

8-6 《浙风瓯韵·盆景作品集》（2015年）

中国民族摄影艺术出版社 2015 年 1 月出版
ISBN 978-7-5122-0528-4

8-7 《胡乐国盆景作品》（2018年）

浙江大学出版社 2018 年 5 月出版，ISBN 978-7-308-18107-5

饱经风霜

第三章

饱经风霜

生平大事记

———

CHAPTER THREE

A Life of Hardships – A Biographical Note

艺术家的生命历程是用作品书写的。所以，我们在这一章只用事实陈述的方式列出胡乐国大师的主要生平大事。而他在生命中所承受的磨难、为艺术所作的沉默和坚持、为中国盆景艺术事业发展的大愿景而奋斗的艰辛，我们只能在他的作品中阅读所有的细节和感悟——"狂风动地"的历炼，"天地正气"的凛然，"向天涯"的昂扬，"信天游"的潇洒，"雄风依旧"的坚毅……

一、历经周折，只为走向真正的起点
（1933—1958）

1933^年

胡乐国出生在一个动乱的年代，因此，家人没有为他做详细的出生年月日时辰的记录，根据他的身份证，他出生于1934年6月17日。

但是根据所有长一辈和同辈家人的共同记忆，他属鸡，生日一定是端午节后面一天，即农历五月初六。据此，他应该出生在1933年5月29日，农历五月初六。出生地：浙江省温州市（当时称永嘉县），祖籍浙江省永嘉县楠溪胡头村。

在早期的生活记录中，胡乐国对他的故土有这样一段描述：

永嘉县贯穿着一条风光秀丽的楠溪江，它是国家级风景名胜区。江上游一条叫珍溪的支流边有个古老淳朴的小村庄——胡头村。这就是我的祖居地。这个小小几十户人家的村庄依山傍水，至今仍保留着古老木结构的民居祠堂。记得儿时这里还有寨墙和溪边以枫杨为主的大树丛林。村前珍溪静静流淌着，清澈见底，游鱼可数。但每当暴雨山洪时，它就会汹涌澎湃。美丽的锦绣山河，哺育了我热爱大自然的特有情操。

1938^年

大约在 1938 年，胡乐国的父亲在逃避
日军轰炸的动荡生活中客死他乡，留下母
亲独自带着 3 个年幼的孩子。当时他才 5 岁，
对自己的父亲几乎没有印象。

之后的生活，基本是靠母亲一个人的
劳作和母亲家人的接济维持的，其艰辛，
其动荡，让他从小性格敏感，多虑。

少年时代的胡乐国，后排左一

1952^年

胡乐国的外祖父是一位牧师，所以他
自小就有机会在教会的儿童唱诗班唱歌，
这给他幼小的心灵播下了音乐的种子。酷
爱音乐的他自学乐理，中学毕业就去当了
小学的音乐老师。1952 年，他作曲的儿童
歌曲《摘篮橘子送小红》被当时权威的音
乐月刊《广播歌选》刊登。因此，胡乐国
一直以为自己将来会成为音乐家。

担任音乐老师的青年胡乐国

1953 ^年

1953年，胡乐国辞去教师的工作，准备继续接受高等教育。但因复杂的家庭背景等原因，在那个年代，他被剥夺了上大学的权利，从此告别了他的音乐梦，支边到内蒙古一铝厂当筛沙工。

这个时期的胡乐国的照片　　　　为继续学业而辞职的离职证明

1958 ^年

1958年胡乐国被内蒙古工厂以体质原因退回原籍。

这个时期的照片

二、是盆景选择了我（1959—1978）

1959^年

1959年，从内蒙古回来的胡乐国，因写得一手漂亮的美术字，被当时在温州园林景山苗圃工作的舅父汪亦萍（茶花专家，请阅第七章汪亦萍相关资料）引荐进入温州园林管理处当临时工，负责美工宣传。工作不忙时，他会去园林下属的妙果寺花店协助做点花木的浇水、换盆之类的工作。

妙果寺花店在当时是温州市园林管理处下辖的一个前店后花圃的花木零售、租赁和培育的基地，胡乐国在这里找到了心灵的歇息地——他发现只要他用心地对待花木，花木就会用欣欣向荣来回报他。自此，他在花店安定下来，同时把他一个人的家也安在了花店，整日与花木为伴。

在这个小小的花圃，胡乐国做过花草组的工作，参加过温室多肉类养植，还去过茶花组、杜鹃组，林林总总，服从安排，干什么都安心认真。

不久，领导看到这个安静的年轻人工作非常用心，就安排他到盆景园跟从技工项雁书（请阅第七章项雁书相关资料）学习盆景制作。项师傅深厚的花木盆景的养护管理能力和善于接受新事物的开放学习态度，深深地影响了胡乐国，也为他今后的发展打下了坚实的基础。

就这样，胡乐国开始了他结缘一生的盆景艺术工作，用他自己的话说：是盆景选择了我！

20世纪50年代末，胡乐国在妙果寺花圃的工作照

1965^年

1965 年，胡乐国开始主持盆景园工作，他顶着"文革"期间的压制，坚持为盆景园添置石头花架，从各地苗圃调拨地栽盆景素材，大胆用铁丝来代替传统的棕丝作为盆景造型主要蟠扎用材。

在盆景的造型上，胡乐国大胆改革修剪方式，主张去掉主干上的多余枝条，让留下的枝条舒张自然，打破当时传统习惯制作的半球型团块的成形效果，开始凸现一种独特的自然风格。

胡乐国在妙果寺盆景园的工作照，拍摄于 1965 年

20 世纪 60 年代之前的盆景传统制作形状。胡乐国拍摄于 20 世纪 60 年代初的妙果寺花圃

20 世纪 60 年代末 70 年代初胡乐国打破传统制作的盆景雏形

胡乐国 20 世纪 70 年代初在妙果寺盆景园的工作照

　　由于胡乐国是当时的妙果寺花圃唯一的高中毕业生，所有需要外访出差的事情都是由他承担的，比如冬季到福建漳州采购水仙球，回来后和同事动手剖花苞，交花店出售给市民过春节，同时为花圃增加点收入；再比如去山区采购兰花，去宜兴采购花盆，回来后带领大家把兰花分栽入盆中，由花店员工摆放在一辆手推三轮车上，作为流动花店上街零售。

　　为了给盆景园添置更多的设备，胡乐国带领大家在盆景园窄小的空间中夹种茉莉花，夏天开花时摘花送附近的茶厂收购，为盆景园增加少许收入。盆景园的一点一滴、一草一木，都含有他无数的心血。

　　"文革"期间，初具规模的盆景园也难免遭到破坏。胡乐国没有气馁，他借到全国各地开会、学习、采购的机会到处观摩全国其他城市的盆景园，拜访当时的名师。

　　对于盆景界的前辈们，胡乐国非常尊重，不光专业上的讨教，连一些细节他都深刻地记得（以下内容，摘自胡乐国工作笔记）：

殷子敏老师——"文革"初期，第一次去上海拜访殷子敏老师，见面时老师正坐在温室门口的小板凳上，用湿布在茶花叶子上抹甲壳虫。后来多次拜访老师，请教五针松的施肥、梅花的控水等问题。

周瘦鹃老师——专程去苏州拜访了两次周瘦鹃老师，可惜都未遇到（当年没有电话电邮，无法预约），不过被邀参观了周老师室内的古盆和室外的盆景，并在周老师家签名本上签名报到。

朱子安老师——多次去苏州拜访朱子安先生，老先生退休后，胡乐国还经常去。

沈渊如老师——曾两次去无锡拜访沈渊如先生。第二次见面时，沈先生被划为"右派"，胸前挂了牌子，站在家门口。他看了胡乐国一眼，低下头，无言以对。

孔泰初老师——第一次去广州西苑拜访孔泰初先生的时候，他正在修剪盆景。胡乐国一直在他边上看，直到他修剪告一段落，两人进屋喝茶，孔先生只会粤语，不会普通话，而胡乐国又不懂粤语，所以两个人就用纸和笔比比划划，进行交流。

陆学明老师——和广州的陆学明先生就能直接沟通，第一次拜访时陆老师还送了他一棵小的锦松，胡乐国后来一直把它养大。

胡乐国在 20 世纪 70 年代末期的盆景园工作照

　　"文革"末期，在温州园林领导的支持下，胡乐国为妙果寺盆景园进行了两次大规模的素材引进：

　　（1）从园林系统别的花圃调拨了 300 多棵地栽 10 年以上的五针松；

　　（2）请当时的副主任陈珊先生陪同去安徽歙县深山搜集主干粗壮略有加工的圆柏、翠柏和梅桩。

　　这两次的素材引进加上妙果寺原有地栽素材的积累，为后面温州盆景园的发展打下了坚实的基础。

20世纪70年代中期，胡乐国和他制作的梅桩盆景。摄影：阮世璜，胡国荣

以上图片为 20 世纪 70 年代中期温州盆景园的盆景作品

"春醉"花开——图片由温州瑞安方培荣提供，以上资料核实：胡向荣，郑文俊，潘建胜

在这个发展的过程中，温州盆景园还为杭州盆景园提供了一批已经成型的盆景，向外交部提供了一批相对大型的成型盆景供钓鱼台国宾馆使用。

也在这个时期，妙果寺花圃用日本引进的杜鹃品种和温州本地品种做杂交，培育出一个新的品种。这个品种的杜鹃花朵特别清丽，白中带粉，非常淡雅、沁心，胡乐国命名它为"春醉"——这个点睛的命名为大众喜欢，流传至今。

胡乐国在他最后一本专著《胡乐国盆景作品》的自序中这样写道：

我还要感谢历任领导，让我始终固定在盆景园工作，为我提供了安静的环境，从而令我得以远离社会纷争的喧嚣，专注创作，成全了我的盆景梦。

是的，这20多年的厚积薄发，是胡乐国对自己清醒的认知。他把可以提拔的机会让给虽比他资历浅，但他认为有能力的后来加入的年轻人；也是他这种专注和实干，不争不抢为人诚实的品质，让所有和他共事的同事和领导都全力维护他，支持他，其中包括：

卫庭桂先生

1962—1971 年及 1974—1980 年任温州市
园林管理处副主任，1981—1983 年任温
州市园林管理处主任

左一卫庭桂，右一胡乐国

陈珊先生

1962—1971 年及 1974—1983 年任温州市
园林管理处副主任

左三陈珊，左四胡乐国，拍摄于 1985 年第一
届中国盆景评比展

张加辉先生
1983—1987 年任温州市园林管理处副主任 *

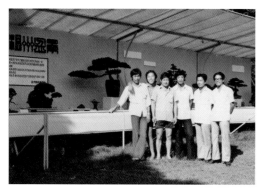

右一张加辉，右二胡乐国，拍摄于 1985 年第
一届全国盆景评比展现场

陆加义先生
1990—1994 年（约）任温州市园林管理处
江心管理区主任 *

左一陆加义，中间胡乐国

* 请阅第七章相关资料

邹永治先生

1983—1985 年任温州市园林管理处主任

邹永治在第一届浙江省盆景展的现场

孙守庄先生

1985—1987 年任温州市园林管理处主任

右三孙守庄，左四胡乐国，拍摄于 1985 年江心屿温州盆景园。照片由孙守庄提供

付亦彬先生

温州市园林管理处江心管理区副主任

1983 年温州园林职代会合照，第三排左五胡乐国，左十一付奕彬

张中栋先生

1987—1989 年任温州市园林管理处副主任

左二张中栋，右二胡乐国

三、翠羽展翅（1979—1994）

1979^年 ◆ 首届盆景艺术展览

为了庆祝中华人民共和国成立 30 周年，国家城建总局园林绿化局于 1979 年 9 月 14 日至 10 月 24 日在北京北海公园举办了新中国成立以来第一次全国性的盆景艺术展览。

参加展出的有来自 13 个省市自治区的 54 个单位，展出面积 6600 平方米，展出作品 1100 盆，参观人数达 10 万余人。

展览结束后，"盆景艺术展览办公室"会同"北京特种工艺画编辑部"联合编辑出版了一本由付珊仪和柳尚华编辑的《盆景艺术展览》选编一书，用图片和文字记录了这次非常重要的展览的主要情况，在展出的 1100 盆作品中选取了 238 个作品在书中做了图片记录；中央新闻纪录电影制片厂摄制了彩色纪录片《盆中画影》，为我们保存了珍贵的历史场景！

胡乐国保存的当年盆景展的门票

《盆景艺术展览》一书封面

首届中国盆景艺术展展览会正门——图片来自《盆景艺术展览》

展览会园景，巨幅标语是陈毅老总 1959 年 11 月 6 日参观成都盆景展览时的题词"高等艺术　美化自然"——图片来自《盆景艺术展览》

浙江馆的展出盆景由杭州市园林局花圃和温州市园林管理处联合组成。胡乐国代表温州市园林管理处携带了他的30多件作品参展，他的10个作品被选入《盆景艺术展览》一书，它们是——

"有志不在年高"，五针松　　　"生死恋"，翠柏

"妙趣"，黑松　　　　　"高瞻"，罗汉松

真柏（木石绿）　　　　　真柏

"恬静"，罗汉松　　　"云片"，云片柏　　　罗汉松　　　"饱经风霜"，圆柏

以上部分图片和资料来自 1979 年盆景艺术展览办公室和北京特种工艺画册编辑部合编的《盆景艺术展览》，编者：付珊仪，柳尚华，摄影：鲍载禄，刘春田等

1981^年

◆ 胡乐国盆景作品"生死恋""饱经风霜"登上中华人民共和国第一套以盆景为主题的邮票

The Art of Potted Landscapes

首日封封面及内容

　　1981 年 3 月 31 日，中华人民共和国邮电部发行了 T61《盆景艺术》特种邮票一套共 6 枚，这是我国历史上第一次用盆景做主题的特种邮票，其中面值 60 分的翠柏和面值 8 分的圆柏为胡乐国在 1979 年首届盆景艺术展上展出的作品"生死恋"和"饱经风霜"。

翠柏，生死恋

圆柏，饱经风霜

咫尺江山畫意成
虯松未盡勁
柏生苍苔雁荡悰
探問却向妙
果亦毅程

◆ 浙江省第一届盆景艺术展

1981 年 4 月 15 日—5 月 17 日，浙江省第一届盆景艺术展在杭州柳浪闻莺公园举行。这时距 1979 年 10 月的第一次全国盆景展才一年多的时间，作为省级展览，在全国是一个比较早的记录。

展览利用公园廊庭自然条件，按序陈列，也有部分展品陈列在室外。整体效果自然，由于庭院的运用，让展览有一种特别的中国历史沉淀的氛围。温州盆景的展出设计非常贴切地利用了展会建筑和环境。

◎把重点盆景作品展示在有整面墙体做背景的位置，在背景墙上配置符合作品主题的中国书法，诗词等。

◎巧妙利用展示现场的不同大小和形状的窗棂，把合适的作品作视觉上的"嵌入"，展示效果非常好。

1981 年浙江省第一届盆景艺术展现场照片

温州市园林管理处邹永治主任的展览现场设计稿。图稿由邹永治提供

温州展区现场记录

这届盆景展对于浙江盆景，特别是温州盆景有着特别重要的意义：

◎展览期间举行了"省园林学会盆景专题学术研讨会"，首次提出"树桩盆景以杭州、温州风格为基础，吸收其他地方长处，以形成浙江盆景风格"——这是浙派盆景风格的第一个宣告，之后，浙江的盆景人为此奋斗了40年！

◎温州盆景在这次展会上以最多的得奖数夺得第一，共有三个作品得一等奖，六个获二等奖，四个获三等奖，得奖部分作品照片如下：

一等奖作品

"迎客"，五针松，横展 140 厘米，
高 90 厘米

"饱经风霜"，圆柏，高 105 厘米

"海淀朝霞"，高 35 厘米，盆长 110 厘米

部分二等奖作品

"扶摇直上"，五针松，高 110
厘米

真柏附石，高 45 厘米

"瓯海筏歌"，砂积石，高 50 厘米，
盆长 140 厘米

"妙趣横生"，黑松，横展 55 厘米，
高 40 厘米

部分三等奖和佳作奖作品

五针松，高 100 厘米

"懒梳妆"，六月雪，高 75 厘米

"静趣横生"，五针松，横展 75 厘米，高 45 厘米

黑松，横展 122 厘米，高 85 厘米

"争荣"，黄杨，高 55 厘米，盆长 70 厘米

五针松，横展 100 厘米，高 70 厘米

1983^年　◆　全国盆景老艺人座谈会

1981 年 12 月 4 日，第一个全国性的盆景工作者的组织诞生了，就是中国花卉盆景协会——即中国风景园林学会花卉盆景分会的前身。

20 世纪 80 年代初，是盆景事业开始兴盛发展的开始。但当时这门技艺缺乏系统的理论指引和概括，传承靠的是老艺人口传身教，已有的部分文章和小册子，也基本是个人心得，不易推广。

为了能集中有经验的老艺人的技术，培养人才，总结制作经验，1983 年 10 月 10 日至 12 日，中国花卉盆景协会在扬州召开了全国盆景老艺人座谈会。

出席会议的有来自 27 个省份的 67 名代表，包括了当时各大流派的盆景老前辈，如苏派盆景创始人之一 84 岁高龄的朱子安先生，扬派元老 80 岁高龄的万觐堂先生和 75 岁的王寿山先生，通派的 70 岁高龄的朱宝祥先生，川派名家 78 岁高龄的林禹经先生，以及著名盆景理论家徐晓白教授等。

会议同时邀请了工作在一线的经验丰富、技术熟练的各地中青年技术骨干与会交流制作经验，畅谈今后盆景发展的设想，胡乐国就在此列，参加了这次具有历史意义的会议。

当时的主流媒体新华社、《光明日报》社、《大众花卉》杂志社及多家地方报纸都派记者到现场进行采访和记录。

现场表演的报道图片。（制作表演内容详见第四章）

座谈会还附设研究班，招收了全国各地 35 个省市的 87 名盆景骨干学员，学习 10 天。期间德高望重的老一辈盆景人都在研究班亲自讲授盆景技艺，举行现场操作示范。胡乐国被大会安排在殷子敏和朱子安后面进行现场表演。可能由于和现场表演的众多前辈比起来，当年的胡乐国显得格外年青，引起了大家的好奇和媒体的兴趣，《大众花卉》在报道这个会议的版面时用了系列照片来展现表演现场细节，这些照片成了盆景现场制作最早期的记录之一，是非常少见的现存会议历史资料。

这次会议有两个层面的意义：

一、老艺人们为了中国盆景事业的发展提出了许多建议。 如：倡议在合适的地点建立中国盆景研究中心，附设中国盆景园，收集、展览各流派的作品；培养盆景接班人；创办一本《中国盆景》刊物；切实保护树桩和石料资源。

二、来自全国各地的技术骨干学员们通过这个机会近距离地接触到老一辈名家们。 他们通过学习和观摩各流派的名家的演讲和表演，提升了认识，回到各个省市后，就可以带动一片，把会议的精神传达下去。

因此，这个会议作为中国盆景历史上的第一次全国盆景从业人员的会议载入史册。这是全国盆景精英的群英会，也是继往开来的启蒙会，为中国盆景事业的发展打下了基础。

这次历史性的会议除了上述成果外，还因为胡乐国在会议期间的一个严肃的思考引出了后续他在第一届中国盆景艺术研讨会上提议成立"中国盆景艺术家协会"的计划——胡乐国提出：既然盆景作品是艺术，为什么优秀的作品作者不被称为"艺术家"，而只能称为"艺人"？这不是一个用词的问题，这关系着这门艺术作为中国国粹的文化地位。

胡乐国在扬州会议期间的留影

韦金笙发表在 1983 年第 6 期《大众花卉》上的相关文章：《全国盆景老艺人座谈会在扬州召开》

1985^年　◆　第一届中国盆景评比展览

　　1985 年 10 月 1 日至 30 日，第一届中国盆景评比展览在上海市虹口公园举行。全国 21 个省市自治区组团参展，展出 1600 余盆作品。

　　这次展览是我国盆景界有史以来规模最大的一次，送展作品水平很高，同时带有厚积薄发的历史痕迹，比如获特等奖的苏州朱子安的"秦汉遗韵"，树龄 500 年，由史人捐赠；还有获一等奖的南通送展的"蛟龙穿云"，树龄 1000 年，也为史人捐赠品。

温州盆景在第一届中国盆景评比展览上的展出照片

温州园林得奖作品照片五针松"盆中情"，黑松"横空出世"，五针松"向天涯"

　　胡乐国主持的温州园林展出的基本是 20 世纪 60 年代温州园林自行地栽培育的素材，无论树龄还是体量都无法和来自全国各种历史背景下有着深厚积累的盆景园相提并论。这次展览温州园林管理处只有三个作品得奖，它们是：五针松作品"盆中情"（五针松）获二等奖，黑松"横空出世"和五针松"向天涯"获三等奖。

1986^年 ◆ 第一届中国盆景学术研讨会

第一届"中国盆景学术研讨会"于 1986 年 10 月 6 日至 10 日在武汉市召开。出席会议的有 49 个城市的 208 名代表。

会议主要议题为：

一、盆景的继承与发展

二、盆景的规格分类——需要指出的是：1985 年的第一届全国盆景评比展是没有规格区分的,所以部分采用地栽苗圃自行培育的作品由于尺寸、树龄等原因无法和大型的素材制成的作品媲美。胡乐国的作品就是一个很好的例子：他携带参展的都是温州苗圃 20 世纪 50 年代自行培育的素材,到 80 年代仅有 20 年不到的树龄,这是无论如何都无法和山采的四五十年甚至更老的历史沉淀素材相比的。因此,这次研讨会把盆景规格分为五类：大型、中型、小型、微型和博古架组合盆景。各个类别都做了具体的数据标准。

三、盆景的评比条件——盆景的完整性（即一景,二盆,三几架）；摆件得当；已得奖的作品在没有重大改动前不能再展再评。

> 会议邀请了下列盆景技师和教授做了技艺交流和制作心得介绍：**殷子敏,朱宝祥,潘仲连,贺淦荪,陈思甫,胡乐国,韩万选,赵庆泉**；还邀请了美国盆景人**卡琳·阿尔伯特**介绍美国和德国的盆景情况。

这次历时五天的会议是盆景史上的浓彩重墨,为我国当代盆景发展奠定了理论基础。

也就是在这个会议上,胡乐国以个人的名义提出成立"中国盆景艺术家协会"的倡议。他认为,优秀的盆景艺术工作者应该有一个打破体制,联通工作在各行业的盆景人的自己的协会。但是,这个倡议没有被本次大会采纳。

胡乐国（前排右四）在会议期间和部分与会人员的合照。左一赵庆泉，前排右三潘仲连，后排右一林凤书

◆ 意大利热那亚第五届世界花卉博览会

1986 年第五届世界花卉博览会在意大利热那亚举行。

中国花卉盆景协会组织了由广东、浙江、江苏和上海等省市组成的中国代表团参加了这次博览会，参展的中国盆景共获四个金奖、三个银奖，由广州和扬州负责的中国馆因突出的民族风格被大会授予"布置奖二等奖"。

胡乐国的榆树"古榆春秋"获得一个金奖，另一个榆树和真柏附石获得两个银奖。（内容详见第五章）

1987年

◆ 1987 年 2 月 20 日浙江省盆景风格讨论会

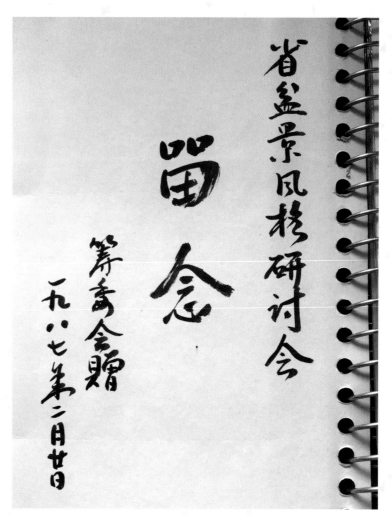

研讨会的纪念品

胡乐国在中国首届花卉博览会上的工作照

◆ 第一届中国花卉博览会

第一届中国花卉博览会于 1987 年 4 月 28 日至 5 月 7 日在北京农业展览馆举行。博览会由中国花卉协会组办，来自全国 20 个省市 400 多个单位参加了本次展会。展出面积室内 3000 平方米，室外 1000 平方米。

10 天展出参观人数 20 多万，展销营业额 20 多万元。设奖 157 个，包括 81 项花卉科技进步奖，26 个花卉优质展品奖，50 个盆景佳作奖。

博览会期间中国花协还组织召开了园林花卉期刊报刊编辑座谈会，当时有《花卉报》《大众花卉》《中国花卉盆景》《花木盆景》《园林》《森林与人类》《花卉》《园林与名胜》《绿化与生活》《花鸟世界报》《国内外花木动态》等参会。

胡乐国代表温州园林的丛林五针松"烂柯山中"和圆柏"黛色千秋"获最高奖项佳作奖，还有四个作品获表扬奖，他本人同时任大会评委。

胡乐国和获奖作品的照片

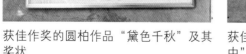

获佳作奖的圆柏作品"黛色千秋"及其
奖状

获佳作奖的丛林式五针松作品"烂柯山
中"及其奖状

1988^年　◆　"中国盆景艺术家协会"成立

　　在 1987 年的第一届中国花卉博览会期间，《中国花卉盆景》杂志社的苏放专程到胡乐国下榻的酒店，和胡乐国、赵庆泉等重新讨论了胡乐国在 1986 年第一届中国盆景学术研讨会的关于成立"中国盆景艺术家协会"的提议，并约胡乐国再写一份"倡议书"。之后由《中国花卉盆景》杂志的苏本一进行具体筹备，并经过多方努力，1988 年 4 月诞生了在 20 世纪 80 和 90 年代对中国盆景艺术事业的发展起了非常重要作用的另外一个组织：中国盆景艺术家协会。

"中国盆景艺术家协会"在第一届会员代表大会上，选举诞生下列领导：

会　　　长：徐晓白教授

常务副会长：苏本一

副　会　长：刘颖南　李　特　赵庆泉　胡乐国　夏佩荣　傅耐翁

秘　书　长：李　特（兼）

1989 年又增补潘仲连和贺淦荪为副会长

1988 年 4 月中国盆景艺术家协会成立时主要领导人合照。左起：赵庆泉、贺淦荪、朱子安、徐晓白、苏本一、胡乐国、李特

1989^年　◆ 第二届中国花卉博览会

1989年9月28日至10月3日，第二届中国花卉博览会在北京农展馆举行。中国花协名誉会长陈慕华在开幕式上剪彩，国家领导人彭冲、何康、叶如棠等到贺并观展。

全国25个省区市，2个计划单列市，2个经济特区，3个专业花协及台湾、香港有关方面参展。评出292个单项奖，其中一等奖36个，二等奖89个，三等奖167个。

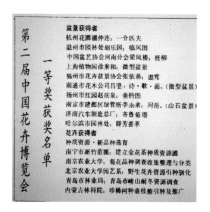

第二届中国花卉博览会一等奖名单，摘自《中国花卉盆景》1990年1月刊

从这个名单我们可以了解到：盆景一等奖只有10个，其中江浙沪三地占了60%，后来为中国盆景艺术作出重大贡献的胡乐国、潘仲连和赵庆泉各有一个作品在列，这就是历史的笔墨。

胡乐国代表温州园林在展会上取得一个一等奖，若干二等和三等奖，同时担任大会评委成员。

本年度重要事件：中国花卉盆景协会颁发给10位老盆景艺术家"中国盆景艺术大师"称号，他们也是第一批获取此头衔的大师——周瘦鹃、孔泰初、万觐堂、王寿山、李忠玉、朱子安、朱宝祥、陆学明、殷子敏、陈思甫。

第二届中国花卉博览会评奖委员会委员聘书

胡乐国在第二届中国花卉博览会上的工作照

胡乐国获得一等奖的五针松作品"临风图"

胡乐国作品五针松"临风图"获一等奖

五针松"翠羽展翅"获二等奖

◆ 被评为鹿城区首批区级专业技术拔尖人才

因对温州园林的贡献和对地区盆景技术创新推广起到的先锋作用，胡乐国于 1989 年 11 月获得温州市鹿城区人民政府颁发的首届专业技术拔尖人才证书。

1990^年

◆ 华东地区盆景学术研讨会

1990 年，中国花卉盆景协会华东盆景委员会在安徽淮南市召开了"华东地区盆景学术研讨会"，胡乐国在会议上作了五针松盆景造型表演。（内容详见第四章）

胡乐国在"华东地区盆景学术研讨会"上发言

◆ 中国盆景艺术家协会会长会议

1990 年，胡乐国出席了在北京召开的中国盆景艺术家协会会长会议。

会议期间的合照，前排左二为时任会长徐晓白教授，前排右二为胡乐国副会长

1990 年中国盆景艺术家协会会长会议的留念照，前排右四为时任副会长的胡乐国

1991^年　◆ 首届中国国际盆景会议

1991 年 5 月召开首届中国国际盆景会议，胡乐国作为大会副主席出席。（内容详见第五章）

1992 ^年

◆ 浙江盆景风格研究会成立

1992 年，浙江盆景风格研究会成立，会议在杭州郭庄举行。

会议期间与部分与会人员合影，前排右二为胡乐国

会议现场记录，左一为胡乐国

◆ 荷兰世界花卉大展

1992 年，胡乐国作为中国花卉代表团代表之一参加荷兰世界花卉大展。（内容详见第五章）

◆ 中国海峡两岸（含港澳地区）盆景名花研讨会及盆景展览

1992 年，中国盆景艺术家协会在南京组织召开了第一次海峡两岸盆景研讨会和展览。胡乐国作为大会副主席全程参加了大会。

盆景艺术源于中国，所以这个在当代中国大陆盆景艺术蓬勃发展的初始阶段和分隔 40 多年的台湾同行第一次对话的海峡两岸会议就显得异常的重要。

这个会议的全名是中国海峡两岸（含港澳地区）盆景名花研讨会及盆景展览，它是当代两岸三地盆景花卉界的首汇。胡乐国以大会副主席的身份主持了学术会议，同时担任盆景展览的评比结果审查评定人。

胡乐国在大会上的工作照

这次会议基本达到了预设的目的：

一、增进了解，观念互通

二、技艺交流，风格讨论

三、互取其长，共同发展

虽然当时的报纸杂志都报道了这个会议许多大体概况资料和消息，但是我们通过胡乐国的工作笔记以及后来潘仲连老师发表的相关文章，认识到这个会议其实是有很多理念上的冲撞的，这种冲撞也是发展过程中必然的过程。

胡老师的好友冯志翼的工作室墙上还挂着 1992 年他参加这个盆景展所获得的二等奖证书

1.台湾与大陆分隔了几十年，期间他们的盆景发展受到日本的深刻影响，同时由于台湾特殊的地理位置和气候的关系，植物生长偏矮壮，因此强调茂密，再加上在用土、肥料和其他技巧上受到比较多的外界的影响，所以台湾部分盆景艺术家认为大陆盆景太多修剪、蟠扎，不够健康，似乎有病态感。

2.而部分大陆盆景艺术家认为台湾盆景过于茂密，没有了层次感，同时对"病态"的描述表示反对。

胡乐国在会议期间与各地
盆景界人士的合影

会议期间担任会议副主席的胡乐国和台湾代表梁悦美的合照

　　胡乐国作为会议主持，对双方的理念都进行了正面的积极的引导，认为中国盆景应该在坚持中国特色的基础上用开放的心态多学习各地区的经验和长处，从而形成共同繁荣的局面。

　　赵庆泉也认为中国盆景要走向世界，要以中国民族文化为内核，吸收一些海外的表现形式。

　　这次交流为后来的盆景艺术发展的开放态势打开了一扇大门！

　　同期举行的盆景展也是非常成功的。由于会议和展览举行地在南京，地域的因素方便了周边盆景发展比较快的省市送展品来参展。参展作品多达600多件，大部分来自江苏、浙江、广东、福建、湖北、湖南、河南和四川。

　　这个盆景展比1991年的北京国际盆景会议时的同期展览水平已经提高很多，展会的成功是因为参展盆景数量多，普遍质量好，个性化作品多。

　　这次会议还有一个大部分媒体没有提及的内容，其实也对后续的盆景发展起到了推动作用。会议为后来的中国盆景出口搭起了桥梁：利用大陆丰富的盆景资源，通过香港、澳门和台湾盆景界的相对先进的科技手段、丰富的资金渠道、多元的销售市场，链接世界市场，为更好地推进文化交流和商业合作打下了基础。

1993^年　WBFF《世界盆栽》刊出胡乐国作品图片

1993 年第 1 期《世界盆栽》（世界盆栽友好联盟 WBFF）刊出胡乐国作品照片"向天涯"、"铁骨凌云"和"烂柯山中"。

上述图片由赵庆泉提供

◆ 第三届中国花卉博览会

1993 年 4 月 21 日至 5 月 5 日，第三届中国花卉博览会在北京农业展览馆举行，全国有 33 个省、自治区、直辖市、计划单列市和香港地区，林业部、水利部、铁道部花卉协会，美国、荷兰、日本、韩国、以色列、新加坡等国家和地区的花卉园艺界人士参加和参观了博览会。

胡乐国代表温州盆景园的作品双干五针松"信天游"和双干五针松"铁骨凌云"在此次展会中获得一等奖。

胡乐国同时担任大会评委，会后，他以评委的身份就这届花博会发表了文章。

胡乐国发表在《花木盆景》杂志的文章《让中国盆景朝着健康的方向发展》

胡乐国的五针松作品"信天游"获得大会一等奖

胡乐国的双干五针松作品"铁骨凌云"获得大会一等奖

1994^年 ◆ 第三届中国盆景评比展览

1994 年 5 月 10 日至 5 月 30 日，第三届中国盆景评比展览在天津盆景园隆重开幕，来自全国各省、自治区、直辖市的 80 个城市的 89 个展团参加了这次盛会。展出盆景 1048 件，参展人员及工作人员近 300 人。

大会期间，为贺淦荪和潘仲连颁发了"中国盆景艺术大师"证书，这是中国花卉盆景协会（后面的中国风景园林学会）命名的第二批大师。

本次展会汲取了前两届经验和第一届盆景学术研讨会的研究成果，对参评作品进行按规格分类，设定评分标准，设立由邀请评委加各参展单位推荐评委组成的评委小组，经过初评、复评和审定三榜定案，共评出一等奖 36 个（含赏石 6 个）、二等奖 77 个、三等奖 131 个、优秀作品奖 161 个。

温州盆景园的五针松盆景"谷中风"获一等奖（作者：胡乐国），五针松盆景"高风亮节"获二等奖（作者：胡向荣）。

这是胡乐国最后一次代表温州盆景园参展。

本次展会浙江省有下列城市组团参展：杭州市，绍兴市，黄岩市，温州市，湖州市，临海市，义乌市。

"谷中风"，五针松，高 58 厘米，作者：胡乐国

"高风亮节"，五针松，作者：胡向荣

胡乐国和部分浙江展团的同事们在展会开幕式上的合照。前排左起：杨文松、潘仲连、胡乐国等，后排左一为王爱民

胡乐国、贺淦荪、潘仲连在大会开幕式上的合影

◆ 从温州盆景园退休

温州盆景园在总结了前两届全国盆景评比展因客观原因未能取得好成绩的各种因素之后，走出了一条坚持风格又能在主流盆景展上获奖的道路。努力也在1994年的第三届中国盆景评比展览上有了收获，一切正在大步向前的路上，胡乐国却因体制原因提前离开了温州盆景园。

温州盆景园自1958年创立以来，都是在温州市园林管理处下辖，在国有体制的正统的园林系统里面，和全国同系统的行业战线同步，盆景艺术和盆景园是在系统里面受到高度的重视的。

1979年和1981年温州盆景园的盆景作品代表温州园林参加了国家首展和浙江省首展，都取得了非常好的成绩，让业界对温州盆景刮目相看。因此，温州市园林管理处决定扩大盆景园。

此时，正值只有1300平米的温州盆景园设立在"妙果寺"的原址需要按政策归还宗教协会，所以温州市园林管理处在下辖的江心屿公园的屿西辟出占地20000平方米作为温州盆景园的新址。

江心屿温州盆景园建设由时任温州市园林管理处副主任、总工程师张加辉担任设计，胡乐国全程担任建设指挥，所有细节一砖一石都亲手安顿。盆景园于1986年搬迁完成，之后盆景园的作品屡屡在重大展会得奖，是当时盆景工作者学习和临摹的基地。

温州盆景园内景

1985年温州盆景园接待了来自全省的村镇干部，照片由孙守庄拍摄并提供

江心屿温州盆景园正门，园名由温州知名书法家苏渊雷题写

胡乐国顶着烈日在盆景园工作

胡乐国站在温州盆景园所在地温州江心屿的高地，忧郁地望向远方，告别他一手参与建设的温州盆景园

1990 年，温州市鹿城区成立江心屿办事处，之后盆景园处于办事处和园林管理处的双重管理状态。1993 年，盆景园正式划归鹿城区管理，由于所处地的原因脱离了园林系统。

在不同的体系下，温州盆景园作为旅游景点的一个部分，被边缘化了。盆景园的两位负责人陆加义和胡乐国，一位被调离，一位提前进入退休程序。就这样，胡乐国在同事们伤心的泪水中，落寞地离开了他日夜操心、为之奋斗了近 40 年的温州盆景园。

1992 年温州盆景园迎来温州老年大学的老同志们的参观学习

在这里，胡乐国代表温州园林接待过来自全国各地的各行业人士，从政府领导到社会群体，从来自全世界的盆景业内人士到各媒体人员

◆ 中国盆景艺术大师命名

1994 年 10 月 20 日，《中国花卉盆景》创刊十周年暨"中国盆景艺术家协会"首届"中国盆景艺术大师"称号授予仪式在北京中山公园中山堂大厅举行。

本次授予 15 名知名盆景艺术家"大师"称号，他们是：徐晓白，潘仲连，赵庆泉，胡乐国，贺淦荪，苏伦，吴宜孙，梁悦美，陆志伟，林凤书，汪彝鼎，胡荣庆，盛定武，吕坚。

同时，中国盆景艺术家协会召开了常务理事会第二次扩大会议。

大会典礼记录，前排左三为胡乐国

中国盆景艺术大师证书

四、凛然正气（1995—2000）

1997^年　　1997 年是中国盆景人非常繁忙的一年，这一年的上半年有四年一届的第四届"中国花卉博览会"，这是花博会第一次走出北京（前三届的举办地都在北京）来到上海；下半年有同样是四年一届的"中国盆景评比展览"在江苏扬州举行，同期有第一次落户中国内陆的"亚太地区盆景赏石会议暨展览"在上海举行，相近的时间里还有浙江省第二届盆景艺术展。因此很多国内外的盆景人都在同一时间段奔波在上海、扬州和杭州。

◆ 第四届中国花卉博览会

1997 年 4 月 11 日至 20 日第四届中国花卉博览会在上海长风公园举行。这届博览会较前三届有这么几个不同的地方：

1. 博览会第一次走出北京，落户上海
2. 博览会和首届中国花卉交易会同时召开，简称"两会"
3. 创下 75 万观众、35 万与会人员的记录，境外展商 96 家涉及 13 个国家和地区，营销额达 2000 万元
4. 展出面积达 5 万平方米，有 2 万平方米的展销区
5. "两会"共设四大类奖项的特等奖 2 个，一等奖 93 个，二等奖 249 个，三等奖 408 个

胡乐国和获奖作品的合照

温州盆景园送胡乐国的五针松作品"雄风依旧"参展，荣获一等奖

第四届中国花卉博览会开幕式

展会期间，胡乐国和温州园林的参展人员在一起。照片由许挺立、翁时敖提供

◆ 浙江省第二届盆景艺术展览

1997 年 10 月，浙江省第二届盆景艺术展在杭州曲园风荷的"聚景园"举行，胡乐国应邀担任评委。温州盆景园送展的附石五针松"松石图"（作者：胡乐国，最后定型：胡向荣）荣获一等奖；圆柏"孤高风烈"（作者：胡乐国）获得二等奖。

温州盆景园送展的附石五针松"松石图"（作者：胡乐国，最后定型：胡向荣）荣获一等奖

圆柏"孤高风烈"（作者：胡乐国）获得二等奖

◆ 第四届中国盆景评比展览

1997 年 10 月 18 日至 11 月 6 日，第四届中国盆景评比展览在扬州瘦西湖公园举行。

主办：中国风景园林协会，江苏省建设委员会，扬州市人民政府

承办：扬州市园林管理局

全国 17 个省市自治区的 53 个城市参展，展出 1000 余盆作品。

胡乐国担任展会评委。

展览期间，胡乐国应扬州名园"武静园"主人陈武夫妇的邀请，参观了他们的"武静园。

胡乐国和陈武夫妇以及同行人员在武静园的合影。照片信息提供：石中泉

第四届中国盆景评比展览现场历史记录。照片提供：石中泉

Il Maestro Hu Le Guo (a sinistra) è uno dei più stimati maestri cinesi. specializzato in conifere, è stato in Italia all'Euroflora di Genova del 1986. A destra Shi Zhong Quan che ha suggerito queste note. Shi Zhong Quan (Ace per gli amici) vive e lavora a Roma.
Il Maestro ha giudicato di ottimo livello la tecnica impiegata nella creazione dei bonsai pubblicati nel Catalogo "Migliori Bonsai e Suiseki 1997" edito dall'UBI, che gli è stato offerto in omaggio.

胡乐国学生石中泉在 1998 年 3 月第五期意大利盆景协会会刊上刊登的关于第四届中国盆景评比展览的消息，以及他和老师在展会现场的合照。照片和信息提供：石中泉

温州盆景园胡乐国作品"孤高风烈"获得一等奖

温州盆景园胡向荣作品"青松颂"获得二等奖

◆ 第四届"亚太盆景赏石会议暨展览"

1997 年 10 月 31 日至 11 月 2 日"亚太地区盆景赏石会议暨展览"第一次在中国内地举行，上海植物园光荣地承担了会议的协办，提供了展览场地。

时任上海植物园副园长陆明珍在《中国花卉盆景》杂志上刊登了文章，具体介绍本次展会。（内容详见第五章）

《中国花卉盆景》杂志上具体介绍本次展会的文章

1998^年 出访法国南部并举行现场表演

1998 年 3 月 17 日—4 月 14 日，应法国南部盆景协会的邀请，胡乐国到法国尼斯、土伦、夏纳等地拜访了当地的各盆景协会和盆景园，并在期间举行的法国地中海沿岸地区盆景展上做了 7 场表演。回国后他在 1998 年第 6 期《法兰西盆栽》杂志发表《中国盆景概况》一文，杂志同期做了题为"中国——盆景的发源国"的专题报道，为中国盆景在欧洲的普及作出了努力。后续，胡乐国还为我国的《花木盆景》杂志和法国的《盆景家》杂志牵线搭桥，启动了两个媒体相互交流的开端。（内容详见第五章）

1999^年

◆ 为《花木盆景》百期题字

4　花木盆景

1999 年 11 月为《花木盆景》创刊百期题字祝贺。

2000^年 ◆ 中国乡镇盆景博物馆

2000 年 11 月 30 日，胡乐国应邀参加了在江苏江阴市月城镇举行的"中国乡镇盆景博物馆"开馆仪式，并和梁悦美、朱勤飞、汪亦鼎等做了现场制作表演。（制作表演内容详见第四章）

胡乐国和殷子敏前辈以及来自台湾的梁悦美在活动中交谈

胡乐国和《花木盆景》杂志社的部分编辑合照

胡乐国和新加坡朱勤飞，中国盆景艺术大师赵庆泉、陆志伟在活动中

五、笑看闲云（2001—2018）

2001^年

这又是重要的一年。

2001 年 5 月 15 日至 6 月 5 日，第五届中国盆景评比展在苏州虎丘举行；同期建设部城建司和中国风景园林学会及其花卉盆景分会在苏州举行第三批中国盆景艺术大师颁证颁奖仪式；《花木盆景》杂志第四届盆景学术交流会同期举行！

◆ 被授予"中国盆景艺术大师"称号

2001 年 5 月 15 日，建设部城建司和中国风景园林学会授予胡乐国"中国盆景艺术大师"称号。

胡乐国作为大师代表发言，在回顾他和同期的盆景艺术家们的艰苦努力过程时，他一度哽咽！同时对领导和学术界对他的成绩的肯定表示感谢，并代表所有被授奖大师承诺将不负大师称呼，承担大师应有的责任！

这批大师共有 16 人，分别为：赵庆泉，胡乐国，冯连生，田一卫，邵海忠，盛定武，邢进科，朱永源，梁玉庆，苏伦，陆志伟，于锡昭，万瑞铭，胡荣庆，李金林，邹秋华。

同时为这 20 年来为中国盆景事业作出贡献的徐晓白、胡运骅、傅珊仪、韦金笙四位盆景专家颁发了"突出贡献奖"。

《花木盆景》2001 年 6 月刊登对此次大师评选结果的报道

第五届中国盆景评比展览在苏州举行

《花木盆景》2001 年 6 月对
本次展览的报道

◆ 第五届中国盆景评比展览在苏州虎丘举行

2001 年 5 月 15 日—6 月 5 日，第五届中国盆景评比展览
在苏州虎丘举行。

这次展会共展出 1200 盆盆景，评出一等奖 77 个、二等
奖 155 个、三等奖 283 个。

温州盆景园（此时的行政名称为：温州江心屿公园管理处）
送展的"松石图"（作者胡向荣）获得一等奖。

胡乐国担任本届盆景展特邀评委。

《花木盆景》2001年6月刊发对
本次会议的报道

◆ 花木盆景杂志社第四届学术交流会

2001年5月17—21日，"花木盆景杂志社第四届学术交流会"在苏州培训中心举行。

这次交流会采用专家讲座、代表提问的交流式进行，理论探讨和实际操作相结合，收到了良好的效果。

胡乐国在本次交流会上做了《五针松盆景的造型》的现场报告和现场制作表演，请在第四章了解本次示范表演的具体图片。

◆ 耐翁盆景暨园林艺术研讨会

2001年5月26—27日，耐翁盆景暨园林艺术研讨会在厦门举行。

胡乐国在会议上做了制作表演。（内容详见第四章）

《花木盆景》2001年6月刊

2002^年　◆　中国风景园林学会花卉盆景分会第五届理事会议

与会人员合影，前排左五为胡乐国

　　2002 年 5 月 20 日—22 日，中国风景园林学会花卉盆景分会第五届理事会议在福建泉州举行。胡乐国参加了这次会议。

会议期间与赵庆泉、贺淦荪、张夷、谢继书、韦金笙等人的合影

◆ 考察湖北访问《花木盆景》杂志社

胡乐国大师和梁玉庆大师在张衍泽社长的陪同下视察荆州盆景。前排左二张衍泽，左三梁玉庆，左四胡乐国

2002年9月16日，胡乐国大师和梁玉庆大师一起对他非常重视的盆景专业杂志《花木盆景》杂志社进行访问，对杂志这些年取得的成绩进行肯定，并希望杂志进一步提高质量，扩大发行。杂志社张衍泽社长亲自接待并于9月16日到19日陪同两位大师走访湖北各盆景园。

胡乐国 梁玉庆考察湖北盆景

9月16日至19日，中国盆景艺术大师胡乐国、梁玉庆在本刊社长张衍泽陪同下，考察了湖北盆景。他们先后参观了武汉东湖磨山盆景园，荆州盆景园，荆州市沙市太师渊盆景市场基地，监利武、徐家私家盆景园，潜江市人大、公安局盆景园，9月22日，胡乐国大师还参观了在解放公园举办的武汉市第四届盆景展览。两位大师在湖北期间，与盆景组织负责人和盆景爱好者广泛交流，并作现场指导，两位大师对湖北盆景的发展给予了高度评价。

9月16日，胡乐国、梁玉庆到本刊参观、指导，他们对《花木盆景》杂志近几年取得的成绩感到由衷的高兴，对今后刊物进一步提高质量、扩大发行，提出了许多宝贵的意见和建议。

《花木盆景》2002年11月刊发的报道

◆ 第二届中国盆景学术研讨会

　　继 1986 年的第一届中国盆景学术研讨会，时隔 16 年后，中国风景园林学会花卉盆景艺术分会于 2002 年 9 月 20 日至 22 日在湖南岳阳举行了第二届中国盆景学术研讨会。

　　这次会议从历史记录来看严格意义上是从六次的华中盆景学术研讨会升级而成的。

　　此次会议有全国 10 多个省市 400 名代表参加。会议明确了盆景要以"中小型为主"的发展方向，促使盆景创作用材多样和形式多样。

　　胡乐国大师做了《松树盆景造型》的专题学术报告，梁玉庆大师做了《扦插苗培育松柏盆景》的专题学术报告，贺淦荪大师做了有关"动势盆景"的专题报告。

胡乐国在大会上发言

胡乐国做专题学术报告

2003^年

◆ 第一届中日盆景艺术大师教学研讨会暨首期中国树桩盆景高级研修班

第一届中日盆景艺术大师教学研讨会暨首期中国树桩盆景高级研修班在常州宝盛园培训中心举行，胡乐国参加了研讨会并为大会和研修班做了两场制作表演。（表演制作内容详见第四章）

参加研讨会的中日盆景艺术大师合影，左四为胡乐国

◆ 中国金华海峡两岸盆景精品展

2003 年 3 月 7 日，中国金华海峡两岸盆景精品展在浙江省金华市科教中心开幕，时任中国风景园林学会花卉盆景赏石分会副理事长韦金笙，中国盆景艺术大师胡乐国、赵庆泉、胡荣庆、陆志伟以及盆景艺术大师郑诚恭（台湾）等出席了开幕式。

制作表演现场。（表演制作内容详见第四章）

三位大师还为展会做了制作表演，图片来自《花木盆景》

《花木盆景》2003 年 4 月刊报道了本次展会

2004^年 ◆ 第五届中国国际园林花卉博览会

2004 年 5 月第五届中国国际园林花卉博览会在深圳举行，胡乐国担任了专业评奖委员会盆景艺术评委。

评委聘书以及胡乐国在博览会现场的图片记录

◆ 常州中日盆景艺术家交流活动

2004 年 7 月，胡乐国参加了在常州举行的中日盆景艺术家交流活动，中方有韦金笙、胡乐国、赵庆泉、梁玉庆、黄敖训、石景涛、辛长宝、鲍世琪等，日本艺术家有世界盆景友好联盟副主席岩崎大藏和日本盆景作家协会会长山田登美男等。

◆ 第六届中国盆景展览

2004 年 10 月 1 日至 10 月 10 日，由中国风景园林学会、福建省建设厅、泉州市人民政府联合主办的第六届中国盆景展览在泉州东湖公园举行。9 月 30 日举行开幕式，中国风景园林学会名誉理事长，原建设部副部长赵宝江，时任中国风景园林学会副理事长甘伟林，时任中盆会副理事长付珊仪、韦金笙，泉州市各级领导，中国盆景艺术大师胡乐国、赵庆泉、胡荣庆、梁玉庆、陆志伟、邵海忠、冯连生、邢进科等出席了开幕式。

胡乐国担任了展会的评委。

本届展览由来自全国22个省区市的118个展团参展，展出盆景1203盆。台湾、香港和澳门三地盆景界也组团参展，展团数量为历届最多。

这届展会三个内容值得记录：

1. 该展览历届用名"中国盆景评比展览"更改为"中国盆景展览"；

2. 参展单位由以往的单一城市组团扩大为以城市、中国著名盆景园、大型企业盆景园等组团参展，更全面地反映中国盆景发展进程；

3. 压缩参展数量，提高展品品质，鼓励采用人工育桩地形式培育地中小型盆景，保护自然资源。

胡乐国在认真地做评委工作

◆ 第三届盆景学术研讨会

2004年5月18日—20日，第三届盆景学术研讨会在武汉华中科技大学校园举行，来自北京、上海、浙江、江苏等17个省份67个城市的全国理事，中国盆景艺术大师等260余人参加了会议。

会议围绕发扬盆景艺术的中国特色议题展开讨论，会议同期还举办了"动势盆景研讨展览"。

胡乐国参加了本次会议。

◆ 访问日本和韩国盆景界

2004 年 10 月 15 日—20 日，胡乐国出访日本，拜访了大宫盆景村以及日本主要的盆景艺术大家，包括山田登美男、加藤三郎、木村正彦、小林国雄、岩崎大藏等。

10 月 21 日—24 日，到达韩国参观盆景展和访问济州岛的著名盆景艺术苑及其主人成范永！

回国后胡乐国在《花木盆景》2005 年 1 月刊发表介绍和总结文章《日本行》，在《花木盆景》2005 年 2 月刊发表《韩国行》。（文章内容详见第二章，访问记录内容详见第五章）

2005^年 ◆ 第五届世界盆景大会

2005 年 5 月 28 日—31 日第五届世界盆景大会在美国华盛顿举行，胡乐国和中国代表团成员辛常宝、赵庆泉、鲍世骐、陈文娟等 15 人参加了会议，与会代表来自全世界 22 个国家，共 950 人。世界盆景大会每四年在不同国家举行一次，本次会议主题："通过盆景让世界更紧密"，同期举行盆景展、中国古盆展等。（具体详见第五章）

与各国与会代表合影。后排右一为胡乐国

◆ 第八届亚太盆景赏石会议暨展览

2005 年 9 月 6 日—15 日，第八届亚太盆景赏石会议暨展览在中国北京的北京植物园举行，这是这个国际会议第二次在中国内地举行。

会议主题为"树石情节"。本次会议暨展会聚集了众多业界名流，韦金笙、贾祥云、贺淦荪、郑诚恭、胡乐国、赵庆泉、王元康、刘传刚等大师和学者在会议上做了理论探讨和制作表演。

胡乐国在第八届亚太盆景赏石展上做了多场现场制作表演。（内容详见第四章和第五章）

胡乐国和盛光荣在会议现场的合照

胡乐国和史佩元在会议上的合照

和北京盆景人的合照。照片由赵庆泉提供，右一为北京植物园园长张佐双，右二赵庆泉，左二胡乐国

会议期间与来京参加展会的云南盆景人的合照。左起：许万民、肖体章、胡乐国、李茂柏、刘华东、王金龙

历史资料

亚太地区盆景赏石会议暨展览（Asia-Pacific Bonsai & Suiseki Convention & Exhibition）从 1991 年的第一届到 2019 年共举行了十五届，其中四届的举办地在中国内地。

这个会议由印尼华侨实业家麦培满先生倡导发起，自 1991 年第一届以后每两年举办一次，下面是全部十五届的时间和举办地：

年　份	届　次	举办地
1991 年	第 一 届	印度尼西亚巴厘岛
1993 年	第 二 届	中国香港
1995 年	第 三 届	新加坡
1997 年	第 四 届	中国上海
1999 年	第 五 届	中国台湾台北
2001 年	第 六 届	马来西亚吉隆坡
2003 年	第 七 届	菲律宾马尼拉
2005 年	第 八 届	中国北京
2007 年	第 九 届	印度尼西亚巴厘岛
2009 年	第 十 届	中国台湾彰化
2011 年	第十一届	日本高松
2013 年	第十二届	中国江苏金坛
2015 年	第十三届	中国广东广州
2017 年	第十四届	中国台湾彰化
2019 年	第十五届	越南胡志明市

部分与会人员合影，前排右四为胡乐国

◆ 首届中国绿化博览会

　　首届中国绿化博览会于 2005 年 9 月 26 日—10 月 1 日在南京举行，胡乐国应邀做了现场盆景制作表演。（内容详见第四章）

◆ 张夷逸品盆艺观摩暨研讨会

张夷逸品盆艺观摩暨研讨会于 2005 年 10 月 15 日在苏州举行，会议由苏州市政协、民革苏州市委、苏州文联联合主办，时任中国风景园林学会花卉盆景分会赏石分会副理事长胡运骅、韦金笙主持，胡乐国应邀参加了本次活动。

《花木盆景》2005 年 11 月刊发表刘启华对本次活动的报道

胡乐国和众嘉宾一起为大会题字。照片由张夷提供

研讨会部分嘉宾。左起：赵庆泉、胡乐国、韦金笙、李茂柏、陆志伟

中国长三角花博会会议现场记录。图片右二为胡乐国

◆ 首届中国长三角花博会暨第三届中国苗交会

2005年10月21—23日，首届中国长三角花博会暨第三届中国苗交会在浙江省金华市仙桥花木城举行，胡乐国担任大会评委。

本次展览展出来自浙江、江苏和上海的树木、山水、微形盆景200余件，评选出13名金奖。

和部分与会人员合影。左三胡乐国，左四赵庆泉，左五魏积泉

◆ 2005 厦门·中国盆景艺术研讨会

2005 年 10 月 31 日—11 月 2 日，"2005 厦门·中国盆景艺术研讨会"在厦门大学召开，胡乐国应邀参加会议。时值厦门盆景花卉协会成立 20 周年，同期举办了"2005 年厦门盆景艺术展"，胡乐国为展会担任评委。

2005 厦门·中国盆景艺术研讨会召开

（本刊讯）10 月 31 日至 11 月 2 日，"2005 厦门·中国盆景艺术研讨会"在厦门大学召开。时值厦门盆景花卉协会成立 20 周年，来自全国各地的艺术大师、盆景爱好者和兄弟协会领导共 100 多人参加了庆祝活动，并就盆景艺术创新等问题作了学术交流。著名盆景艺术大师赵庆泉、胡乐国还分别做了松树盆景、水旱盆景的制作表演。本社总编邱祉轩应邀参加了研讨会。活动期间，厦门盆景花卉协会还举办了"2005 年厦门盆景艺术展"，共展出风格各异的盆景作品 400 多件。

《花木盆景》2005 年 11 月刊

本次活动中，胡乐国为大会做了松树盆景的制作表演，具体细节请见第四章。

会议现场记录。主席台左二为胡乐国

胡乐国为 2005 年厦门盆景艺术展担任评委。左二魏积泉，左三胡乐国，右二赵庆泉

◆ 中国花木盆景艺术论坛暨《花木盆景》杂志社第六届盆景艺术交流会

2005 年 11 月 27 日—12 月 1 日在福建漳州举行，胡乐国出席了会议并在活动期间举行了制作表演。

胡乐国在本次活动中的制作表演内容，请见第四章。

胡乐国在会议上发言。图片由王志宏提供

◆ 中国海派盆景研究中心成立

　　2005 年 12 月 3 日，"中国海派盆景研究中心"成立活动在上海植物园举行，胡乐国应邀参加活动并受聘为"海派盆景研究所"顾问，活动期间做了松树制作表演。（内容详见第四章）

胡乐国在活动现场

2006^年

◆ **中国沈阳世界园艺博览会盆景艺术展**

2006年4月30日，世界园艺博览会在中国辽宁沈阳世博园开幕，博览会展期从5月1日到10月31日共184天，世界五大洲有23个国家和我国53个城市参加了本次博览会。

中国沈阳世界园艺博览会盆景艺术展于2006年6月1日开幕，胡乐国参加了盆景展，并任展会评委。

2006中国沈阳世界园艺博览会盆景艺术展开幕式，右二为胡乐国

◆ **首度访问台湾盆景业界**

2006年6月29日至7月8日，胡乐国和大陆盆景人及《花木盆景》杂志人员辛常宝、鲍世骐、陈永康、刘小勤、徐旻、张勤等一起访问台湾盆景界，拜访了台湾盆景艺术家郑诚恭、林铭洲、梁悦美、蒋金林、苏义吉、李仲鸿等，还参观了盆景华风展（云林）。

之后，胡乐国在《花木盆景》2006年8月刊发表了对此程中引起他兴趣和思考的问题的文章《谈台湾五叶松盆景》。（文章内容请阅读第二章）

在台湾行程中的合照，以及和梁悦美的合照

2007^年

◆ 苏州市盆景协会、苏派盆景文化雅集

2007年5月18日，苏州市盆景协会、苏派盆景技能名师工作室揭牌仪式暨苏派盆景文化雅集在苏州虎丘万景山庄举行。中国盆景界知名人士胡运骅、韦金笙、胡乐国、赵庆泉、陆志伟、辛长宝、鲍世骐、王永康等参加了此次活动，胡乐国被聘为顾问。

本次活动嘉宾合影　　　　　　　　　　　本次活动嘉宾合影

◆ 浙江省风景园林学会盆景艺术分会选举胡乐国为终生名誉会长

2007年5月24日，浙江省风景园林学会盆景艺术分会在金华举行理事会，邀请施奠东担任顾问，潘仲连、胡乐国为终生名誉会长。

浙江省风景园林学会盆景艺术分会举办理事会年会

本刊讯（特约记者 王炘）5月24日，来自浙江各地的40多位省风景园林学会盆景艺术分会理事相聚金华，共商浙江盆景发展之路。理事会年会由何东华主持，王爱民作分会工作总结，夏国余作第三届理事会候选人名单的说明。最后，经过第三届理事会推选，王爱民被选为会长，张源盛、何东华、陶智敏、孙伟民、冯亮和为副会长，夏国余为秘书长，王传耀、王陈顺、刘荣森为副秘书长，另外有30多位被选为理事。邀请施奠东担任顾问，潘仲连、胡乐国为终生名誉会长。

会上各地协会的负责人向理事汇报了近几年各协会工作的开展情况。会后理事们一起到中国茶花文化园察看"省第五届盆景艺术展"布展场地（馆）情况，理事们决定在金华举办浙江省第五届盆景艺术展，时间为2007年10月18日至25日。

《花木盆景》2007年6月刊王炘报道

盆景展的主要嘉宾合影。自左到右：谢克英，王选民，胡乐国，胡运骅，赵庆泉，胡荣庆

◆ 第六届中国国际园林花卉博览会

2007年9月23日，第六届中国国际园林花卉博览会在厦门开幕，作为主要活动之一的盆景赏石展也于同日在园博园开展。胡乐国担任了盆景展评委。

评委证书

2008^年

◆ 中日盆景友好访问团访问日本，参观第 82 回日本国风展

2008 年 2 月 9 日，胡乐国随中日盆景友好访问团访问日本，参观第 82 回日本国风展。（详见第五章）

和部分同行的团员合影。右三为胡乐国，左二陆明珍，左三赵庆泉，左四胡运骅

◆ 中国盆景艺术高级研修班（第一期）

2008 年 4 月 7 日—12 日，由中国风景园林学会花卉盆景赏石分会主办，常州宝盛园协办的首届中国高级研修班在常州宝盛园举办，时任中盆会副理事长的胡运骅和韦金笙共同主持。时任中盆会秘书长陈秋幽，中国盆景艺术大师胡乐国、赵庆泉，宝盛园董事长辛长宝及全国各地资深盆景作家近 40 人出席和参与了此次高级研修班。

期间胡乐国和赵庆泉大师做了主题演讲，并共同为学员们的现场制作作品分析、点评和交流。

这个研修班的很多学员后来都成了中国盆景艺术大师，成为当今中国盆景界的中流砥柱

◆ 中国盆景高级研修班（第二期）和第一届中日盆景大师教学研讨会

2008 年 5 月 22 日—25 日，首届中国盆景高级研修班第二期在宝盛园举行，培训由韦金笙主持，听取了胡运骅、赵庆泉的演讲，胡乐国做了制作示范表演，专家们逐一对学员的作品做了点评。（胡乐国制作表演内容详见第四章）

第二期全体参与人员合照。和第一期一样，这批学员中的大部分盆景作家都是后来中国盆景艺术的中流砥柱

此次研修班期间，正值"中日盆栽友好视察团"WBFF 副理事长岩崎大藏和日本盆栽协会理事长竹山浩一行到访，故和第二期研修班的学员共同进行了交流，同期举行"第一届中日盆景艺术大师教学研讨会"。

日本盆栽协会会长竹山浩在中日盆景大师教学研讨会上发言，照片由赵庆泉提供

竹山浩会长和胡运骅副理事长，胡乐国大师、赵庆泉大师在研讨会上交流。照片由赵庆泉提供

◆ 第七届中国盆景展览

2008年9月20日—10月6日，第七届中国盆景展览在南京玄武湖公园举行。此次展览由中国风景园林学会、江苏省建设厅、南京市人民政府主办，参展城市达108个（包括港澳台），参赛盆景957件，展览主题为"传承发展，弘扬中国盆景文化"。

会议主办方邀请了在国内盆景界具有重要影响力的盆景大师和专家进行了盆景现场制作表演，胡乐国的表演现场详细内容见第四章。

同时，胡乐国还担任了第七届中国盆景展览的评委。

评委会成员合影——自左起：李树华、赵庆泉、胡运骅、吴成发、胡乐国、郑永泰、冯连生。图片来自第七届中国盆景展览会组织委员会编的《第七届中国盆景展览会拔粹》

◆ 国际盆栽赏石协会 BCI 盆栽大师认证

◆ 第四届中国盆景学术研讨会

2008 年 11 月 20 日—22 日，第四届中国盆景学术研讨会在扬州召开，本届研讨会由中国风景园林学会、扬州市人民政府主办。

研讨会主题：中国盆景的创新与发展。

会议重点讨论了中国盆景艺术大师的评选办法的改进，推动中国盆景艺术申报非物质文化遗产的意义和行动计划，研讨了新时期中国盆景艺术的创新和发展道路。

胡乐国在研讨会上做了发言，发言稿内容见第二章。

《花木盆景》杂志 2008 年 12 月刊对本次会议的报道

◆ 温州非物质文化遗产——温州盆景技艺

2008 年 12 月胡乐国收到温州市人民政府、温州市文化广播新闻出版局颁发的温州盆景技艺非物质文化遗产证书。

2009年

◆ 中国松树盆景研讨会

中国松树盆景研讨会于 2009 年 4 月 29 日在广东顺德品松丘举行。

岭南盆景历来以杂木见长，但岭南盆景界努力探索山松的培育与制作技艺，一大批精品以独特的气质得到全国盆景界的关注，也让山松这种分布比较普遍的树种资源得到了重新的定位。

本次研讨会经由胡运骅主席的努力，多次实地考察，并和专家胡乐国多次讨论考证，最后成功召开。

会议由赵庆泉主持，胡运骅做主题演讲，胡乐国、梁玉庆、韩学年、郑永泰、彭盛材等都在会议上做了发言。大家回顾了岭南松树盆景的发展历程，点评松树盆景的独特魅力，交流松树盆景的制作技巧，分析岭南松树盆景代表人物的不同风格。

胡乐国在会议上发言。图片提供：韩学年　"中国松树盆景研讨会"主要与会者合影

◆ 第七届中国（济南）国际园林花卉博览会

2009 年 9 月 22 日第七届中国（济南）国际园林花卉博览会在济南开幕，胡乐国担任了盆景艺术评比小组的评委。

◆ 浙江省首批"优秀民间文艺人才"

2009 年 10 月胡乐国被中共浙江省委宣传部、浙江省文化厅等单位确定为浙江省首批"优秀民间文艺人才"。

◆ 世界盆景友好联盟中国地区执行委员会第一次会议

2009 年 12 月 5 日，胡乐国作为世界盆景友好联盟中共地区执行委员会成员出席在上海植物园举行的 WBFF 中国地区执行委员会第一次会议。（内容详见第五章）

◆ 首届中国（安吉）休闲农业和乡村盆景展

2009 年胡乐国出席首届中国（安吉）休闲农业和乡村盆景展。

盆景展期间胡乐国（中）和时任浙江盆会会长王爱民（右），时任盆会秘书长王和顺（左）在展览现场交流，照片拍摄：徐昊

2010 ^年 ◆ 中国杂木盆景研讨会

2010 年 6 月 5—6 日"中国杂木盆景研讨会"在福建泉州召开。

研讨会由中国风景园林学会花卉盆景赏石分会、福建省风景园林学会、泉州市市政公用事业管理局主办，时任中盆会副理事长的韦金笙主持会议。中盆会副理事长胡运骅、赵庆泉，以及中国盆景艺术大师胡乐国、梁玉庆、徐昊等做了发言。

会议就杂木盆景的概念与分类展开了讨论，同时回顾了杂木盆景的发展历程。会议上，刘传刚、魏积泉、谢继书等人应邀做了现场制作表演，会议还举办了一次别开生面的杂木盆景讲评活动。讲评活动由胡运骅主持，赵庆泉、胡乐国、郑永泰等轮流对来自福建不同地区的 40 余件作品进行点评，现场气氛热烈。

胡乐国在大会上做了"杂谈杂木盆景"的发言。发言文章见第二章

中国杂木盆景研讨会与会人员合影。前排右四：胡乐国

◆ 非物质文化遗产"温州盆景技艺"代表性传承人

2010年6月温州文化广电新闻出版局评定胡乐国为温州市非物质文化遗产"温州盆景技艺"代表性传承人。

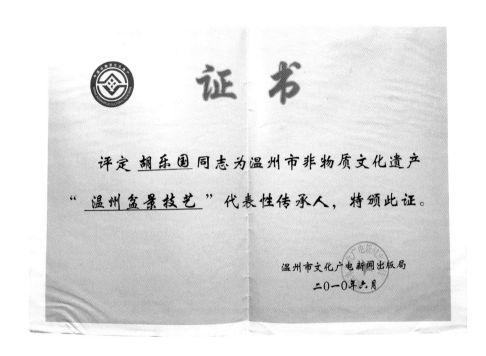

◆ 中国风景园林学会花卉盆景赏石分会第七届理事会

2010年9月22日，中国风景园林学会花卉盆景赏石分会第七届理事会在青岛召开。

会议推选了第七届理事会理事长为甘伟林；顾问为傅珊仪、贺淦荪、胡乐国等；副理事长为胡运骅、赵庆泉、沈方等；秘书长为陈秋幽；副秘书长为陆明珍、魏积泉等。

◆ "东沃杯"中国盆景精品邀请展暨创作比赛

2010年10月1日—7日,"东沃杯"中国盆景精品邀请展暨创作比赛在上海植物园举行。此次展览共展出全国各地送展的200余件高素质的作品。展览同时还举行了高水准的盆景创作比赛,国内外有影响力的盆景大师和专家吴成发、刘传钢、王元康、王恒亮、史佩元、范义成、Robert Smith(加拿大)等做了现场制作表演。

胡乐国和韦金笙、辛长宝等在现场合影

胡乐国和李树华(左),盛影姣(右)在展会现场合影

胡乐国在创作比赛现场指导

胡乐国(左二)和梁悦美(左三)在现场指导

2011^年

◆ 首届全国网络盆景展

2011 年 9 月 30 日，由盆景乐园论坛网主办、南京盆景赏石协会协办的国内首届全国网络盆景展在南京古林公园举行，胡乐国出席了会议。

《花木盆景》杂志 2011 年 11 月刊对此次活动的报道

◆ 浙江盆景精品邀请展暨创作比赛

2011 年 10 月 1 日—7 日，2011 浙江盆景精品邀请展暨创作比赛在上海植物园举行。本次活动由上海绿化和市容管理局主办，浙江省风景园林学会盆景艺术分会、浙江省花卉协会盆景分会等单位协办。上海市绿化和市容管理局局长马云安、世界盆景友好联盟主席胡运骅为展览揭幕，胡乐国、胡荣庆、邵海忠、汪彝鼎等盆景艺术大师出席了活动。

参展的浙江盆景人和胡运骅、胡乐国合影

胡运骅、胡乐国、赵庆泉等点评刘传钢制作的作品。图片拍摄和提供：刘少红

◆ 第五届中国盆景艺术研讨会

2011 年 10 月 22 日—23 日，由中国风景园林学会花卉盆景分会主办的第五届中国盆景艺术研讨会在浙江宁波绿野山庄召开。

本次研讨会主题："中国盆景的传承与创新"。胡运骅、胡乐国、梁玉庆、赵庆泉、刘传钢、范义成、韩学年等在会议上做了专题发言。刘传钢、任晓明、张志刚等 13 人做了盆景制作表演。

第五届中国盆景学术研讨会现场记录。图片拍摄和提供：刘少红

胡乐国在大会上做了题为《谈中国盆景的创新与发展》的发言。图片拍摄和提供：刘少红

第五届中国盆景学术研讨会与会人员合影

此次研讨会上，中国风景园林学会花卉盆景赏石分会授予贺淦荪、潘仲连、胡乐国三人"盆景艺术终生成就奖"。胡乐国同时受邀担任中国风景园林学会盆景赏石分会顾问。

中盆会还向韩学年、王元康等55人颁发了"中国盆景高级艺术师"荣誉证书，《花木盆景》杂志2011年11月刊的报道有这些人员的详细名单。

2011年是中国风景园林学会花卉盆景赏石分会（原中国花卉盆景协会）成立30周年的日子，甘伟林理事长在本次研讨会上对中盆会30年的发展情况做了全面的总结。

《花木盆景》2011年11月刊的专题报道

◆ 第十一届亚太盆景赏石会议

2011年11月胡乐国参观了日本第十一届亚太盆栽水石高松大会。（内容详见第五章）

2012^年　◆　吴成法大师盆景作品及古盆藏品展

　　2012 年 2 月 27 日中国盆景艺术大师吴成法盆景作品及古盆藏品展在
广州流花公园举办。本次展会由广州市林业和园林局等单位主办，展出吴
先生 200 余盆盆景精品和 300 件珍藏古盆。甘伟林、胡运骅、辛长宝、胡
乐国、赵庆泉等国内外 200 多名盆景界知名人士出席了开幕式。

胡乐国和展会其他嘉宾在现场合影，从左至右：刘源望，辛长宝，胡乐国，赵庆泉，
陈文娟。照片由赵庆泉提供

胡乐国和赵庆泉在展览现场讨论，左一为吴成发

寻梦中国盆景　相约美好安康

10 月 20 日，四年一度的中国盆景盛事——第八届中国盆景展在陕西省安康市举行，来自全国 85 个城市的 950 件盆景作品参展。本届盆景展首次走进西部，以"寻梦中国盆景，相约美好安康"为主题，是历届盆景展中西部地区参展城市最多的一届。图为北京盆景协会会长沈方（左一）向中国风景园林学会盆景赏石分会理事长甘伟林（右一）、中国盆景艺术大师胡乐国（左二）介绍北京参展的盆景作品。　**本报记者　一词　摄**

中国花卉报　二〇一二年十月廿音

北京盆景协会会长沈方向中盆会理事长甘为林，中国盆景艺术大师胡乐国介绍展出的北京盆景——《中国花卉报》2012 年 10 月 23 日报道

◆ 第八届中国盆景展览

2012 年 10 月 20 日—27 日，第八届中国盆景展览在陕西省安康市举行，这是这个四年一届的中国最高级别的盛会第一次走进西部地区。意在加强各地区间的盆景文化交流，促进中国西部地区的盆景文化事业的发展。

胡乐国和胡运骅、赵庆泉、冯连生、郑永泰、吴成发、刘传钢、魏积泉、梁玉庆、胡荣庆组成大展评委，为参展的 950 件作品评出了 59 个金奖、157 个银奖、300 个铜奖。

展会期间，中国风景园林学会花卉盆景赏石分会还正式授予吴成发、郑永泰、韩学年等第四批中国盆景艺术大师荣誉称号。

胡乐国在展览期间的制作
比赛场地现场指导参赛者

　　中国盆景展览全记录

届　次	年份	举　办　地
第一届中国盆景评比展览	1985 年 10 月 1 日—30 日	上海虹口公园
第二届中国盆景评比展览	1989 年 9 月 25 日—10 月 15 日	武汉市群芳馆
第三届中国盆景评比展览	1994 年 5 月 10 日—5 月 30 日	天津盆景园
第四届中国盆景评比展览	1997 年 10 月 18 日—11 月 6 日	扬州瘦西湖公园
第五届中国盆景评比展览	2001 年 5 月 15 日—6 月 5 日	苏州虎丘山风景区
第六届中国盆景展览	2004 年 10 月 1 日—10 月 10 日	福建泉州东湖公园
第七届中国盆景展览	2008 年 9 月 20 日—10 月 6 日	南京玄武湖公园
第八届中国盆景展览	2012 年 10 月 20 日—10 月 27 日	陕西省安康市金州广场
第九届中国盆景展览	2016 年 9 月 30 日—10 月 7 日	广东省广州番禺广场
第十届中国盆景展览	2020 年 9 月 29 日—10 月 7 日	江苏沭阳国际花木城

（从第六届开始，"中国盆景评比展览"更名为"中国盆景展览"）

历史资料　　中国花卉博览会全记录

届次	年份	举办地
第一届中国花卉博览会	1987 年 4 月 28 日—5 月 8 日	全国农业展览馆（北京）
第二届中国花卉博览会	1989 年 9 月 26 日—10 月 3 日	全国农业展览馆（北京）
第三届中国花卉博览会	1993 年 4 月 22 日—5 月 6 日	全国农业展览馆（北京）
第四届中国花卉博览会	1997 年 4 月 11 日—4 月 20 日	上海长风公园
第五届中国花卉博览会	2001 年 9 月 28 日—10 月 7 日	广东顺德陈村花卉世界
第六届中国花卉博览会	2005 年 9 月 28 日—10 月 7 日	成都花博国际会展中心
第七届中国花卉博览会	2009 年 9 月 26 日—10 月 5 日	北京顺义，山东潍坊青州市
第八届中国花卉博览会	2013 年 9 月 28 日—10 月 27 日	江苏省常州市武进区
第九届中国花卉博览会	2017 年 9 月 1 日—10 月 7 日	宁夏银川花博会
第十届中国花卉博览会	2021 年 5 月 21 日—7 月 2 日	上海崇明区东平国家森林公园

2013年 ◆ 国际盆景大会

　　2013 年 4 月 18 日—20 日，2013 中国扬州"烟花三月"国际经贸旅游节暨国际盆景大会在扬州瘦西湖举行，来自美国、日本、澳大利亚、韩国、印度尼西亚、意大利等国家和地区的数百名嘉宾和来自全国各地的盆景界人士参加了 18 日的开幕式。胡乐国参加了会议，并担任盆景展的评委，同时应邀在 19 日举行的盆景现场表演，与 10 位来自全世界各地的盆景大师共同进行制作表演。（内容详见第五章）

◆ 第七届世界盆景友好联盟大会暨第十二届亚太盆景赏石大会

2013 年 9 月 25 日，第七届世界盆景友好联盟大会暨第十二届亚太盆景赏石大会在江苏金坛举行，胡乐国担任了评委，并参加了制作表演。（内容详见第五章）

大会给胡乐国颁发示范制作表演纪念证书。左一胡乐国，左二赵庆泉

2014^年 ◆ 第二届长三角盆景精品展

2014 年 5 月 16 日—18 日，第二届长三角盆景精品展在上海植物园举行，以"精致盆景，美好生活"为主题，集中展示长三角地区在盆景艺术上取得的成绩。

胡乐国在展览现场和陆明珍、赵庆泉的合影

◆ 第六届中国盆景学术研讨会暨精品盆景（沭阳）邀请展

2014 年 9 月 18 日—24 日，第六届中国盆景学术研讨会暨精品盆景（沭阳）邀请展在沭阳国际花木城举行。

本次会议主题："爱盆景，爱生活。" 会议由中国风景园林学会花卉盆景赏石分会副理事长赵庆泉主持。这次会议不是以纯学术的方式举行的，它结合了学术交流、大师表演、技能比赛、作品评奖以及盆景销售等活动。同时还发布了由贺淦荪大师的后人撰写的《中国动势盆景》一书。

特别策划┃第六届中国盆景学术研讨会专辑

成果展示 喜悦共享

四面八方齐相聚，携手共进创辉煌。来自广东、广西、上海、湖北、浙江、四川、安徽、山东、河南、香港以及江苏各地级市的盆景爱好者欢聚一堂，展出了近 500 盆精品盆景。由胡运骅、赵庆泉、胡乐国、冯连生、王恒亮、梁玉庆、魏积泉、唐森林等组成评委团，共评出金奖 31 件，银奖 63 件，铜奖 130 件。

▲颁奖现场

在本次活动中，已经 80 高龄的胡乐国担任了作品评奖的工作

历史上的中国盆景学术研讨会和主题研讨会

"中国盆景学术研讨会"自1986年的第一届开始到2019年的第八届，30多年来共举行了8次，外加5个主题研讨会，共举办了13次全国性的学术研讨会。

届次	年份	举办地
第一届中国盆景学术研讨会	1986年10月6日—10日	湖北武汉
第二届中国盆景学术研讨会	2002年9月20日—22日	湖南岳阳
第三届中国盆景学术研讨会	2004年5月18日—20日	湖北武汉
第四届中国盆景学术研讨会	2008年11月20日—22日	江苏扬州
第五届中国盆景学术研讨会	2011年10月22日—23日	浙江宁波
第六届中国盆景学术研讨会	2014年9月18日—24日	江苏沭阳
第七届中国盆景学术研讨会	2017年10月28日—29日	四川成都
第八届中国盆景学术研讨会	2019年10月31日—11月7日	四川重庆
中国松树盆景研讨会	2009年4月29日	广东顺德
中国杂木盆景研讨会	2010年6月5日—6日	福建泉州
岭南"素仁格"盆景艺术研讨会	2017年9月28日	广东广州
潘仲连盆景艺术研讨会	2017年11月16日	浙江杭州
胡乐国盆景艺术研讨会	2019年8月10日	浙江温州

◆ 首届"中国杯"盆景大赛暨中国花协盆景分会成立

　　2014年10月28日，由中国花卉协会主办的首届"中国杯"盆景大赛在江苏如皋市举行。

　　胡乐国担任了盆景赛的评委，并出席了中国花协盆景分会的成立大会。

胡乐国在首届中国杯盆景大赛的开幕式上。右二为胡乐国，图片来自《花木盆景》2015年1月刊

首届"中国杯"评委和监委合影。照片由赵庆泉提供

◆ "中国尊"中国盆景收藏家藏品大展

　　2014年10月30日至11月2日，由中国盆景艺术家协会和余姚市人民政府主办的"中国尊"中国盆景收藏家藏品大展在余姚市高风中学举办。活动期间，樊顺利、黄敖训、郑诚恭、徐昊、小林国雄等同台演绎盆景创作。

胡乐国应邀参加了此次活动。图片来自《花木盆景》2015年1月刊

2015^年 ◆ 昆明（斗南）中国盆景精品邀请展暨云南赏石根艺展

　　2015 年 1 月 15 日，"2015 年昆明（斗南）中国盆景精品邀请展暨云南赏石根艺展"在斗南国际花卉产业园区开幕。此次展会由中国风景园林学会花卉盆景赏石分会、国际盆景协会（BCI）中国地区委员会和世界盆景友好联盟（WBFF）中国地区委员会主办，盆景界知名人士甘伟林、胡运骅、胡乐国、赵庆泉、陆明珍等出席了开幕式，胡乐国还担任了盆景展评委。

认真的评审工作者，前排右一为胡乐国

时任《花木盆景》杂志社长郑冠宇陪同胡乐国观赏展品，图片来自《花木盆景》2015 年 3 月刊

盆景评审委员会全体合影。左起：刘传钢、谢克英、田一卫、赵庆泉、李克文、陆志伟、胡乐国、黄就伟、解道乾

◆ 中国风景园林学会花卉盆景赏石分会第八届理事大会

2015 年 4 月 21 日，中国风景园林学会花卉盆景赏石分会第八届理事大会在浙江省宁波市绿野山庄召开。会议宣布新一届理事会领导成员，陈昌成为中盆会历史上第三任理事长，李克文为常务副理事长。

"中国风景园林学会花卉盆景赏石分会"新一届理事会领导成员：

名誉理事长：甘伟林，胡运骅

理事长：陈昌

常务副理事长：李克文

副理事长：赵庆泉，黄就伟，魏积泉，吴成发，袁心义等 15 人

顾问：胡乐国，郑永泰，陆明珍等 6 人

秘书长：陈秋幽

胡乐国顾问聘书

中盆会第八届理事会顾问证书授予仪式。左起：郑永泰、陆明珍、胡乐国、陈昌、李克文

同日，绿野山庄"百师苑"举行盛大开园仪式。

李克文、袁心义、甘伟林、胡运骅、陈昌、胡乐国为"百师苑"开园揭牌

◆ 首届中国盆景制作比赛暨第二届中国精品盆景（沭阳）邀请展

盆景制作比赛的参赛者合影。图片来自《花木盆景》2015 年 11 月刊

2015 年 9 月 28 日—10 月 7 日，第三届中国沭阳花木节首届中国盆景制作比赛暨第二届中国精品盆景（沭阳）邀请展在中国沭阳国际花木城举行。

本次活动由中国风景园林学会花卉盆景赏石分会、中国花卉协会绿化观赏苗木分会、沭阳县花木管委会主办，中盆会领导胡运骅、李克文、赵庆泉等，中国盆景艺术大师胡乐国、梁玉庆、郑永泰等，汇同相关部门领导出席了 9 月 30 日的开幕式。

活动吸引了来自全国 13 个省份的 200 余名参赛者报名参加盆景制作比赛，盆景展展出了来自各地的 500 余盆盆景精品，胡乐国担任了盆景展评委。

评委和参加评选工作的人员合影。右五为胡乐国

展会现场，张志钢和胡乐国在交流

2016^年

◆ 中国昆明"世博杯"中国盆景艺术大师、名人名园作品邀请展

2016年5月1日—5日，"2016年中国昆明'世博杯'中国盆景艺术大师、名人名园作品邀请展"在昆明世博园内举行。

主办方云南省盆景赏石协会邀请了全国各地的知名盆景园携名家作品进行展览，旨在通过这些高规格的作品，扩大云南爱好者和从业者的队伍，提高整体水平。

大会对名人名园的介绍

◆ 长三角第三届精品盆景艺术文化展

2016 年 9 月 30 日，长三角第三届精品盆景艺术文化展在宁波市绿野山居举行。来自宁波、南京、上海、杭州、温州、台州、金华等地的 300 盆精品盆景汇聚一堂。

胡乐国担任了本次展览的评委。

展览评委等合影。右四为胡乐国

2017^年 ◆ 2017 年 10 月胡乐国因病住院，11 月
接受手术

2018^年 ◆ 2018 年 6 月《胡乐国盆景作品》出版

《胡乐国盆景作品》
出版

图 1 《胡乐国盆景作品》一书

中国盆景艺术大师胡乐国的新书《胡乐国盆景作品》
近日由浙江大学出版社出版。

本书集胡乐国大师一生心血，展现了盆景艺术至高
水准。它用详尽的资料介绍了大师近 50 年的人生和创作
历程，又用 100 多幅作品照片分阶段全面展示了大师涵
盖各个时期的代表作品，许多资料都是首次公开。书中
还选登了大师主要的文字作品以及业界同行对其作品的
赏析文章，具有很高的艺术欣赏价值和理论分析价值，
非常值得珍藏。

从黑白照片展示的大师初期阶段风格突出的作品，
到相对完美的彩色照片展示的既有独特风格又有纯熟韵
味的近期作品，每翻过一页，我们都和大师一起经历时

代的变迁，俯瞰中国盆景艺术的发展轨迹。

本书 8 开精装彩印，封面采用低调的黑色
艺术纸烫金烫白凹凸工艺，制作精美。本书目
前已经发行，在浙江大学出版社和国内主要图
书经营渠道的网络平台上均有出售。

图 2 本书内页

《花木盆景》2018 年 7 月刊对本书出版的宣传

《中国花卉盆景》2018 年 6
月刊对本书出版的报道

◆ 2018 年 8 月 11 日胡乐国因病在家中去世，享年 85 岁

《中国花卉盆景》杂志非常用心地用胡乐国的作品做封面，用 2018 年 8 月刊做了纪念胡乐国大师的专辑。

《中国花卉盆景》2018 年 8 月刊的部分内容

《花木盆景》2018 年 9 月刊登载纪念胡乐国文章

◆ 2018 年 8 月 15 日追悼会

胡乐国大师追悼会于 2018 年 8 月 15 日上午 5：00 在温州殡仪馆举行。来自全国各地各组织的近二百人亲临现场告别。

一代宗师，从此安眠在他的故土温州仰义的柏山陵园，以松柏为邻，枕高山俯瞰家乡。

2018 年 8 月 15 日，胡乐国告别追悼仪式现场

温州市柏山陵园

烂柯山中

第四章

烂 柯 山 中

教学和制作表演现场纪实

———

CHAPTER FOUR

As Time Goes By – Instruciton and On Site Demonstrations

盆景艺术是一个非常特殊的艺术门类，它的特殊性除了它的艺术表达的主体是有生命的，是四维的以外，它还对艺术作家有非常苛刻的要求：即要有超强的体力劳动能力和手工技巧技术，还要具备多方面的专业知识：植物学，土壤学，美学构图，文学素养等等。

从历史沿袭的角度来看，中国早期的盆景作者是从"花农"和"花工"延伸过来的。他们或因生活环境原因（如生活在以养花为生计的环境中）或因生计原因走向这条道路，因此，他们的普遍特点是文化水平低下。即使到20世纪80年代初期，很突出的盆景作者，甚至专业的盆景艺术工作者，也是被称为"艺人"的，比如1983年召开的我国最早的盆景艺术工作者全国性会议的名称就叫"全国盆景老艺人座谈会"。

由于历史和艺术的特殊性，这个行业中有很多能工巧匠，也有不少理论家和评论家，唯独缺乏两者结合于一身、作品认知度高、理论基础深厚的真正的盆景艺术家。他们在技术上过硬，作品艺术性高，同时又在理论上能起到引领、创新作用，善于也甘于指导后辈，到全国各地传业解惑，在各大场合现场制作表演，用最生动的形式为大家传授盆景艺术制作技巧，传达盆景艺术的感悟精髓。胡乐国大师便是这样一位盆景作家。

胡乐国大师在他漫长的盆景艺术生涯中，有无数个教学和现场制作表演的记录，我们这里选录部分，它们是胡乐国作为"老师"和"大师"的足迹，也是中国盆景艺术发展历史细节的纪实。

32个课堂教学和制作表演现场记录（1979—2013）

01 | 担任温州园林技校教学工作

1979 年—1982 年

1979 年，温州园林的领导和业务骨干意识到一个园林系统普遍的问题：业务上可胜任的员工普遍文化程度偏低，而且一线的大部分员工都是新中国成立后公私合营收入编制的早期花农和私人花园的技工，这部分人员也到了退休年龄。

经由劳动局批准，开办了园林技术学校，第一批招收了 47 名学生，学制 3 年，同时组织本单位的工程师和技术人员担任专业老师，胡乐国就在负责盆景园工作的同时，还兼职了园林技校的盆景专业老师。

这批学生 1982 年毕业，大部分被分派到园林下属的各基层单位，在缓和园林部门劳力不足的同时，也大幅度提高了职工队伍的文化和技术素质。

后来，这批学生成了支撑温州园林工作的主力军，他们有的任公园管理、城市绿化养护部门的主要领导人，有的在各个职能部门把关城市绿化，严控园林质监——这也是和胡乐国一样承担事业传承的老一辈盆景人为社会所作的贡献。

1979 届温州园林技校学生毕业 30 周年的合照，照片由许挺立提供，第二排左一为胡乐国

胡乐国为技校教学自行编写的教材

1983 年

胡乐国会议现场表演一：
梳理枝条

胡乐国会议现场表演二：
主飘枝做下垂处理

胡乐国会议现场表演三：
去除多余枝条

胡乐国会议现场表演四：
树冠定向

胡乐国会议现场表演五：
完成！展势与主干和谐，枝条处理清晰，干净利落

    1983 年 10 月 10—12 日，中国花卉盆景协会在扬州召开了全国盆景老
艺人座谈会。

    座谈会期间德高望重的老一辈盆景人都在研究班亲自讲授盆景技艺，
举行现场操作示范。胡乐国被大会安排在殷子敏老师和朱子安老师的表演
后面进行现场表演。

03 │ 担任浙江省花卉协会主办的"省出口盆景培训班"主讲

1985 年—1988 年

1985 年 11 月—1988 年 11 月，胡乐国担任浙江省花卉协会主办的"省出口盆景培训班"主讲，每年一期。这个培训班给各县市的盆景地方组织人员提供了非常好的基础知识教育，为他们的水平提高起到了重要作用。

与培训班学员的合照，前排左五为胡乐国

培训班课堂

制作指导

一九八八年十一月，桐庐县花卉盆景协会成立，我被大家推举为副会长，并推荐参加省花协在杭州余杭举办的"出口盆景培训班"学习。

培训班历时两周，其中主讲老师是久负盛名的胡乐国先生。学习内容比较系统、全面，且有实际操作演示。结业考试是每位学员各制作一件小型五针松盆景和山石（砂积石）盆景，老师根据习作优劣评定成绩。我被评为"优秀"。

这次培训，对我盆景技艺的提高和日后个人风格的形成，都有不小的影响。同时，胡老师朴实、平易、挚着、扎实的基本功和不断进取的创新精神，给我留下深刻的印象。

生命点赞 金银藤 H23 飘长70cm 杨文松 作

培训班结束时，作者与胡乐国老师合影。▶

浙江桐庐盆景协会的杨文松在他的盆景生涯小集《浪花集》中对这个学习班的亲历记录以及他和胡乐国老师的交集合影，摘自《浪花集》第 7 页内容

同期胡乐国与其他学员的照片

04 | 受邀担任北京林业大学"盆景师资培训班"主讲

1987 年

1987 年 8 月，受北京教育局和北京林业大学邀请担任"盆景师资培训班"主讲，《中国花卉报》进行了报道。

课堂记录

和学员合影，前排左四为胡乐国

师生情谊

《中国花卉报》的报道

05 | 连续二十年担任温州市老年大学盆景专业教师兼"园林艺术"课讲师

1987 年—2007 年

　　1987 年 9 月开始，连续二十年担任温州市老年大学盆景专业教师，兼"园林艺术"课讲师。自编了《盆景艺术》授课书。

　　温州老年大学的创始人之一何文海老师是原温州七中的生物老师，温州七中和胡乐国任职的温州妙果寺盆景园只有一墙之隔，他在任教期间在校园靠近盆景园的位置创立百草园，收藏和种植了近百味的中草药样本供学生辨识，这在当时也属非常少见的。两个热爱植物的人就这样相识相知多年。何老师退休以后继续发挥余热，创办了温州老年大学，多次登门邀请胡乐国到校任教，就这样，胡乐国在这里坚持了 20 余年的教学工作。

室外课堂

课堂记录

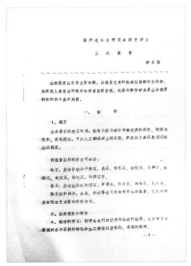

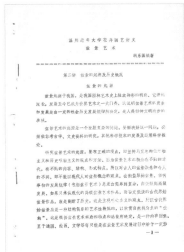

胡乐国自行编辑的盆景艺术课程
的讲义

温州老年大学的创始人之一何文海老师和胡乐国
的合影

和老年大学的学员们的合照

06 | 担任中国盆景艺术家协会主办的"园艺与盆景艺术培训班"树木盆景的主讲老师

1988 年—1997 年

1988 年 12 月—1997 年 10 月，胡乐国担任了中国盆景艺术家协会在全国各地举办的"园艺与盆景艺术培训班"树木盆景主讲老师，每年一届，历时近十年。

1990 年第三届培训班的学员和中国盆景艺术家协会的老师及领导合影，第三排中间为当时的协会的部分领导：徐晓白会长，苏本一常务副会长，胡乐国，赵庆泉和李特副会长等

1991 年在苏州举行的第五届园林盆景艺术讲座的讲坛上

在这次活动期间胡乐国和苏本一的合照

1997 年的培训班课堂

苏州第五届培训班期间胡乐国和黄敖训的合照，这是
两位大师的第一次合照记录，后来他们在松树盆景的
领域里有长达几十年的交集

1990 年

　　1990 年，胡乐国参加了在淮南市举行的华东地区盆景学术研讨会，并在会议上做制作表演。

如何拼植两棵树木

拼植后进行枝条的梳理和互相协调

08 | 应邀访问法国南部并在地区盆景展上与多国盆景艺术家同台制作表演

1998 年

1998 年 3 月 17 日—4 月 14 日,胡乐国应法国南部盆景协会的邀请,对法国南部马赛、尼斯、土伦等地的盆景园进行了访问,并参加了法国地中海沿岸地区展,做了 7 场现场制作表演。

胡乐国和法国南部盆景协会做制作交流

关于本次活动详细内容见第五章

09 | 中国"金马杯"盆景作品大赛

1998 年

1998 年 2 月，成都温江中国"金马杯"盆景作品大赛，胡乐国担任评委，同时为同期举行的盆景培训班讲授树木盆景造型课。

为中国"金马杯"盆景作品大赛开幕式剪彩，左四为胡乐国

10 ┃ "中国乡镇盆景博物馆"开馆仪式

2000年

2000年11月30日,"中国乡镇盆景博物馆"(馆长:张夷)在江苏江阴市月城镇举行开馆仪式,来自全国各地及印尼、马来西亚、新加坡、泰国、美国以及港澳台共200余人参加了活动,其中包括已经92岁高龄的徐晓白先生和82岁高龄的殷子敏先生。

胡乐国参加了活动,并举行了盆景制作表演,同台表演的还有梁悦美、朱勤飞、汪亦鼎等。

胡乐国的五针松制作表演

制作完成后与梁悦美、陆志伟的合照

11 | 《花木盆景》杂志社第四届学术交流会

2001 年

2001 年 5 月 17 日—21 日，"《花木盆景》杂志社第四届学术交流会"在苏州举行，胡乐国做了题为《五针松盆景的造型》的学术报告，并在现场进行了制作表演。

花木盆景杂志社第四届学术交流会在苏州举行

[本刊讯] 为了总结成绩，交流信息，切磋技艺，让读者、作者、编者相互增进了解，联络感情，共同推动花木盆景事业的发展，花木盆景杂志社于2001年5月17日-21日在农业部苏州培训中心（仙客来宾馆）成功举办了第四届学术交流会。

开幕式由本刊编委、华中农业大学林学系王彩云副教授主持，本刊主编张衍泽同志在开幕式上致辞。

出席开幕式的有中国风景园林学会副理事长兼花卉盆景分会理事长、本刊名誉社长甘伟林，花卉盆景分会副理事长、本刊顾问傅珊仪，花卉盆景分会副理事长、本刊编委韦金笙，中国盆景艺术大师汪彝鼎、冯连生，香港盆景雅石协会副主席冯志平，苏州农业学校校长戴洪生，副校长成海钟，苏州市园林局宣教处处长卢彩萍，虎丘山管理处副主任尤建明，农业部苏州培训中心主任陈箭飞等，来自北京、上海、广东、广西、河南、江西、山西、新疆、甘肃、浙江、湖南、湖北、辽宁、安徽、福建、贵州、山东、云南、吉林、四川、江苏、重庆、香港等23个省、市、自治区的150余名代表参加了会议。

这次学术交流会，通过专家讲座与代表交流相结合、代表提问与专家答疑相结合、理论探讨与实际操作演示相结合、口头交流与书面交流相结合、传统的讲授方法与现代教学方法

▶ 交流会开幕式。左起王彩云、傅珊仪、甘伟林、韦金笙、戴洪生、张衍泽。

相结合，会上交流与会下交流、会上交流与现场参观考察相结合等多种形式的交流讲座，收到了良好的效果。会议期间，9名专家进行了专题讲座。韦金笙通过投影机用大量图片介绍了《盆景的分类》，汪彝鼎教授讲解并制作《山水盆景》，彭春生教授《盆景创新流派的时代特征》，胡运骅通过手提电脑、投影机用大量图片讲授《外国盆景现状》、《盆景鉴赏》，冯连生教授《树石动势盆景》，胡乐国讲授并演示《五针松盆景的造型》，王选民讲授《盆景舍利干制作》，刘传刚讲授《博兰盆景》、《盆景创业之路》，林凤书讲授并演示《水旱盆景制作》。

此次会议，恰逢第五届中国盆景评比展览在苏州举行。会议组织代表参观了全国盆景展览，参观考察了苏州现代化的花卉企业"维生种苗有限公司"。

本届学术交流会得到了与会代表的一致好评，大家认为，这次会议开得很好，使代表们打开了眼界，拓宽了视野，增长了知识，提高了技艺，坚定了信心，振奋了精神，同时广交了朋友，增进了友谊，对于推动花卉盆景事业的发展，进一步办好《花木盆景》杂志将起到积极作用。

▲ 韦金笙先生在授课

▲ 汪彝鼎先生在授课

▲ 胡运骅先生在授课

▲ 胡乐国先生在授课

▲ 林凤书先生在授课

▲ 彭春生先生在授课

▲ 冯连生先生在授课

4 盆景赏石

《花木盆景》2001 年 6 月刊

12 | 耐翁盆景暨园林艺术研讨会

2001 年

　　2001 年 5 月 26 日—27 日，由厦门市林业局、厦门市盆景花卉协会和《花木盆景》杂志社共同主办的"耐翁盆景暨园林艺术研讨会"在厦门举行，胡乐国参加了研讨会并进行了盆景制作表演。

胡乐国的现场制作表演

13 | 陕西省首届盆景艺术全国邀请展和《花木盆景》杂志第五届盆景学术交流会

2002 年

　　2002 年 5 月 1—5 日，《花木盆景》杂志在西安与西安市雁塔区政府，陕西省盆景艺术协会（筹），陕西万达园艺盆景有限公司联合举办了陕西省首届盆景艺术全国邀请展和第五届盆景学术交流会，胡乐国参加了这次旨在推动我国西部花卉盆景事业发展的活动，并做了现场制作表演。

《花木盆景》2002 年 5 月刊的报道

热情欢迎中国盆景艺术大师胡乐国先生传经授艺

胡乐国在第二届云南盆景艺术评比展上为大家讲课

14 | 第二届云南省(蒙自)盆景艺术评比展

2002 年

2002 年 8 月 15 日—20 日,胡乐国应邀担任在云南蒙自举行的第二届云南省盆景艺术评比展主评委(这也是云南省盆景赏石协会邀请中国盆景艺术大师在全省性专业展览担任评委工作的开端),并在展会期间为云南盆景工作者和爱好者上课,同时举行现场制作表演,从理论上和具体实际制作上给予指导!

现场制作表演

15 | 第一届中日盆景艺术大师教学研讨会

2003 年

2003 年，胡乐国参加在常州举行的第一届中日盆景艺术大师教学研讨会，同时举行两场制作表演。

■ 第一场制作表演：

素材分析

枝条处理

初步制作完成

■ 第二场制作表演：

素材分析

初步制作完成

16 | 第八届亚太盆景赏石会议暨展览

2005 年

　　2005 年 9 月 6—15 日，第八届亚太盆景赏石会议暨展览在北京举行，胡乐国为大会做了两场现场制作表演，同时还应北京植物园园长张佐双的邀请专门为植物园的员工进行了一场表演示范，他在北京植物园工作的学生吴继东担任了老师表演的助手。

■　第一场表演：赤松改作

■ 第二场表演：五针松改作

分析，利用斜干调节枝条走向

制作完成后，换高盆以体现横卧枝条

■ 第三场表演：五针松改作

初步完成

胡乐国和他在北京植物园工作的学生吴继东的合影

上海市盆景赏石协会的内部刊物《上海盆景赏石》2005 年第 4 期署名余传均的报道文章非常详细地报道了这次制作表演——感谢上海盆景赏石协会的文件支持

17 | 温州九山盆景沙龙

2005 年

温州九山盆景沙龙成立于 1993 年，是温州花卉盆景协会的前身。成立时由胡乐国的学生刘荣森牵头在温州九山路市农业局附近租地创办盆景艺术沙龙，目的是为大家提供一个摆放、展示、交流、交易的平台。

而后的岁月里，曾组织举办过一次展览，请胡乐国作过几次小型讲座。期间沙龙还举办过两次拍卖会，由胡乐国学生楼宪胜资助出版过一本挂历。

后期沙龙由冯志翼接替主持工作，不久后因温州市花卉盆景协会成立，这批会员集体转入协会，沙龙也随之解散。

温州盆景沙龙的盆景挂历，上面有胡乐国题字的"温州盆景"和对温州盆景的介绍短文

2005 年胡乐国在温州九山盆景沙龙的制作表演

18 │ 首届中国绿化博览会

2005 年

　　2005 年 9 月 26 日—10 月 1 日，首届中国绿化博览会在南京举行，胡乐国应邀为大会做了现场制作表演，由韦金笙担任现场表演解说。

丛林式松树盆景的制作表演

韦金笙担任现场解说，并在《花木盆景》2005年11月刊发表文章报道这次活动

2005 首届中国绿化博览会
举办中国盆景艺术大师现场制作演示活动

■韦金笙

▲盆景艺术交流会现场

2005年9月26日至10月1日，全国绿化委员会、国家林业局、江苏省人民政府联合在南京滨江公园（南京中国绿化博览园）举办首届中国绿化博览会。

为交流盆景艺术，博览会组委会、南京市园林管理局邀请中国风景园林学会花卉盆景赏石分会副理事长韦金笙担任顾问，邀请中国盆景艺术大师胡乐国（温州）、邵海忠（上海）、汪彝鼎（上海）、陆志伟（广州）、李为民（苏州）、王如生（如皋）以及盆景技师陆春富（扬州）、杨晓海（南京），于9月27日至28日分别进行了四场现场制作演示活动，并于9月29日举办盆景艺术交流会。

通过举办中国盆景艺术大师现场制作演示活动和盆景艺术交流会，使广大参会绿化系统代表感受到绿化系统除体现博览会主题"以人为本——携手共建绿色家园"以提高国土绿化水平，推进环境和生态建设

之外，同时可利用绿化素材，创作微型盆景景观——盆景，进入千家万户，美化居室庭院。来自苗圃、林场代表惊奇地发现苗圃、林场的残次苗，"小老树"可利用来创作盆景，而变废为宝，或培育成盆景素材。对南京市职工盆景协会广大业余盆景爱好者更是一大机遇，亲眼目睹来自全国各地六位中国盆景艺术大师和两位盆景技师从素材到造型创作全过程，尤其是学习盆景艺术大师剪扎技艺，将在今后各自创作过程中，提高艺术水平。

在盆景艺术交流会上，各位大师重点对南京市职工盆景协会为庆祝首届中国绿博会隆重开幕而举办的南京市职工盆景展览展品进行综合点评，并希望通过努力，重振金陵盆景雄风。

▲胡乐国大师在作盆景示范表演

《花木盆景》2005年11月刊

19 | 2005 厦门·中国盆景艺术研讨会

2005 年

2005 年 10 月 31 日—11 月 2 日，2005 厦门·中国盆景艺术研讨会期间,胡乐国为大会举行了松树盆景制作表演。

胡乐国在研讨会上做了松树盆景制作表演　　表演结束了，这位时年 72 岁的艺术家默默地注视着作品，还沉浸在工作中

20 | 全国花木盆景艺术论坛暨《花木盆景》杂志第六届学术交流会

2005 年

2005 年 11 月 28—30 日, 全国花木盆景艺术论坛暨《花木盆景》杂志第六届学术交流会在福建漳州举行，胡乐国为大会举行了现场制作表演。

胡乐国在制作表演中，图片由王志宏提供

展示两岸盆景学术研究成果　促进两岸盆景文化发展融合

全国花木盆景艺术论坛暨花木盆景杂志社
第六届学术交流会在漳州召开

▲交流会现场

▲胡乐国大师作松树盆景造型表演

▲郑运志大师作松树盆景表演

▲冯连生大师作水草盆景制作表演

《花木盆景》2005 年 12 月刊对这次活动的报道

21 | "中国海派盆景研究中心"成立

2005 年

　　2005 年 12 月 3 日，"中国海派盆景研究中心"成立，胡乐国应邀参加活动，并举行现场五针松盆景改作表演。

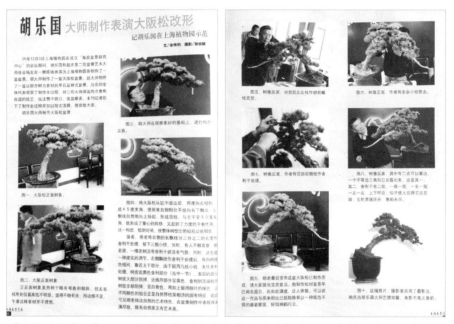

《上海盆景赏石》2006 年第 1 期对这次制作表演的报道——感谢上海盆景赏石协会的历史资料支持

22 | 上海植物园现场制作演示

2006 年

　　2006 年 2 月 18 日，胡乐国应上海植物园邀请到"海派盆景研究中心"为植物园的员工及上海盆景协会会员举行现场制作演示。

五针松盆景的改作演示，现场由植物园唐建平协助完成

演示完成后与植物园的同行们合影留念

23 | 上海翔茂企业集团公司盆景园制作演示

2006 年

2006 年 2 月 20 日，胡乐国应邀为上海翔茂企业集团公司盆景园的职工做盆景制作演示交流。

制作演示由王元康协助完成

现场指导员工具体制作

讲解为什么要这样造型

24 | 宁波盆景协会五针松制作表演

2007 年

2007 年 3 月，胡乐国到宁波慈溪，为宁波盆景协会举行五针松制作表演。

25 | 中国盆景艺术高级研修班，二期培训

2008 年

2008 年 4 月和 5 月期间，中国盆景艺术高级研修班举行了二期培训，期间，胡乐国为同期来华交流的"中日盆栽友好视察团"交流活动举行了现场制作交流。

26 | 第七届中国盆景展览

2008 年

2008 年 9 月 20 日—10 月 6 日，第七届中国盆景展览在南京玄武湖公园举行，主办方邀请了国内有重要影响力的盆景大师和专家进行现场表演，胡乐国、赵庆泉、胡荣庆等大师在列，胡乐国做了黑松改作表演。

《第七届中国盆景展览会拔粹》对这次表演的记录

《花木盆景》杂志 2008 年 10 月刊对此次表演的报道

27 | 应邀在江西农业大学举行谈松树盆景的"高干垂枝"专题讲座

2009 年

2009 年 3 月 28 日，胡乐国应江西省花卉协会盆景专业委员会魏友民会长的邀请，到江西农业大学园林和艺术学院，为江西 20 多位盆景技术骨干和 40 多位园林专业的大学生就松树盆景"高干垂枝"造型做专题讲座。

胡乐国运用理论联系实际，通过图文结合的形式阐述了高山恶劣自然条件下松树的自然风貌和松树盆景创作的理论依据及技术要点，并对大家的疑惑和相关技术问题——做了回答；下午在江西省花卉协会盆景专业委员会和学院相关领导的陪同下参观和指导了江西农业大学盆景基地，并在钟青光的协助下利用盆景基地的素材为江西盆景技术骨干举行了黑松盆景创作示范表演。

江西农业大学盆景基地黑松改作现场示范

江西农业大学授课（感谢些园李飙提供的资料和照片）

表演期间为大家解疑答问，照片由赵庆泉提供

28 | 安徽蚌埠"通成杯"盆景艺术交流大赛

2009 年

2009 年 3 月 7—8 日，"通成杯"盆景艺术交流大赛在安徽蚌埠举行，胡运骅做了学术交流发言，胡乐国、胡荣庆、王恒亮、王元康等做了创作表演。

胡乐国做黑松创作表演

29 | 四川大邑县兰妹苑金弹子盆景改作

2011 年

2011 年 11 月 2—9 日，胡乐国在四川考察期间，为四川盆景同行在四川省花协盆景艺术交流中心大邑县兰妹苑举行了两场金弹子盆景改作的示范表演。

《中国花卉报》2011 年 11 月 29 日《盆景赏石》专刊用两个版面对这次表演做了详细的报道

30 | 成都杜甫诗意盆景展制作表演

2012 年

2012 年 10 月 15 日，成都杜甫草堂博物馆举办杜甫诗意盆景展，胡乐国和赵庆泉、郑永泰、梁玉庆等大师参加了此次活动，胡乐国还在展会上进行了精彩的现场制作表演。

成都举办杜甫诗意盆景展

展览集中体现了草堂盆景艺术几十年来的发展历程，精选了 26 件博物馆的珍藏作品，这些都是草堂成长的几代盆景艺术家的代表之作，包括中国第一批盆景艺术大师李忠玉的《双松图》、张远信的《试剑石》、杨永木的《擎天拂云》，以及三人于 1965 年合作的《西蜀秀色》大型山水盆景，还有李德生的《古老相传》、罗廷云的《跋涉》等，此外还采取以"杜甫诗意盆景"的形式推出了草堂中青年的 30 余件力作，如江波的《铮铮铁骨》、张建军的《明月青松》等，展现了草堂在川派盆景艺术的发展和传承上所做的努力。

应主办方邀请，胡乐国、刘传刚、芮新华三位盆景艺术大师现场进行了精彩的盆景制作表演，赵庆泉大师进行点评和讲解，现场气氛热烈。据悉，表演作品将会被杜甫草堂永久珍藏，待后期养护成型后展出，今后草堂将在此基础上收集大师级作品，并开辟专门的大师级盆景艺术展区，让全世界游客在草堂就有机会领略到中国的盆景艺术魅力。

当天下午，在成都杜甫草堂博物馆兰园会议室还举行了"盆景艺术大师草堂诗意盆景研讨会"。与会的大师们肯定和赞扬了杜甫草堂在盆景艺术上的价值和贡献，在川派盆景艺术的发展和传承方面的优势和经验，并希望杜甫草堂能博采众长，在现有基础上提升建立专业盆景博物馆类型的盆景园，让草堂乃至四川盆景有更好的发展。

（江波、孙红玉）

▲ 与会嘉宾合影

2012 年 10 月 15 日，秋高气爽，被誉为有着悠久历史文化底蕴的诗歌圣地、川派盆景艺术发展的重要传承地——成都杜甫草堂博物馆里宾朋满座，杜甫诞生 1300 周年纪念活动之杜甫诗意盆景展开幕式在这里隆重举行。赵庆泉、胡乐国、郑永泰、梁玉庆、刘传刚、邹秋华、冯连生、韩学年、芮新华、陈秋幽、吴敏、曾安昌、邓孔佳和来自全国各地的盆景届同仁两百余人参加了开幕式。

34 盆景赏石

《花木盆景》2013 年 1 月刊报道了此次活动和表演信息

胡乐国在盆景展现场的制作表演

31 | 国际盆景大会制作表演

2013 年

  2013 年 4 月 18 日，令人瞩目的国际盆景大会在江苏扬州瘦西湖举行开幕式，4 月 19 日来自多国的 10 位国际盆景大师进行现场盆景制作表演，胡乐国在他的学生任晓明和二代学生谢信佐的协助下非常成功地完成了一个一本多干的五针松盆景改作。

三代盆景人同心合力完成制作表演，摄影和图片提供：刘少红

胡乐国在制作表演期间为大家做同步解说，摄影和图片提供：刘少红

制作完成后的作品展示在扬派盆景博物馆的展示墙前，至今仍在。摄影和图片提供：刘少红

这是这位时年 80 岁的艺术家最后一次在国际舞台的现场制作亮相。摄影和图片提供：刘少红

32 | 第七届世界盆景友好联盟大会
第十二届亚太盆景赏石大会

2013 年

2013 年 9 月 25—27 日，第七届世界盆景友好联盟大会
暨第十二届亚太盆景赏石大会在江苏金坛茅山宝盛园盆景园
举行，胡乐国与多国盆景艺术家同台进行了制作表演。

大会颁与的制作表演证书

黛色千秋

第五章

黛 色 千 秋
主要国际交流活动

CHAPTER FIVE

Imprint and Echo – Major Events of International Exchanges

国际交流活动是学习和推广的重要机会，我们在这里精选了胡乐国大师各个年代比较有代表性的或比较重大的活动的十六个记录，一起见证中国盆景艺术事业的发展和繁荣的过程。

16 个主要事件概况（1986—2013）

01 | 意大利第五届世界花卉博览会

1986 年 4 月

1986 年，中国花卉盆景协会组织了由广东、浙江、江苏和上海等省市组成的中国馆参加了第五届世界花卉博览会，历时 10 天的展览，中国馆吸引了 75 万人次的观众，展后 250 件展品在大会闭幕的第二天就被抢购一空，一位观众在留言簿上写道："中国盆景第一次在这里崭露头角便征服了欧洲！"

中国参展代表团的人员合影，左一浙江胡乐国，左三江苏韦金笙，左四广东苏伦，照片由前广州市园林局局长吴劲章提供，赵庆泉收集处理

第五届世界花卉博览会的中国馆

充满中国民族风格的中国馆局部

更令人自豪的是：这次参展的中国盆景共获四个金奖、三个银奖，由广州和扬州负责的中国馆因突出的民族风格被大会授予"布置奖二等奖"。

胡乐国的榆树"古榆春秋"得到一个金奖，另一个榆树和真柏附石得到大会两个银奖。广州苏伦的"九里香"、"朴树"和"福建茶"得到两个金奖和一个银奖，广州市盆景园的"雀梅"获得一个金奖。

第五届世界花卉博览会金奖作品：
古榆春秋

胡乐国和金奖作品的合影

第五届世界花卉博览会银奖作品：榆树

胡乐国和银奖作品的合影

在背后享受观众对作品的点评

第五届世界花卉博览会银奖作品：
真柏附石

胡乐国和银奖作品的合影

在第五届世界花卉博览会展出的浙江胡乐国的
其他作品

由于植物检疫的要求，胡乐国代表浙江省带去的 100 多盆作品都无法随着他回国，并在展会结束后的第二天被当地观众订购一空，所以，胡乐国只能把大家对盆景的热情带回来，把奖牌带回来。

胡乐国珍藏至今的中国首次走出国门参加世界性展览的奖牌

1986 年 7 月 18 日《花卉报》
对胡乐国此行的报道

展出10日观众75万人次
展品 250 盆全部被抢购

中国盆景征服了欧州

——记第五届世界花卉博览会中国馆

历时十日的第五届世界花卉博览会已于五月四日在意大利日那亚胜利闭幕。意大利、联邦德国、法国、比利时、荷兰、丹麦、哥伦比亚、中国、日本、泰国、南非、捷克斯洛伐克等十七个国家和地区均设馆参加。我国参展的有广东、浙江、江苏、上海等省市。以中华人民共和国国旗为首的十七面国旗迎风招展,中国馆吸引了75万/次观众。一位观众在留言簿上写道:"中国盆景第一次在这里崭露头角便征服了欧洲"。从清晨 7 时到晚间 11 时 30 分踊跃购票的潮水般的人流络绎不绝,盛况空前。

这次参展的中国盆景共获得大会"造型优美"金质奖四个,"艺术形式美"银质奖三个。由广州、扬州负责布置的中国馆,金碧辉煌,气势宏伟,突出体现了我国民族传统风格,被大会授予"布置奖"二等奖。

广州市盆景艺术家苏伦的作品"九里香"、"朴树"、"福建茶"树桩盆景,由于造型苍劲、古朴,耐人寻味,独具新意,独得个人金质奖两个,银质奖一个;浙江省温州盆景艺术家胡乐国的"榆树"、"真柏"等三盆作品,姿态古雅,布局新颖,被大会授予金质奖一个,银质奖两个。广州市盆景园参展的"雀梅"盆景十分引人瞩目,评价很高,也获得了金质奖。此外,江苏出品的宜兴盆、浙江的根雕作品、竹编艺术品也受到参观者的欢迎,并出现了抢购高潮。

中国馆展出的盆景共250盆,大会闭幕后的第二天即全部售出。一位80岁高龄的意大利女画家每天支起画架来画盆景,她说,"中国的盆景太有吸引力了"。 (介仑)

▲山水盆景　　　江涵制作

1986 年 8 月《中国花卉盆景》杂志署名"介仑"的对本次展览的介绍文章

02 | 首届中国国际盆景会议（北京）

1991 年

首届中国国际盆景会议于 1991 年 5 月 6 日在北京中山公园中山堂召开，会议由中国盆景艺术家协会和中国国际文化交流中心主办，吸引了包括荷兰、澳大利亚、加拿大、韩国、美国等国家和我国台湾、香港地区的代表 300 余人参加。

开幕式当天盛况空前，文化部、农业部、建设部等单位和个人给大会送了大型花篮，时任全国政协副主席程思远，北京市副市长封明为，以及中央和北京市领导叶如棠、诸传亨、林上元等应邀出席。中国盆景艺术家协会会长徐晓白教授，台北

时任大会主办方"中国盆景艺术家协会"副会长的胡乐国（右一）在大会期间与常务副会长苏本一（左一），副会长赵庆泉（右二）的合照

树石盆景协会会长洪金宝先生、名誉会长梁悦美女士，韩国盆栽协会会长李喆浩先生等为同时举办的盆景展剪彩。

为期四天的会议，掀开了中国盆景史上开展国际交流的新篇章，这是中国作为盆景艺术发源地国家第一次敞开胸怀迎接来自世界各地专业人士的交流，为我们国家的盆景事业和从业人员打开视野，提高对世界盆景艺术发展的认识起到了非常重要的作用；同时也为中国盆景走向国际舞台打开了更为宽广的通道！

这个重要的会议主要有四个主要内容：

（一）**盆景学术研讨会**——中国盆景艺术家协会会长徐晓白教授的论文《中国盆景艺术的发展概况》回顾了中国盆景发展的漫长历程，肯定了当今的复兴阶段，并对前景充满信心！潘仲连先生、梁悦美教授、James Webb 先生、赵庆泉先生、傅耐翁先生的代表等都在会上做了发言。

（二）**盆景展**——为配合会议举办的中国盆景展展出了近600盆作品，作品来自江苏、广东、四川、山东、河南等地，这些作品让与会代表切实地领略到了中国盆景艺术的风采。

（三）**盆景技艺表演**——表演由名家和新手共同组成表演团队，为大会形象地展示了中国盆景的制作过程。

（四）**文化交流**——大会为来自世界各地的盆景艺术家提供了一个非常宝贵的交流机会：

A．梁悦美教授向大家介绍了台湾盆景的发展现状，它承袭岭南盆景的精神，全岛已经有76个盆栽协会，15万从业人口，每年定期展览达百场以上，盆景出口生产也已进入批量和规格化的阶段。

B．韩国的李喆浩会长告知大家韩国人口4000万（当时），喜爱盆景的达1000万之多。

C．加拿大的 Suzanne Girard 介绍说盆景在当地还是"新生事物"，而且风景性的作品比较容易受人青睐，比如组合式的盆景。

D．澳大利亚园艺家 James Webb 提前四个月就向大会报名参加会议，他很高兴有机会看到这么多的中国盆景，他认为和日本盆栽相比，中国盆景形式更多样，能为艺术家提供更广阔的创作天地。

这次盛会吸引了当时众多主流媒体的采访：中央电视台做了现场采访，新华社，《人民日报》海外版，《北京日报》、《北京晚报》、北京电视台以及其他省级新闻媒体都做了及时的报道，可谓影响深远。

胡乐国（后排右三）和部分与会人员合影

胡乐国和加拿大与会代表 Suzanne Girard 在会议上的合照

03 | 荷兰国际园艺博览会

1992 年

　　荷兰国际园艺博览会十年才举行一届，展期半年。1992 年 4 月，胡乐国作为中国参展团的一员，携带六件树木盆景作品参加了这次博览会。

　　这个十年一度的展会邀请上百个国家参展，吸引全球数百万爱花人士前往观赏，同时也是这个花的王国展示和宣传他们的花卉产业的机会。胡乐国和浙江小组 4 月 7 日到达荷兰，由于签证日期的限制，他们无法逗留到展会评奖的日子，所以作品没有参加评奖。但是这次参展，增进了和欧洲花卉盆景界的交流，开拓了视野，为之后举办中国的展会提供了思路上的参考。

胡乐国在这次展会上中国馆前的留影，他全程手上拿着相机，带回上百张照片，记录和学习其他国家的经验

04 | 第四届亚太地区盆景赏石会议暨展览

1997 年

1997 年 10 月 31 日至 11 月 2 日"亚太地区盆景赏石会议暨展览"在上海植物园举行。

这是亚太盆景展第一次来到中国内地，会议主题为"给全世界带来友谊和更好的生存环境"。

会议由时任中盆会副理事长胡运骅主持，参加会议暨展览会的有 20 个国家和地区，我国有 28 个省、市、自治区派代表团参加，参展盆景作品120件，赏石作品 230 件。

会议期间还举行了盆景制作表演和作品评奖，胡运骅和殷子敏等做了现场表演，共有 6 个盆景作品获得金奖，其中就包括贺淦荪著名的作品"风在吼"；有 15 个银奖作品，其中包括胡乐国的著名作品"向天涯"。

在第四届亚太地区盆景赏石会议暨展览中获银奖的胡乐国作品"向天涯"以及获奖证书

胡乐国在展会期间和江苏盆景艺术家林凤书的合照，后面的盆景就是获奖作品"向天涯"

《中国花卉盆景》杂志 1998 年 3 月刊对本次会议的报道

05 | 访问法国南部盆景协会及参加地中海沿岸盆景展

1998 年

1998 年，胡乐国应法国南部盆景协会的邀请，于 3 月份抵达法国南部城市马赛，开始对法国南部的尼斯、土伦、坎城等城市及其周边的盆景园进行走访，每到一处当地的协会都组织人员和这位中国的盆景大师进行交流。

和各个协会做现场制作沟通

胡乐国与当地盆景协会人员合影

胡乐国的表演现场热闹非凡

此行的最后一站就是 4 月初在马赛参加地中海沿岸国家的盆景展览盛会。会议上胡乐国和来自英国、意大利等多国盆景艺术家同台制作演示，他的精彩表演引起与会观众的强烈兴趣，最后当地电视台决定全程现场直播。而且，这个直播的录像带被制作成教学片，分派及销售到欧洲各地，引起巨大反响。

法国杂志《盆栽家》1998 年第 4 期报道了本次活动，专题介绍了中国盆景大师胡乐国

被全程直播的盆景制作表演现场

在这个访问期间，胡乐国发现很多欧洲人不知道盆景源于中国，于是他和在展会上采访他的法国著名盆景杂志 *BONSAIKA* 的主编约定，回中国后寄文章给他们杂志，他要给大家知道中国盆景的基本概念。

他的文章被翻译成法语以后，在 *BONSAIKA* 杂志 1998 年 9 月刊上全文刊登。

胡乐国的《中国盆景概况》法文版的文章

之后，胡乐国认为应该把中国的专业盆景杂志《花木盆景》介绍给 *BONSAIKA*，这样两个国家的盆景艺术交流就可以更加频繁，同时可以加深合作，互相了解，让中法盆景艺术交流及合作有更多的可能性。

经过胡乐国的多次努力，最后终于达成两个杂志相互授权互发各自杂志的文章，*BONSAIKA* 特意在 2001 年转发了《花木盆景》杂志 2001 年第 2 期的八个版面，还介绍了杂志封面。同时刊登了杂志总编的一篇介绍中国盆景、介绍胡老师、介绍《花木盆景》杂志的文章，全文如下。

Le Monde du Bonsaï, La Chine

    Nous ne pouvions pas commencer ce Hors Série sur le Monde du Bonsaï sans débuter par la Chine.

    Originaire de la Chine, le Bonsaï fut le symbole de l'harmonie entre le ciel et la terre, entre l'homme et la nature. Il est le lien, pour les moines bouddhistes, entre Dieu et les hommes... «Escalier verdoyant conduisant au ciel». C'est plus tard, que le Bonsaï est introduit au Japon par les moines Zen et c'est au Japon que nous consacrerons la deuxième partie de ce tour du Monde.

    Pour les fidèles lecteurs de BONSAIKA, au siècle dernier! dans le N° 6 de septembre 98 nous avions déjà publié une approche du Bonsaï Chinois (appelé Penjing) dans un article de Monsieur Le Guo HU qui représentait une bonne introduction et un début de réponse à l'éternelle question " quelle est la différence entre le Bonsaï Chinois et Japonais ? "

    Dans ce numéro, vous retrouverez Monsieur Le Guo HU qui vient d'être honoré par la Chine (voir photo page suivante) comme faisant partie des Grands Maîtres du pays dans l'Art du Penjing, au-delà des félicitations que nous lui adressons, BONSAIKA est très fier de l'avoir eu comme rédacteur dans ses colonnes en 1998. Il nous présente de récentes créations. Vous trouverez aussi plusieurs pages de photos, publiées avec l'aimable autorisation de la revue PENJING SHANGSHI, de divers styles de Bonsaï Chinois car la particularité du Bonsaï en Chine est sa diversité régionale alors que le Japon a une uniformité nationale (qui de surcroît est devenu une référence mondiale)

    Pour finir je voudrais tout particulièrement adresser un grand remerciement a Alice la fille de Monsieur Le Guo HU (sur la photo ci-contre avec son père parmi ses bonsaï) sans laquelle aucune des lignes parues dans BONSAIKA sur le Bonsaï Chinois n'aurait pu voir le jour.

Many thanks to Alice HU for the great help she provided to arrange english translations, from chineese, for the BONSAIKA readers that I can use for french articles, my english being a little bit better than my chineese.

Michel VITRAT

Le Monde du Bonsai, La Chine

《花木盆景》杂志于 2002 年 1 月翻译并转载了这篇文章，全文如下。

《花木盆景》杂志 2001 年 1 月刊发表陈新丽翻译的文章《盆景之母——中国》

《中国花卉盆景》1998 年第 8 期刊登了署名林艺的文章《技艺声震土伦城——记盆景艺术大师胡乐国在法国》，对胡乐国的法国之行做了报道。

06 | 昆明世界园艺博览会

1999 年

1999 年，以"人与自然——迈向 21 世纪"为主题的世界园艺博览会在昆明举办，这是我国历史上第一次举办专业类世博会，为后来中国举办综合类世博会积累了经验。我们国家高度重视此次展览，从申办成功的 1995 年开始就投入准备工作。1998 年，胡乐国有段时间常驻山东枣庄，全身心地投入昆明世园会盆景展的预展工作和工作人员专业培训。

《中国花卉报》1998 年 11 月 19 日的相关报道

07 | 第一届中日盆景艺术大师教学研讨会

2003 年

    2003 年第一届中日盆景艺术大师教学研讨会在常州举行，胡乐国在研讨会上发言，同时和多名大师举行现场制作表演。

08 | 访问日本和韩国

2004 年

    2004 年 10 月应日本盆栽作家协会会长山田登美男的邀请，胡乐国和辛长宝等人出访日本，在山田先生的周到安排下，考察了大宫盆栽村，拜访了盆景名园名家，如山田的清香园，世界盆景友好联盟副主席岩崎大藏的高砂庵，加藤三郎的蔓清园，滨野博美的藤树园及山竹园，小林国雄的春花园等。此次出访中，通过实地考察，胡乐国和日本主要的盆景艺术家都结下了深厚的友谊，回国后他把自己的所思所想，写了一篇文章《日本行》，发表在《花木盆景》2005 年 1 月刊（请阅第二章），日本盆景几代人的盆龄，精到的细节处理和讲究的用盆等，都给胡乐国留下深刻的印象，同时，他对日本盆景的发展提出了自己的看法。

胡乐国与岩崎大藏的合照

胡乐国与竹山浩的合照

胡乐国与山田登美男的合照

胡乐国与小林国雄的合照

胡乐国与成范永在"思索之苑"的合影

　　结束日本行后，在岩崎大藏先生的安排下，胡乐国出访小组在回国的途中取道韩国，参观了当时正在举行的一个盆景展，路上还参观了三星集团下的盆景园，以及韩国名品盆栽艺术振兴协会会长郑二锡的盆景园。最后到达济州岛的"思索之苑"，拜访了成范永先生！

　　回国后，胡乐国在《花卉盆景》2005年2月刊刊登《韩国行》来介绍此行。

09 | 第八届亚太盆景赏石会议暨展览

2005 年

2005 年 9 月 6 日—15 日，第八届亚太盆景赏石会议暨展览在中国北京举行。

会议主题为"树石情节"。本次会议暨展会聚集了众多业界名流，韦金笙、贾祥云、贺淦荪、郑诚恭、胡乐国、赵庆泉、王元康、刘传刚等大师和学者在会议上做了理论探讨和制作表演。

盆景展共有约 400 件作品参加展览，展会评出了 14 个金奖、42 个银奖、73 个铜奖、70 个佳作奖。同时还有 300 多件赏石作品以及数百件古盆参加展出。

胡乐国担任了本次展览的评委，并为大会做了两场盆景制作现场表演（见第四章）

《花木盆景》杂志 2005 年 10 月刊对这次大会和胡乐国的制作表演所做的报道

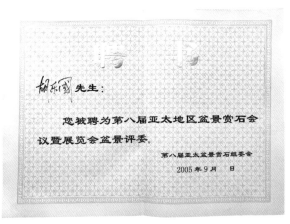

第八届亚太地区盆景赏石会议暨展览会盆景评委聘书

10 | 美国华盛顿世界盆栽大会

2005 年

2005 年 5 月 28 日—31 日，第五届世界盆景大会在美国华盛顿举行，与会代表来自全世界 22 个国家，共 950 人。世界盆景大会每四年在不同国家举行一次，本次会议主题："通过盆景让世界更紧密"，同期举行盆景展、中国古盆展等，中国盆景艺术大师赵庆泉和其他国家的盆景艺术家举行了同台制作表演。中国代表团还应邀参观了美国国立盆栽和盆景博物馆。

回国后，胡乐国在《花木盆景》杂志 2005 年 8 月刊发表了文章，在向大家介绍美国国立盆栽和盆景博物馆的同时，也呼吁国内有实力和有情怀的盆景收藏家或专业人士，展开与美国国立盆景园的合作，更新里面展示的中国盆景，让大家更好地了解中国盆景发展的现状！

在同一期的杂志上，胡乐国还为大家发了近十个美国盆景作品，提出我们需要学习的地方：富有朝气，甚少束缚，蓬勃向上！

上述两篇文章的首页，具体内容见第二章

胡乐国和中国团部分代表及美国国家植物园主任 THOMAS ELIAS 在盆景园中
国馆门口的合照

胡乐国与盆景博物馆展出的 JOHN NAKA 的作品合照

11 | 中国沈阳世界园艺博览会

2006 年

　　2006 年 4 月 30 日，世界园艺博览会在中国辽宁沈阳世博园开幕，这是继 1999 年昆明世博会后在我国举行的又一园艺盛事。

　　展览会从 5 月 1 日到 10 月 31 日展期共 184 天，世界五大洲有 23 个国家和我们国家 53 个城市参加了本次博览会。

　　博览会的盆景艺术展于 2006 年 6 月 1 日开幕，胡乐国担任了盆景展的评委。

胡乐国在世博会盆景园和其他与会者的合影

胡乐国和岩崎大藏的合照，两位老朋友再次相聚，非常开心

12 | "中日友好盆景代表团"赴日参观"国风展"

2008 年 2 月

应日本盆栽协会及 WBFF 世界盆栽友好联盟副主席岩崎大藏先生的邀请，2008 年 2 月 9 日，胡乐国随中日盆景友好访问团访问日本，访问团由胡运骅、辛长宝、胡乐国、赵庆泉、陆明珍等 20 余人组成，访日期间受到岩崎大藏先生、日本盆栽协会理事长竹山浩先生、日本盆栽作家协会会长山田登美男先生、日本盆栽大师木村正彦先生、中村享先生、伊藤康夫先生等的热情接待。

部分代表团成员和木村正彦的合影，左二辛长宝，左三木村正彦，右三史佩元，右二胡乐国，右一赵庆泉

胡乐国保留的参观"国风盆栽展"的记录

中日盆景友好代表团先后参观了日本第82回国风盆栽展（2008年2月9日—14日）、东京大卖场、木村正彦盆景园、大宫盆栽组合园（盆栽村）及岩崎大藏先生的高砂庵盆景园。

参观国风盆栽展的现场留影：

前排左一赵庆泉，中间胡乐国，右一胡乐国学生陈新森，后排左起刘传钢、谢克英等

陈秋幽（左），胡乐国（中），黄敖训（右）

13 | WBFF 中国地区会议

2009 年

2009 年 7 月在波多黎各举办的世界盆景友好联盟大会上，中国金坛市成功获得了 2013 年世界盆景大会举办权，宝盛园成为 2013 年大会的主会场，胡运骅先生当选为大会主席，中国成为了世界盆景友好联盟的主席国，宝盛园主任辛长宝先生成为友好联盟中国地区主席。

2009 年 12 月 5 日 WBFF 中国地区会议执行委员会第一次会议在上海植物园召开，同时为"世界盆景友好联盟交流中心"揭牌。

让世界盆景中心回归中国，这是这次筹备会的来自全国各地的 40 多位专家的心声。会议宣告了胡乐国、吴成发、赵庆泉、辛长宝、韦金笙等人组成的 WBFF 中国地区执行委员会名单，并提议苏州万景山庄、上海植物园等单位为首批 WBFF 中国地区盆景交流中心。

WBFF 中国执行委员会成员部分会议合照。前排左起：刘传钢、赵庆泉、史佩元、胡运骅、胡乐国、王恒亮

14 | 日本亚太盆栽大会（高松）

2011 年

2011 年 11 月 18 日—21 日，第十一届亚太盆景赏石大会暨展览在日本高松举行，这是这个会议第一次在日本举办。会议主题为"友谊与美好的未来"。中国有不少组织前往参展和观摩，胡乐国带领了他的学生团队到访。

胡乐国与安徽盆景人相聚在木村正彦的盆景园，前排右一胡乐国，右二木村正彦，左二袁心义

老友相见，格外欢喜，胡乐国（右），日本盆景艺术家小林国雄（中），胡乐国学生刘荣森（左）

多年的友谊，再次相遇分外亲切：胡乐国（左），台湾盆景艺术家梁悦美（中），胡乐国学生王海平（右）

再遇老友台湾盆景艺术家李仲鸿（左）

第十一届亚太盆景赏石大会高松会场留影

15 | 扬州国际盆景大会

2013 年

　　2013 年 4 月 18 日—20 日，国际盆景大会暨国际盆景协会 50 周年庆典在中国扬州举行，大会主题："传承文化，亲近自然。"（Preserve the Culture, Stay Closer to Nature）

　　44 个国家和地区的 500 余名嘉宾参会，这是一次让国际盆景界近距离了解中国盆景艺术魅力的展会，也是一次国际盆景文化、技艺大交流的盛会，13 位国际著名盆景大师、赏石专家、陶艺大师进行现场技艺表演和举行讲座，数万名来自全国各地的盆景爱好者、中外游客前来参观。

　　为了纪念此次大会的成功召开，国际盆景协会发表《扬州宣言》。

　　占地 2000 平方米，坐落于扬派盆景博物馆北侧的大会纪念岛也于 4 月 20 日对外开放。纪念岛上，永久保留了《扬州宣言》石碑和 10 位国际盆景大师在大会现场做制作表演的盆景作品。

胡乐国和他留在纪念岛的大会制作表演的作品，以及墙上的石刻头像和他的个人盆景感言："**盆景，我生命的重要组成部分。**"——Words of Bonsai: Penjing is an essential part of my life.

胡乐国在国际盆景大会国际大师制作表演的现场

胡乐国还担任了本次大会盆景展的评委

接受大会颁与的"杰出贡献奖",左四为
胡乐国

16 | 第七届世界盆景友好联盟大会暨第十二届亚太盆景赏石大会暨展览

2013 年

2013 年 9 月 25 日—27 日，第七届世界盆景友好联盟大会暨第十二届亚太盆景赏石大会暨展览在江苏金坛茅山宝盛园盆景园举行。来自 30 多个国家的 400 多名盆景艺术家和收藏家参加了本次活动。

胡乐国在参加大会的同时，还担任了大会的制作表演专家，以及盆景展评委（请阅读第四章了解制作表演详细情况）。

胡乐国在大会现场。图片拍摄和提供：刘少红

认真的评奖工作。左起：赵庆泉、胡乐国、梁玉庆、刘传钢、冯连生、郑永泰。
照片由赵庆泉提供

岁月悠悠

第六章

岁 月 悠 悠

各地指导活动概览

―――――

CHAPTER SIX

Time and Tide – An Overview of His Travels and Guidance Activities

胡乐国是最尽大师责任的盆景专家之一，他的一辈子都在做默默无闻的最具体和最实际的为盆景艺术推广及培育后一代接班人的工作，这里我们在他长长的活动轨迹中选了不同时间和涵盖各地各阶层的活动细节，用一张图一句话的简单形式来进行梳理。

53 个全国各地指导活动记录

01 | **出席瑞安县花木协会成立大会（瑞安林业局会议室）**

1982 年

02 | **温州第一届花卉盆景展**

1988 年

前排左四为胡乐国，照片由刘荣森提供

03 ｜ 乐清柳川协会盆景展，题字表示支持和祝贺

1990 年

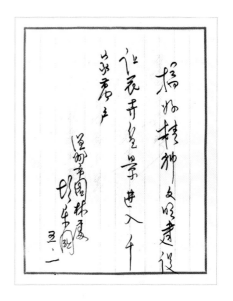

珍贵历史资料由陈新森提供

04 | 会同潘仲连、王爱民到金华与金华相关政府负责人开会研究政府对盆景事业的支持

1990 年

会议现场记录

05 | 与苏本一到金华地区考察

1992 年

06 | 命名一个特殊的槭树品种为"雁荡槭"，此名在业界使用至今

1993 年

"秋意浓"，雁荡槭，树高：53 厘米

1996 年

1996 年 10 月 1 日，温州国庆盆景展——展出盆景 500 件，除专业人员的作品外，盆景作者涵盖工人、农民各领域人员，影响非凡。本次展览由当时温州著名私人盆景园谢园赞助。盆景展在温州中山公园举办，开幕式由温州盆协会长张加辉主持，温州政协副主席孙成堪出席，主要来宾苏本一、赵庆泉、潘仲连，杭州园林组织 30 人的团队到温州观摩。

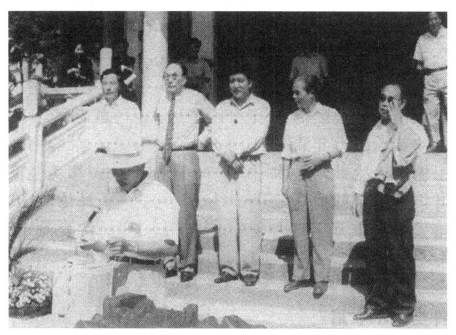

盆景展开幕式现场。主持人：张加辉，后排左起：赵庆泉、苏本一、孙成堪、潘仲连。胡乐国作为主办方人员在照片的右上角。图片来自《中国花卉盆景》1997 年 1 月刊

盆景展的主要来宾和组织者合影，照片由刘荣森提供

1996 年温州国庆盆景展的奖牌

08 | 深入浙江南部（现苍南，平阳，龙港，瑞安等地）考察地方盆景组织和盆景活动

1996 年

这张历史照片为大家提供了当年活跃在浙南的主要盆景人，包括：谢园园主谢跃月，胡春明，龙飙，郑文俊，吴克铭，陈锡聪，许华开等，第二排中间：胡乐国

09 | 参加温州苍南县花卉协会成立大会，并作现场盆景成型分析和指导

1996 年

10 | 带领学生团队参加宁波茂松园黄敖训邀请日本大师木村正彦表演交流活动

1997 年

左五胡乐国，左六木村正彦

11 | 温州九山盆景市场开业

1998 年

12 | 第三届福建省花卉盆景博览会及首届海峡两岸（福建漳州）花卉博览会

1998 年

　　1998 年 10 月和 12 月，胡乐国任第三届福建省花卉盆景博览会及首届海峡两岸（福建漳州）花卉博览会评委，期间会见台湾中华盆景艺术协会会长蒋金村等十人。

右一胡乐国

13 | 任山东省盆景精品展（枣庄）评委

1998 年

左二胡乐国

14 | 出席福建霞浦县花木盆景协会十周年活动，并点评盆景展

1999 年 10 月 1 日

福建霞浦盆协十周年盆景展，图片由霞浦盆协提供

左三胡乐国

15 ｜ 出席金华市第 13 届盆景艺术展

2000 年

16 | 福建省（宁德）工艺美术百花展

2001 年

福建省工艺美术（宁德）"百花"展合影留念

17 | 山东新泰盆景基地考察指导

2001 年

左一胡乐国

18 | 第二届云南省盆景艺术评比展

2002 年

2002 年 8 月 22—27 日，出席在云南省蒙自举行的第二届云南省盆景艺术评比展，同时为大会作学术报告与制作表演（见第四章）。

为作品做点评

为第二届云南省盆景艺术评比展开幕式剪彩

和云南省盆协主要人员合照

19 | 参加浙江省首届花卉博览会，著作《温州盆景》获得嘉奖

2002 年 9 月

浙江省首届花卉博览会
THE FIRST ZHE JIANG FLOWER EXPOSITION

获奖证书

胡乐园

温州盆景（中国林业出版社）

荣　获
浙江省首届花卉博览会

优秀奖

特此嘉奖

浙江省首届花卉博览会组织委员会
浙江省花卉协会
2002.9.28～10.5　中国·萧山

20 | 参加杭州怡然盆景之友联谊会

2002 年 10 月

前排自右到左：刘荣森、王选民、邵海忠、
胡乐国、韦金笙、鲍世琪、郑诚恭、赵庆泉。
前排左二：陆志伟

《花木盆景》2002 年 11 月刊的报道图片

21 | 瑞安盆景展

2002 年

图片来自《瑞安日报》2002 年 9 月 26 日对这一事件的报道

22 | 山东省第五届盆景艺术展暨中国山东盆景艺术研讨会

2003 年

2003 年 9 月山东省第五届盆景艺术展暨中国山东盆景艺术研讨会,胡乐国出席了开幕式,并和赵庆泉、梁玉庆等大师一起为大会做了现场制作表演。

山东省第五届盆景艺术展览在济南举行

9 月 26 日至 10 月 10 日,山东省第五届盆景艺术展览暨中国山东盆景艺术研讨会在这里隆重举行。此次活动由中国风景园林学会花卉盆景赏石分会与山东省风景园林学会主办,济南市园林局、济南市风景园林学会承办,有来自全省 17 个地市区 400 余盆盆景精品参加了此次展览,是山东省历届展览中规模最大,水平最高的一次展览,是对山东盆景发展现状的一次大检阅。9 月 26 日上午 9 时,济南市建委副主任、济南市园林管理局局长孙培森主持了山东省第五届盆景艺术展览开幕式暨趵突泉公园荣膺国家 4A 级景区揭牌仪式。中国风景园林学会花卉盆景赏石分会理事长甘伟林、山东省建设厅副厅长董毓利、济南市人大副主任董祥铭、济南市政府副市长邹世平、中国风景园林学会花卉盆景赏石分会副理事长韦金笙、付珊仪、贾祥云、副秘书长陈秋幽、山东风景园林协会理事长张

▲山东省第五届盆景展开幕式

本刊讯 2003 年 9 月,在著名的泉城——济南,有天下"第一泉"之美誉的济南趵突泉在历经 548 天的停喷之后再度复涌,趵突泉公园更荣获国家 4A 级旅游景区这一殊荣,引来如织游人,留连忘返。

廷亮,以及来自台湾的国际盆栽协会第一副会长、中华盆景雅石古盆交流学会理事长苏义吉先生夫妇及中国盆景艺术大师胡乐国、赵庆泉、胡荣庆、梁玉庆等出席开幕式,甘伟林、张廷亮、邹世平等作了热情洋溢的讲话。开幕式结束后,在趵突泉公园会议室,苏义吉先生利用丰富翔实的图片资料向与会者介绍了世界盆景组织及交流现状,开阔了大家的眼界,提高了大家的认识。赵庆泉、胡乐国、胡荣庆、梁玉庆、陈乐葆、惠幼林等分别现场示范表演了水旱盆景、五针松盆景、黑松剪、柏树丝雕、黑松剪扎、山水盆景创作等,使广大与会人员在与大师及专家面对面的交流中获益非浅。

9 月 26 日晚在南苑宾馆二楼会议室由韦金笙主持召开中国山东盆景艺术研讨会,各位与会大师及盆景界知名人士对山东盆景近年来发展取得的巨大成绩给予了充分的肯定,同时提出山东盆景要获得更大的发展必须充分挖掘山东文化大省的优势,充分利用特有的树种资源,但又不局限于特有树种,积极学习丝雕等新的技艺。

山东省第五届盆景展览及研讨会的胜利召开,必将对山东盆景的快速发展起到推动作用。

(刘启华)

《花木盆景》2003 年 10 月刊对这一事件的报道

23 | 浙江省花卉协会盆景分会在杭州成立

2003 年 12 月 26 日

胡乐国为分会成立题词，照片由徐昊拍摄并提供

　　会议聘任中国盆景艺术大师胡乐国为名誉会长，杭州怡然园艺有限公司总经理鲍世琪当选为会长，徐昊、王爱民、谢跃月、梁景善、林志远等为副会长，王传耀为秘书长。中国风景园林学会花卉盆景分会理事长甘伟林，副理事长付珊仪、韦金笙，浙江省花卉协会秘书长郑勇平，《花木盆景》杂志社社长张衍泽等出席了会议。韦金笙、胡乐国、赵庆泉在会议上作了学术报告。

《花木盆景》杂志 2004 年 1 月刊的报道文章

24 | 参加广东汕头盆景之友联谊会

2003 年 10 月 30 日—31 日

前排自左二到右：刘传钢、胡荣庆、胡乐国、韦金笙、陆志伟、王选民、邵海忠等

25 | 陪同台湾盆景大师郑诚恭访问梁园

2003 年

左起：胡乐国、韦金笙、郑诚恭、时任台州市长朱福生、梁景善、赵庆泉

26 | 浙江省第四届盆景展在浙江台州举行

2004 年 4 月 30 日—5 月 6 日

浙江省第四届盆景展览会开幕式主席台。右二胡乐国

27 | 与浙江省风景园林学会理事长施德法教授到金华武义永康等地调研

2004 年 8 月

右二施德法理事长，左二胡乐国，左三陆志伟

28 | 出席第三届山东盆景"枯桃杯"花卉盆景展销会并担任评委

2006 年 4 月 29 日—5 月 6 日

胡乐国刊登在《花木盆景》2006
年 6 月刊的介绍文章

29 | 参加宁波第四届盆景展，同时访问浙东各盆景园

2006 年

　　2006 年 10 月 28 日胡乐国作为评委成员参加了宁波第四届盆
景展，同时访问浙东各盆景园指导。

《花木盆景》2006 年 11 月刊对这
一事件的报道

30 | 浙江省第五届盆景展

2007 年

2007 年 10 月 19 日—25 日，浙江省第五届盆景展在金华市中国茶花文化园开幕。胡乐国出席开幕式并担任评委成员。

浙江省第五届盆景展览会开幕式主席台，左二为胡乐国

31 | 应邀出席云南省第四届盆景赏石展览，并担任评委

2008 年 8 月 1 日—6 日

点评作品，图片来自"云岭画意"

展会期间与云南盆会会长韦群杰的合影

32 | 出席安徽首届"通成杯"盆景艺术展活动，同时举行现场制作表演（见第四章）

2009 年 3 月

为参赛选手点评。照片由赵庆泉提供

活动开幕式，左三胡乐国。照片由赵庆泉提供

33 │ 访问江西各盆景园

2009 年 3 月

2009 年 3 月 29 日，到访南昌沁园指导。左起：李飙、肖学华、刘启华、胡乐国、魏友民、郑振根、魏志军、涂斌

到访南昌些园。左：园主李飙，中：胡乐国，右：刘启华

到访南昌楠园。左一园主刘建一，左二胡乐国

以上图片和资料由李飙提供

34 | 出席广东顺德容桂"中国盆景名镇"揭牌仪式

2009 年 4 月 28 日

活动现场记录。自左向右：甘伟林、赵庆泉、胡乐国、胡运骅等

35 | 出席在浙江安吉举行的浙江省第六届盆景艺术展

2010 年 10 月

| 历史资料 | 历史上的浙江省盆景艺术展 |

届　次	年　份	举　办　地
第一届浙江省盆景艺术展	1981 年	杭州柳浪闻莺公园
第二届浙江省盆景艺术展	1997 年	杭州曲园风荷聚景园
第三届浙江省盆景艺术展	2001 年	温州马鞍池公园
第四届浙江省盆景艺术展	2004 年	台州国际会展中心
第五届浙江省盆景艺术展	2007 年	金华中国茶文化园
第六届浙江省盆景艺术展	2010 年	安吉递铺
第七届浙江省盆景艺术展	2013 年	宁波慈溪
第八届浙江省盆景艺术展	2016 年	绍兴城市广场
第九届浙江省盆景艺术展	2019 年	温州世纪广场

36 | 出席在安徽宁国举行的安徽第一届皖风盆景展

2010 年 9 月

胡乐国在展会论坛上的发言现场。图片来自《花木盆景》2010 年 10 月刊

37 | 出席福建省第三届花卉盆景博览会

2010 年

右二为胡乐国

38 | 对四川各地盆景园进行调研

2011 年

2011 年 11 月 2—9 日，胡乐国对四川各地盆景园进行调研，期间还为当地盆景人进行现场改作表演，详细表演细节见第四章。

资料来自《花木盆景》2011 年 12 月刊

39 | 出席江苏省连云港市风景园林学会花卉盆景分会成立活动

2011 年 12 月 10 日

连云港市风景园林学会花卉盆景赏石分会成立

2011 年 12 月 10 日，经过 4 个多月的有序筹备，江苏省连云港市风景园林学会花卉盆景赏石分会成立大会在连云港市维多利亚宾馆隆重举行。赵庆泉、胡乐国、鲍世骐、杨贵生、李城、王永康、樊顺利、李伟等盆景界大师、领导及本社社长刘源望、东海县县长徐家保出席了会议。当选会长李先进接受了聘书并致辞，表示将不负众望，努力推动连云港盆景、赏石事业的发展。

连云港市风景园林学会花卉盆景赏石分会的成立标志着连云港市盆景事业将翻开崭新的一页，必将加强和促进连云港市盆景"品牌"的建设，推动连云港盆景事业跨越式发展！（刘启华）

信息来自《花木盆景》杂志 2012 年 1 月刊

40 | 在绿野山居与他的日本老朋友小林国雄进行制作交流

2012 年

图片拍摄：刘启华

41 | 出席在浙江嘉善碧云花园举行的嘉善杜鹃节并担任评委

2012 年

杜鹃节现场，右二为胡乐国

信息来自嘉善新闻网（2012 年 11 月 13 日）

42 | 出席在金华举行的金华第二十三届盆景展暨义乌第六届盆景展

2013 年 10 月 18 日

图片来自《花木盆景》2013 年 12 月刊

43 | 《中国花卉盆景》杂志聘任胡乐国为杂志首届理事会高级顾问

2014 年 4 月

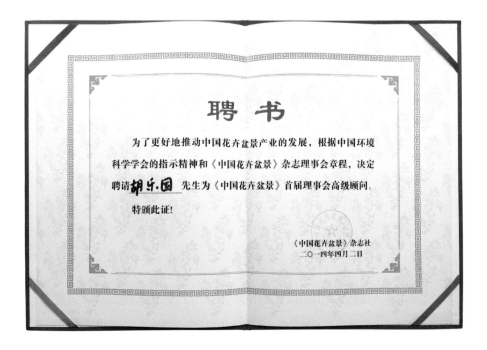

44 | 分别对江苏沭阳、新沂，山东枣庄，河南郑州、商丘、洛阳、许昌、漯河、驻马店、信阳、南阳以及湖北钟祥等地进行考察

2014 年 7 月 8 日—14 日

和湖北钟祥的盆景人的合照

胡乐国在河南许昌

图片来自《花木盆景》2014 年 8 月刊

胡乐国在他的学生吴克铭及二代学生吴宝华的协助下为大会举行现场制作表演，照片由《中国花卉盆景》杂志社提供

45 | 出席金华第二十四届盆景艺术展

2015 年 10 月

胡乐国在盆景展现场，照片由程伟达提供

46 | 出席在金华盆景文化艺术园举行的浙江省盆景文化艺术园开园典礼暨浙江盆景精品邀请展

2015 年 12 月 2 日

展会的座谈会现场，主席台中坐者为胡乐国

47 | 出席在浙江金乡举行的浙南闽东盆景邀请展

2016 年 3 月

自左到右：福建霞浦盆会会长汤鸣祝，胡乐国，温州盆会会长夏敬明，福建福鼎盆会会长谢晓岚等

48 | 出席嘉善杜鹃展，并担任评委

2016 年 4 月 15 日

右一李克文，右二胡乐国

右一邢最荣，右二胡乐国

49 | 出席助力浙江省宁波慈溪盆景协会会员大会

2016 年 4 月 17 日

图片来自《花木盆景》2016 年 5 月刊，摄影：刘启华

50 | 出席中国（开封）铁塔杯盆景展

2016 年 4 月

以上资料来自《花木盆景》2016 年 5 月刊，刘启华报道

51 | 出席义乌第八届盆景艺术展

2016 年 6 月 1 日

图片来自《花木盆景》2016 年 7 月刊，徐旻、刘启华报道

52 | 江苏盆景协会联盟首届中日盆景文化交流活动

2016 年

2016 年 9 月受邀参加 11 月举行的江苏盆景协会联盟首届中日盆景文化交流活动，最后因健康原因遗憾缺席。

53 | 获聘任云南省盆景赏石协会第五届理事会顾问

2017 年

2017 年 2 月云南省盆景赏石协会为胡乐国发出聘任云南省盆景赏石协会第五届理事会顾问的聘书，这也是胡乐国的最后一项工作。

不了情

第七章

不 了 情
艺术人生交集录

———

CHAPTER SEVEN
Endless Love – The Intersection of Life and Art

人的一生有许多和别人的交集，这些交集有时会改写人生轨迹。

　　胡乐国性格内向，不善交际，他所有的表达和挥洒都在作品和文章中，所以朋友不多。

　　和他保持联系和多年同行的，都是他的挚交。在这里，我们列出各个时期对于他比较重要的人们，因为他们也是胡乐国生命和艺术的重要组成内容。

一、汪亦萍先生（1908—1984）

汪亦萍，胡乐国进入温州市园林管理处工作的介绍人。

汪亦萍在从事了多年小学教育工作后，于 1954 年加入当时的温州市园林管理处，是温州最早的国营苗圃景山苗圃（亦称西山苗圃）的筹建人，也是温州市园林管理处妙果寺花店（温州盆景园的前身）的筹建人。

后来他深入研究茶花，于 1981 年出版我国早期研究茶花的著作《山茶花》（中国建筑工业出版社出版，书号 15040.394，该书于 1989 年再版），是温州地区早期的著名园艺家。

汪亦萍于 20 世纪 70 年代发现了位于温州大罗山的树龄为 1000 年以上的一棵生长在山洞的古茶花树，他经过多方走访，多次考察和查阅资料，对这个树的品种、生存环境等做了科学研究，并撰写了专题文章，在世界园艺界引起广泛关注。

汪亦萍是胡乐国的舅舅，1959 年他看到他的外甥从内蒙回来没有工作，恰好他工作的温州市园林管理处缺乏有文化底子的美工，于是就介绍他的外甥到他工作的单位做临时工，胡乐国就这样开启了他的花木人生。

汪亦萍著作《山茶花》（左边为 1981 年第一版，出版社自行安排图片做封面，该图片上的不是山茶花；右边为 1989 年第二版，封面图片已修改。）

汪亦萍夫妇。照片由汪亦萍孙女俞为洁提供

二、项雁书先生（1901—1968）

项雁书（1901—1968）是温州著名的花木种植地茶山后村人，自有的花圃"艺园花圃"在解放前的温州颇具盛名，项师傅由于为人平和、技术精湛而成为当时行业的佼佼者，他的花圃经常高朋满座，是温州文人雅士、社会名流的赏花雅集之处；温州商业巨人吴百亨、社会名流刘景晨、金石大家方介堪、医学名家徐堇侯等都是花圃常客。

解放后公私合营，他被纳入温州园林系统工作，是当时仅有的两名技工之一。他在温州市园林管理处下辖的温州妙果寺花店和花圃的基础上，组建了最早期的盆景基地，为日后温州盆景园和温州盆景的发展打下了基础。他还培养了多名"种花能手"，比如他的长子项宗坤（杭州市园林管理局工作），王昌进、王金庭父子（曾任温州市园林管理处主任），王鼎仁（曾任中国驻外使馆花艺技工）。

项师傅在温州市园林管理处工作期间有 3 年左右的时间被杭州园林局聘请担任技术指导，随他带去杭州的一批在温州培育的五针松至今还有两个站立在杭州西湖饭店的大门口。

项师傅深厚的花木盆景的养护管理能力和善于接受新事物的开放学习态度深深地影响了胡乐国，也为他今后的发展打下了坚实的基础。可惜"文革"期间，花木盆景培育事业被冲击，项师傅因年迈申请离开妙果寺盆景园，到离家距离更近的园林处下辖的动物园工作，期间在夏天收摘茉莉花时中暑身亡。

项雁书在妙果寺花圃盆景园的照片，照片由项谊正提供

上述部分历史资料由项雁书孙儿项谊正提供

三、邵度先生（1910—1970）和邵家业先生（1939—2016）

胡乐国在他最后一本著作《胡乐国盆景作品》一书的"致谢"最后这样写道：

记得一天舅父汪先生和我到邵度先生家拜访，发现他家一只椭圆形的白瓷盆里，养着一片绿水苔，好似瓯江上浮着的江心屿，我顿时感受到邵先生禅悟心境的表露。至今半个多世纪了，我仍清楚记得，可谓撼人之深，也给我的艺术理念带来终生的影响。

由于年龄和环境的原因，胡乐国和邵度先生的交集不多，但是邵度先生对胡乐国的艺术理念的影响无疑是重大的。

邵度先生（1910—1970）

浙江省温州市人，平生致力于摄影事业，尤擅风光摄影。14岁进照相馆当学徒，开始接触摄影。1931年在《文华》杂志上发表处女作《伟大的桥工》及《龙泉济川桥》。

嗣后，摄影创作进入旺盛时期。全面抗战爆发前，作品先后在《美术生活》、《飞鹰》、《中国摄影》（老）、《良友画报》和《寰球画报》等摄影刊物上发表，并参加万国摄影展览会和中国摄影学会（上海）展览会等展出。

抗战期间，面对日寇的侵略，邵度先生非常忧虑和愤慨，表露出强烈的爱国主义思想和民族自尊心，他以相机为武器，向国内外报道了大量的日军暴行，如当时刊登在香港《良友画报》的《敌机敌舰威胁下之温州准备种种及炸后情况》《战时模范教材与战时儿童启蒙》等。1939年2月被聘为香港《大地画报》特约记者。1948年加入中国摄影学会（上海）。

解放后，邵度先生专注于风光与静物摄影创作，作品多次参加全国摄影艺术展览，并在《中国摄影》杂志和《江山如此多娇》大型画册上刊登。

邵度先生的摄影作品具有浓郁的国画韵味和民族气息，人称其作品如同田园诗人的诗，自成一格。早期代表作《风雪夜归人》运用朴素的线条，白描了江南雪天村野

邵度肖像。摄影：邵家业

风光；而后期代表作《瓯江日出》，则用饱蘸水墨画意的笔触，勾勒了江南水乡的晨姿，画面充满生机和活力，激发人们对祖国美好河山的眷恋之情。

邵度先生一生勤奋好学，刻苦钻研，拍摄照片讲究意境。他认为，一张照片寓意深远与否，与作者的思想修养息息相关。"积之平日，得之俄顷"是他毕生从事摄影创作的经验之谈。

邵度摄影作品《瓯江日出》，拍摄于 1961 年

如果说和邵度先生交集有限的话，那么胡乐国和邵度先生的儿子著名摄影师邵家业就是非常好的朋友了。

邵家业先生（1939—2016）

浙江省温州市人，著名摄影艺术家。曾任第四届温州市政协委员，第三届、第四届浙江省摄影家协会副主席，第二届、第三届和第四届温州市摄影家协会主席，第五届、第六届和第七届温州市摄影家协会名誉主席。

在其父亲邵度先生的艺术熏陶下，邵家业先生自幼涉足摄影，自上世纪 50 年代就蜚声摄影艺术界。作品《秋》、《瓯江船队》和《碧水白帆》等多次在全国第五、八、十二、十四和十六影展入选和获奖，1989 年和 1993 年两次获得"中国摄影金像奖"提名奖。1993 年《邵家业摄影作品集》由辽宁人民出版社出版，同年"邵家业黑白摄影艺术作品展"在中国美术学院展出。1995 年"邵家业黑白摄影艺术作品展"应邀在意大利特兰托博物馆展出，并出版意大利语版《邵家业黑白摄影艺术作品集》。

胡乐国和邵家业在胡乐国屋顶花园的合影

　　邵家业先生淡泊名利，潜心创作。他一辈子生活、工作于温州，眷恋家乡的一山一水、一草一木，并把这片浓情深深融入毕生创作的几千幅瓯越风情作品之中。他的创作重视形式之美，重视个人情感体验，重视发扬民族艺术传统，形成了独特的艺术风格。

在事业上，胡乐国非常信任和欣赏邵家业的摄影艺术能力以及他的艺术思想和风格。因此，他许多著名的盆景作品的定型照都是由邵家业拍摄的。

由于艺术理念和思想认知的相似，他们在生活中还是惺惺相惜的朋友。他们自己组织一批年龄相仿、志趣相投的艺术家，取名"年糕班"，定期一起出游、聚会，并在事业和生活中相互支持，比如各自子女婚嫁、艺术展览等，总是全体出席，互相打气，情谊非常感人。

两位艺术家带着相机，到大自然中寻找灵感

"年糕班"全体出动为其中成员的子女婚宴喝彩。后排自右到左：胡乐国、邵家业、虞永安、胡中原、洪积淼、杨瑞明；前排右起：陈贞夫、周悦林、叶洪生、虞则林、何国良

"年糕班"部分人员一起出游。右一邵家业，右三胡乐国

邵家业作品：《春山暖雾》，摄于 1987 年

以上邵度和邵家业先生的个人资料由邵家业先生的儿子著名摄影家邵大浪提供

四、徐碧玉女士

徐碧玉，中国花协茶花分会副会长，杭州花圃教授级高级工程师，茶花界的"茶梅王"，茶梅研究专家。

她和胡乐国的友谊始于工作，胡乐国特别欣赏她如同男儿般的豪爽和对于工作的痴狂精神，胡乐国如果需要什么资料，告诉她，她一定尽所有努力收集好后完整地提供。

胡乐国在他 2004 年出版的专著《中国浙派盆景》一书的后记中就特别对她的协助表示感谢。

同样的，如果徐碧玉需要什么资料她认为胡乐国可以提供的，也会马上向他提出要求协助，下面这张明信片的照片就非常好地说明了他们相互协助的工作精神：

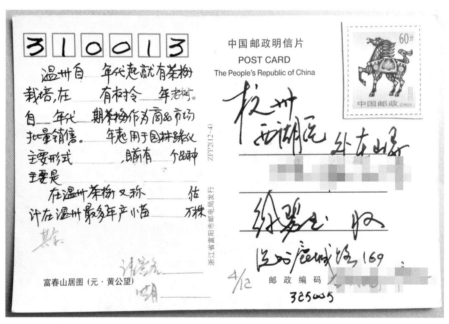

地址部分做过掩盖处理

明信片的时间应该是 2000 年左右，应该是徐碧玉用信封装好将这张明信片寄给身在温州的胡乐国，她还体贴地贴好邮票，写好自己作为收件人的地址和胡乐国做为发件人的地址，同时写上内容，只留出她需要资料的空格让胡乐国为她填上，然后放入邮筒就可以了。这是一个多么替他人着想的好友啊！可是胡乐国哪里是可以这样随便应付工作伙伴的人，他老老实实地、非常认真地写了一份资料，用信封装好寄给徐碧玉，这张明信片就这样留了下来，给我们后辈提供了非常好的学习榜样。

五、张加辉先生

张加辉先生，毕业于北京林学院，曾任温州市园林管理处副主任、总工程师，并率队远赴美洲多国参加外援工程建设并圆满完成任务。

他也是江心屿温州盆景园的设计师，与胡乐国一直保持非常默契的工作关系和知音友谊。他热心盆景事业，业务能力突出，曾组织过温州市早期的盆景展览，并担任主要评委。

他任职温州市园林管理处领导期间正是改革开放初期，有人为短期利益打着创收的旗号毁景观、伐林地、建商场，张加辉对这种竭泽而渔的做法深恶痛绝并为此奔走呼号。由于在当时复杂的历史背景中，他因为反对牺牲绿化搞土建受到边缘化，被免去行政职务，然后被调到两山（锦山、杨府山）建设指挥部工作。在一次去锦山实地勘察活动中遭遇行凶抢劫，出于正义感和对工作相机中珍贵资料的保护愿望，张加辉不顾身单力薄，英勇搏斗，不幸在工作岗位上失去生命。

《花木盆景》1995 年关于温州盆景展的报道，张加辉主持开幕式

1985 年胡乐国和张加辉在第一届中国盆景评比展览上的合影。右一为张加辉，右二为胡乐国

六．陆加义先生

陆加义先生是胡乐国在江心屿温州盆景园工作期间的非常好的工作搭档，某种意义上说：他是胡乐国少有的既是同事又是好友的人，也是胡乐国非常欣赏的一位朋友。

陆加义原为下乡知青，后来政策落实后回城被安排到当时的温州市园林管理处工作。因工作能力突出，被上级选拔到中国驻尼日利亚使馆工作过一段时间。

下面的照片是陆加义从尼日利亚寄回来给胡乐国的，照片背面写满了字：他把在那里对园林绿化的观察和思考写下，和胡乐国老师商讨。可见他们之间的沟通和友谊并非一般。

回国后，陆加义被指派到温州市园林管理处江心管理区担任主任，就这样，他和胡乐国一个管理行政和框架，一个管理技术和工作细节，由于同样的工作热情和专业理解，他们在工作上成了非常合拍的伙伴，这个阶段的温州盆景园热闹非凡，全国各地来取经、采访的人络绎不绝，这几年温州盆景园的盆景作品也在各大展中屡屡斩获奖项。

后来，江心屿划归温州鹿城区管辖，脱离了园林系统，区政府在江心屿又设立了办事处，两套班子人员由于工作重心和角度不同，工作多有不顺，陆加义后来被调离了岗位到别处任职。

陆加义寄自尼日利亚的照片

1992年陆加义和胡乐国在浙江诸暨的留影，左一站立者为陆加义

七、徐晓白先生（1909—2006）

　　徐晓白教授是中国盆景艺术理论的先行者，中国盆景艺术大师，中国盆景艺术家协会第一和第二任会长。

　　他早在 1960 年全国第一次花卉盆景会议上就发表《盆景艺术》文章，是在我国最早提出"盆景艺术"这个概念的理论先驱。

　　20 世纪 80 年代，他主编和出版了《盆景》《中国盆景》两本国内最早的盆景专著，是后来大多数盆景从业者和爱好者的学习和工作的理论指导。

　　胡乐国视徐晓白教授为自己的前辈和师长，徐老也是他 1988—1998 年在中国盆景艺术家协会任职期间的直接领导，工作中遇到问题，胡乐国时常提笔给徐老写信。

　　反之，徐教授也非常欣赏胡乐国的工作和他的作品。1991 年胡乐国赴京和徐老以及中国盆景艺术家协会的其他领导人员一起主持首届中国国际盆景会议期间，徐教授挥毫赠送了胡乐国一幅墨宝。

1991 年徐晓白会长在首届中国国际盆景会议上

不信千年老树
居然荣里宏观
乐国同志 指正
徐晓白老于北京

1991年，徐教授赠送胡乐国的墨宝

2004年，胡乐国开始准备资料出一本自己的作品集，作为自己对盆景制作的一个总结，徐教授闻讯后欣然在95岁高龄，为胡乐国做了题词。

胡乐国把这幅题词用在了他的最后一部著作的正文首页！

温州盆景风格独居
雄中有秀实里含虚
自然气息流露多馀
众多佳作有载新书
丙子年秋日 徐晓白题

1996年，徐教授为胡乐国完成《温州盆景》一书书稿而作的题词

赠胡乐国盆景艺术
雄秀兼备
徐晓白时年九五

八、赵庆泉先生

赵庆泉先生，中国盆景艺术大师，中国风景园林学会花卉盆景分会副理事长。

赵庆泉和胡乐国的第一次见面是在 1979 年中国首次全国盆景艺术展上，他们代表各自的省市带着作品到北京参展，浙江馆和江苏馆是相连的，大家从布展开始就每天见面，就这样从对盆景的热爱中开始了他们长达 30 多年的工作交集、共历风雨和相互支持的令人动容的深厚友谊。

之后，他们在几乎所有近代中国盆景发展历史上的重大事件中交集：共同参展，共同参会，同台表演，并肩做学术捍卫，同时做评委，一起点评新人新作，同行到祖国各地支持地方盆景组织，当然还有同游祖国大好河山。

下面这张照片是他们的第一张合照，拍摄于 1985 年在上海举行的第一届中国盆景评比展览，这是自他们 1979 年认识，在 1983 年的扬州"全国盆景老艺人座谈会"的交集以后的第三次相聚。

左起：赵庆泉、胡乐国、潘仲连

之后他们在各种活动中的合照见诸各种媒体，下面我们选几幅他们的友谊中比较有意义的交集作为记录。

1997 年桂林迎回归盆景展期间一同游历漓江，左二赵庆泉，右二胡乐国

1999 年福建（漳州）海峡两岸花卉博览会期间相谈甚欢的两位大师

2003 年金华海峡两岸盆景精品展期间共同为大会做制作表演

2005 年一起在美国出席世界盆栽大会

2007 年（厦门）第六届中国国际园林花卉博览会同为嘉宾

2008 年再次聚首在日本第 82 回国风盆栽展上

2008 年常州中国盆景艺术高级研修班活动中，这样热烈的讨论，这样亲切的交流，这样四目注视的惺惺相惜（照片由赵庆泉提供）

2009 年一起在首个中国盆景名镇广东顺德容桂

2013 年共同担任世界盆景友好联盟大会暨第十二届亚太盆景赏石大会暨展览会的评委。右一胡乐国，右三赵庆泉

2013 年在国际盆景大会上他们一起和部分国际参会者合影

2015 年共同为昆明（斗南）中国盆景精品邀请展担任评委，这样的促膝长谈感动了很多人，他们被大家用相机多角度地记录了这次交集

2016 年义乌第八届盆景展，胡乐国开始感觉到自己的健康问题，他邀请了赵庆泉和韩学年来和他一起为义乌加油，其实，这也是他给这位老友的一种托咐。这张照片是他们两位的最后合照

2018 年 6 月，胡乐国的最后一本著作在其子女的协助下出版，他在非常困难的情况下还是提笔，为送给赵庆泉的书上题了字，这是他给他的老友的绝笔。

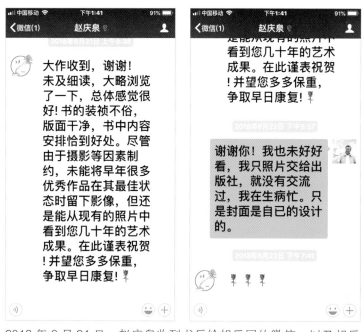

2018 年 6 月 21 日，赵庆泉收到书后给胡乐国的微信，以及胡乐国的回复，这是他们最后的通话

2018 年 7 月，胡乐国病危期间，赵庆泉先生不顾自己刚从国外回来，赶到温州看望他的老朋友，这，也是他们的诀别。

2018 年 8 月，胡乐国去世后，赵庆泉在《中国花木盆景》杂志发表长文悼念。

2019 年 8 月 10 日，赵庆泉作为主要发言人在"胡乐国盆景艺术研讨会"上发言

2015 年胡老师在宁波

音容笑貌今犹在 良师挚友已远行

——深切怀念胡乐国老师

赵庆泉

8月11日早晨，噩耗传来，胡乐国老师与世长辞。

尽管此前已经有心理准备，听到消息时还是感到震惊。一向被大家称为"不老松"的胡老师，就这样走了！这位可亲可敬的长者，从今以后就与我们天各一方了！

与胡老师相识、相交、相知40年，回首往事，历历在目，好像就发生在昨天。

1979年秋，国家城建总局园林绿化局在北京北海公园举办首次全国盆景艺术展览，我和胡老师分别在江苏馆和浙江馆工作。两个展馆呈L形，经常看到胡老师在浙江馆门前踱着优雅的步子。当时的胡老师还很年轻，我更是名副其实的小青年，我们很快就熟悉了。

那个年代中国盆景刚从十年浩劫中走出来，尚未恢复元气，参展的作品很多是劫后余生，缺乏新意。胡老师的作品却清新自然，不落俗套，让我眼睛一亮，心生佩服。《饱经风霜》（圆柏）、《生死恋》（翠柏）这两件作品后来被邮电部选作特种邮票图案出版发行。这些作品即使在今天看来仍然不失为佳作。

我那时刚从事盆景不久，抱着学习的态度，没事就和胡老师聊盆景，胡老师声调不高，态度平和，但思维敏捷，我们越聊越投机。我对胡老师的经历及其艺术思想也有了初步的了解。为期一个半月的展览结束后，我们各奔东西，但一直保持着联系。

1983年10月，胡老师来扬州参加全国盆景老艺人座谈会，我当时是会议工作人员。自北京分别后首次重逢，大家都很高兴。胡老师是温州园林处派出的参会人员，在会上做了小五针松造型的交流表演，还和其他与会嘉

赵庆泉发表在2018年8月刊的《中国花卉盆景》杂志的悼念文章《音容笑貌今犹在 良师益友已远行——深切怀念胡乐国老师》

九、贺淦荪先生（1924—2013）

　　贺淦荪先生，中国盆景艺术大师，湖北省花卉盆景协会和《花木盆景》杂志的创办者之一，在盆景艺术理论、制作实践、事业推动等各方面都作出了重要的贡献。

　　贺老和胡乐国是 1988 年成立的中国盆景艺术家协会的副会长和初始阶段的主要领导，在后来的各种活动中多有交集。

1993 年胡乐国和贺老在山西的留影

1994 年，他们在天津第三届中国盆景评比展览开幕式上的留影。贺淦荪（左），胡乐国（中），潘仲连（右）

1994年春节，贺老寄给胡乐国热情洋溢的墨宝

2002年岳阳会议回来后，贺老给胡乐国寄了这样一封信，信中对胡乐国谦虚为人、认真做事的品格给予了高度的评价，并表示欣赏

2000年8月5日的《中国花卉报》上刊登了贺老的文章《论丛林盆景》，胡乐国认真阅读，并完好收藏，同时还在报纸上修改了印刷失误的个别字

十、潘仲连先生

潘仲连，中国盆景艺术大师。他和胡乐国是 20 世纪 80 年代浙江盆景风格创立的领军人物。潘先生在他于 1986 年发表在《中国花卉盆景》杂志的文章《略谈浙江盆景的独特风格》中这样写道：

杭州与温州，实为浙江两大盆景主要基地。两地风格有同有异。若同中求异，温州风格具有严谨、端庄、稳健的特色；杭州风格则以敬斜、疏朗、潇脱见长。而存异求同，则杭、温两地都是以五针松作为盆景的主要素材，并且都是以传统的自然、写意和表现个性的手法进行造型的。

潘老上面写的是浙江盆景两大基地盆景风格的异同，其实也是这两位盆景大师作品的主要异同，以及他们的为人和性格的主要异同。

潘仲连直抒胸臆，对于自己不认同的事情绝不妥协；而胡乐国相对严谨，顾全大局且愿意听到不同的声音。因此在工作和会议中时有矛盾。再加上这两位浙江省早期盆景界的国家级大师，因为性格、工作环境（一个在杭州园文局下辖杭州花圃掇景园，一个在温州市园林管理处下辖温州盆景园）所产生的落差经常被外界夸大，而使两人一度有一些隔阂。

但是，他们对中国盆景事业的贡献，对浙江盆景发展的贡献是有目共睹的。

他们对各自艺术作品的相互欣赏是发自内心和由衷的。

他们对艺术的真诚和对工作的认真是高度一致的。

1979 年北京中国首届盆景展期间的合影。
左三潘仲连，后排右一胡乐国

1989年北京第二届中国花卉博览会期间他们的合影。左一赵庆泉，左二胡乐国，左三潘仲连

1991年在首次中国国际盆景会议期间的合照，左二胡乐国，右二潘仲连

1997年日本盆景大师木村正彦到浙江做盆景制作交流，两位浙江的大师都参加了活动。左三胡乐国，右三木村正彦，右二潘仲连——这是这两位大师最后一次的交集

2018年，潘老在家中阅读杂志时，看到了胡乐国大师去世的消息，一时惊讶，后提笔疾书，写了《太过匆匆》一文，纪念这位一同走过近代盆景艺术始发阶段的同行者。

2019年8月，"胡乐国盆景艺术研讨会"召开时，潘仲连让他的学生夏国余大师在会议上代读了他的发言稿，而且还为大会送上了他的墨宝以示怀念。

太过匆匆

■潘仲连

10月18日从吴克铭先生刊于《中国盆景赏石》上《悼念恩师胡乐国》一文惊悉胡乐国先生突然谢世，不由得我猛然起立，低头默哀，接连两个晚上睡醒尤萦怀难已。

乐国先生与我同为浙人，数十年来共事切磋频频，特别自上世纪七十年代末起，有许多往事让我印象尤深。我与先生曾于七九年在柳浪闻莺钱王祠一起办省展；于八五年在上海虹口展会上磋商"浙江盆景介绍提要"；八六年在武汉开会期间，我与先生同住一室，二人饭后散步闲聊或晚上临睡前的漫谈，均受益良多。后为筹建浙江盆景研究会，先生还专程来我园中，催我付诸行动，也曾至舍下小坐叙谊。我记不清是哪一年，先生还特邀我辈数人畅游雁荡。这些实实在在的交谊给我留下了美好的回忆。虽偶受外因牵扯，也曾对我有过一点小小的误会，但那种一过性的琐碎小事，又何足介意。

先生从艺一生，执着而又精微，其思路之缜密，非我能及。虽枝节微末，他也一丝不苟。他对松树造型各个部位的章法都有清晰理念，其艺术形象总归是舒展而又严谨。先生的敬业精神尤其让我敬佩。从中年到暮年，举凡他能参与的展会场合，他总是积极参加，贡献热能。以此对照自己，我自愧不如。先生一生热心栽培新秀，可谓桃李满蹊，先生的一生是充实的一生、丰盈的一生，其业绩历历，可圈可点，无愧后人。

先生的离世，太过匆匆，深愿年轻一代传人，能传承先生踵武，奋发自励，以推进中国盆景继续前行。

潘仲连 于10月20日

4 盆景赏石

潘仲连发表在《花木盆景》杂志2018年11月刊的文章

十一、加藤三郎先生（1915—2008）

加藤三郎先生，世界盆栽友好联盟名誉会长，日本盆栽协会理事长。

胡乐国在他第一次访问日本盆栽界时就专程到加藤三郎先生家拜访，可惜当日他身体不适卧床，无法接待。

2008年2月，胡乐国到日本参观82回国风展，准备再次拜访这位他尊敬的日本盆景界大师，但是大师却在国风展开幕当天去世了。

然而，胡乐国却收到了加藤三郎亲笔题词的为大家准备的盆景挂历。感动和惋惜之余，胡乐国翻拍了挂历的图片，发表在《花木盆景》杂志上，以志纪念。

胡乐国这样写道："加藤三郎先生走了。他为中日友好盆景代表团准备的，有亲笔题词的礼物——盆景挂历，来不及亲自分发就匆匆地离去了。这礼物是给代表们的，但也是给中国盆景界同仁的。以此想法，我把它翻拍出来，与大家一起欣赏和怀念。"

加藤三郎先生的亲笔题词是：饱含生命意味的盆栽艺术，令世界人民为之而感动。

多么深情的友谊啊——他们或许都没有面对面说过话，但这份透过对盆景的热爱所表达的盆景人的情感是跃然纸上的。

胡乐国发表在《花木盆景》2008年4月刊的文章局部

十二、岩崎大藏先生（1916—2011）

　　岩崎大藏先生，世界盆景友好联盟名誉会长，日本盆景协会副会长。

　　胡乐国非常尊敬岩崎对松树品种的研究和繁殖，以及他对世界盆景艺术的推动。在他第一次拜访岩崎的"高砂庵"后，印象非常深刻，他后来发表的文章《日本行》中就有对"高砂庵"和岩崎的非常详细的描述（见第五章）。他的行程照片记录中有多达几十张高砂庵的地栽原生真柏、五针松、赤松等的图片。

2004 年 10 月，胡乐国和岩崎大藏在"高砂庵"的合影

2005 年于美国华盛顿共同出席世界盆栽大会。左二胡乐国，左三岩崎大藏

2008 年 2 月日本第 82 回国风展期间两位大师的合影

十三、山田登美男先生

山田登美男先生，日本盆栽作家协会会长。

胡乐国在第一次拜访山田先生的清香园时，就被园中作品的精美所打动，每一件作品他都琢磨很久。同时他也喜欢山田典型的日本庭院，认为一切都非常的和谐。

胡乐国在山田登美男的清香园门口特意拍照留念

胡乐国和山田登美男的合照

十四、小林国雄先生

2004 年，胡乐国应世界盆栽友好联盟副会长岩崎大藏先生的邀请，在日本盆栽作家协会会长山田登美男先生的陪同和安排下，参观了小林国雄先生的"春花园盆栽美术馆"，两位盆景艺术大师从此结缘！

两位不同国籍的艺术大师虽然语言不通，但由于对盆景艺术的高度领悟力和深厚知识功底以及丰富的作品制造经验，他们通过比划、手绘和书写汉字等，就能够达到非常有深度的交流，同时互相欣赏！

胡乐国在此次拜访后在《花木盆景》杂志发表了《日本行》一文，文中就有对小林国雄先生的艺术理念等的描写，同时他还在自己的笔记中记录了和小林先生交流中的信息互换，对盆景养护的不同方法的启示，以及自己对中国盆景的更大信心！

胡乐国特别欣赏小林先生对盆景的责任心和职业道德，以及对养护细节的讲究，能做到因地制宜，灵活处理素材在不同状况下的不同处置方法。他甚至把小林国雄先生能用一只手同时操作三把剪刀的绝招也做了详细的记录。

此后，胡乐国于 2008 年和 2011 年再次拜访了小林先生。他们也有在中国多次的会议和活动中再次相遇。

2019 年 8 月 10 日，在温州举行的"胡乐国盆景艺术研讨会"遇到特大台风，很多会议嘉宾因为航班取消等原因无法到会，但是小林国雄先生在他北京飞温州的航班被取消以后，立即订了飞往离温州比较近的杭州机场的飞机，准备到达杭州后坐火车去温州。但当他抵达杭州以后，杭州至温州的火车也停开了。他决意要参加会议，毅然决然在杭州机场租了一辆车，冒着狂风暴雨，在研讨会的前一天深夜赶到温州会议场地，这份友谊，无法不令人感动！

胡乐国和小林国雄 2004 年在春花园的合照

2019 年 8 月 10 日，小林国雄在"胡乐国盆景艺术研讨会"上

小林国雄在日本盆栽作家协
会平台上发布的纪念胡乐国
大师的报道

小林国雄和胡乐国另一种方式的合照

小林国雄和他的学生们分享他参加胡乐国盆景艺
术研讨会的经过

小林国雄工作区域的案台上摆着胡乐国大师的照片

十五、郑诚恭先生

郑诚恭先生，台湾知名盆景艺术大师，多次到大陆做制作表演和举办讲座。

2013年扬州国际盆景大会期间，胡乐国和郑诚恭同时作为大会表演大师在大会上同台表演，他们表演期间制作的盆景作品今天还一起保留在扬派盆景博物馆的纪念墙前，这，也应该是他们最后的交集。郑诚恭先生这样描述他印象中的胡乐国大师：

胡乐国先生是比较早期到台湾和台湾同行交流的内地盆景人，他待人客气，具有非常好的亲和力。

老人家说话温和，活动力很强，在过往多次活动和交集中，我们有很好的沟通，他给我留下非常好的印象。

2003年，二位大师相聚在金华海峡两岸盆景精品展上

2008年，他们再度在第八届中国盆景展览上交集

十六、梁悦美女士

　　梁悦美教授，中国盆景艺术大师中唯一的一位女性，台湾盆栽树石会名誉会长，台湾中国文化大学园艺盆栽学教授。她与胡乐国相识于1991年在北京召开的首届中国国际盆景会议上，从此开始了长达20多年的友好往来，他们互赠自己的盆景艺术著作，每次会议上相遇总是要交谈许久。2006年，胡乐国第一次到访台湾时，特意去她家拜访了她和她的盆景园。2018年末，梁悦美在《中国花卉盆景》杂志发表了文章纪念那年去世的胡乐国大师，还提及她在早年得到大师关心和帮助的过往之点点滴滴。

1998年胡乐国和梁悦美在海峡两岸（漳州）花卉博览会上

2006年，胡乐国到台湾拜访梁悦美的盆景园

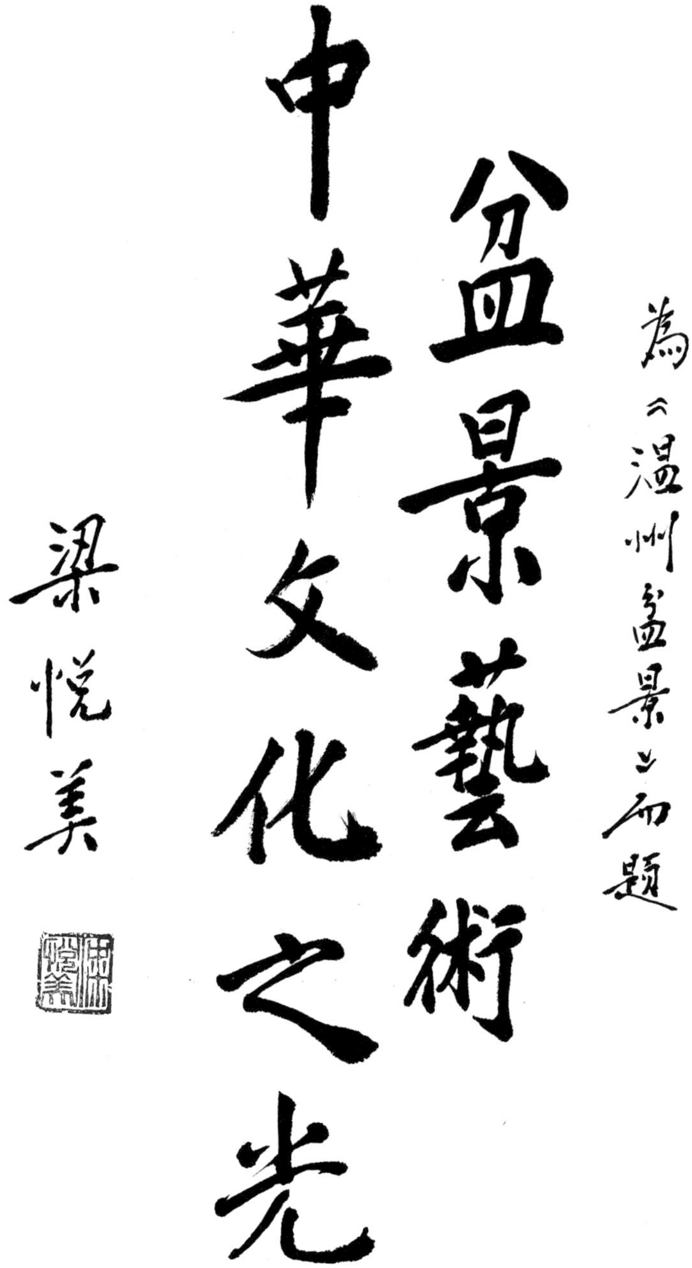

中華文化之光

盆景藝術

為《溫州盆景》而題

梁悅美

梁悦美教授为胡乐国的书《温州盆景》题词

十七、李仲鸿先生

　　李仲鸿先生，台湾知名盆景艺术大师，也是唯一一位到访过胡乐国的屋顶盆景园的台湾盆景艺术家，可见关系非同一般。

2006 年李仲鸿到访胡乐国屋顶花园

2011 年两位大师在日本高松举行的第十一届亚太盆景赏石会议上的合照

十八、张衍泽先生

张衍泽先生，《花木盆景》杂志 20 世纪 90 年代的编辑部主任，2001 年—2004 年任《花木盆景》杂志社社长。

2000 年在江苏乡镇盆景博物馆开馆仪式上，张延泽和胡乐国、梁悦美的合影

2002 年出席在福建泉州举行的中国风景园林学会花卉盆景分会第五届理事会期间张衍泽和胡乐国大师的合照

2002 年张衍泽陪同胡乐国大师和梁玉庆大师考察湖北盆景，同时到访《花木盆景》杂志社

十九、刘芳林女士

　　刘芳林女士是《中国花卉盆景》杂志前总编。刘芳林和胡乐国相识于1988年中国盆景艺术家协会成立之时，她当时负责会议的会务。在后来的若干年中，他们在各种会议期间有交集，但也只是相知相熟而已。直至《中国花卉盆景》开创了"盆景刊"后，他们才开始了真正的友谊。胡乐国非常欣喜地看到"国字号"的杂志有了盆景专刊，他给了刘芳林最大的支持和鼓励，因为他觉得他们是在认真办刊，并希望他们把杂志办得纯粹一点，少一点商业气息，多一点艺术境界，办出中国盆景艺术应有的大气。同时，胡乐国还给刘芳林一个建议：不要老围着已经出名的老作品转，要多报道新人新作。

　　2017年，刘芳林想出一个黄山松的专辑，她试探着在年初向胡大师提出约稿，胡乐国一口答应了，还让刘芳林帮他联系一些植物学家，先收集关于黄山松的基本植物学资料。刘芳林把资料找齐交给胡大师后，他们还做过多次沟通，准备写一篇有总结性意义的文章。可是文章刚开头不久，胡大师就身体不适，后来进入了手术阶段。这篇原来要详细写的文章就只能作为一个短文，发表在《中国花卉盆景》杂志2017年第9期，《我说黄山松》也成了胡大师最后一篇发表的文章。

　　2018年7月20日，刘芳林专程从北京到温州探望已经放弃治疗回到家中的胡大师，这也是他们的诀别。

　　2018年8月，《中国花卉盆景》的盆景刊做了一个纪念胡乐国大师去世的纪念专辑。大师是在8月11日去世的，月中出刊的专辑的制作时间很短，期间要把已经安排好的内容做延期，要重新安排新的内容，遇到的困难可想而知，但刘芳林带领她的团队以出色的质量完成了，用她的真诚为这段友谊画上了一个圆满的句号。

《中国花卉盆景》前总编刘芳林

二十、孙成堪先生

孙成堪先生和胡乐国认识超过 30 年，他早期担任国营企业的领导，后来被提拔到市政府担任过很多职务，工作非常繁忙。但他自小喜欢植物，自己家的阳台或屋顶总是绿意盎然。他开始收集盆景素材和关注盆景后，意识到必须找一个行家进行指导，于是千方百计托人介绍认识了胡乐国。刚开始胡乐国不是十分留意，但交往几次后发现孙成堪是非常专注而且非常用心地学习和制作盆景的，于是胡乐国就定期前去他的屋顶和孙先生讨论盆景，修整盆景，两个人一呆就是一整天。

几十年过去了，孙先生的小盆景园盆景数量不多，但精品比较多。而且他舍得在盆景上花钱，总是使用最好的泥、最合适的肥料，每天做最精致的护养。连胡乐国都感叹孙先生在某些品种的松树的护养上有自己的一套，并有超过他的护养经验。

孙先生是这样评价他认识了 30 多年的老友的：他是一个非常善良的人，非常内向，从来不会向别人开口寻求帮忙。孙先生说以他多年的工作经验，胡乐国有些困难他是完全可以帮忙或提供意见的，但这位老友从来不对他说，很多事情他都是从第三者处知道后，再去问老友，胡乐国也只是笑笑。

2017 年，孙先生想为自己养了几十年的盆景出一本书，胡乐国欣然答应给他的书写序。但是他后来住院手术，术后状况一直不稳定，他便采用口述的方式让别人记录，为孙先生"说"了这个书的"序"。

孙先生认为这样四个字比较恰当地形容他的老友胡乐国：德高望重！

自左到右：孙成堪夫人，胡乐国，著名摄影师邵家业，孙成堪

信天游

第八章

信 天 游

其他艺术形式作品欣赏

———

CHAPTER EIGHT

Rambling Melody in the Sky – Other Art Works

胡乐国盆景艺术的素养是建立在他自始至终不断学习的精神和毅力上的,他对音乐、美术、摄影、书法、园林等方面的兴趣和一定成就,让他在盆景艺术上触类旁通,造诣深广。

一、音乐梦想

胡乐国的外祖父是个牧师，所以他幼年时就经常在教堂的唱诗班做童声合唱，从此在他的心中就埋下了音乐的种子。

高中毕业后，为了和母亲一起承担家庭开支，他去乡村的小学做了一名音乐教师，因此，他一直以为自己将来是要从事音乐工作的。

19岁，胡乐国就在当时国内权威的音乐刊物上发表了音乐作品。

A調 2/4　　　　摘籃桔子送小紅　　　　易　子詞
　　　　　　　　　　　　　　　　　　　　　　胡樂國曲
快(興奮,愉快,熱烈)　　　(兒童歌曲)

```
1 1 2 6 5 | 1 6 5 3 | 2  2 3 | 6  5 | 2  6 5 |
桔子 黃，  桔子 紅，  摘籃  桔  子  送 小
```

```
1· 0 | 1· 1 5 | 1 3 5 0 | 2  2 3 | 3 3 3 2 3 |
紅。     桔子 為何  送小 紅。  只 因 為  小紅的哥哥
```

```
5· 3 2 3 | 1· 0 | 5· 1 1 3 | 5  0 | 5· 3 2 3 |
參軍是英   雄。    全家都光   榮。    全村熱烘
```

```
1  0 | 1· 2 3 3 | 3 2 1 0 | 2· 3 5 5 | 1 6 5 0 |
烘，     張三嫂呀  送雞蛋。  李四哥呀  去幫工。
```

```
5· 5 6 5 | 3  2 5 — | 5  0 3· 3 3 2 3 | 5 1 — | 1 — ||
哦家沒有別  的 送!      摘籃桔子送  小  紅。
```

G調 3/4　　　　　星 兒 閃 閃　　　　金長鈺詞
　　　　　　　　　　　　　　　　　　　何　方曲
　　　　　　　　(兒童歌曲)

```
6 1 5 5 | 6 1 2 2 | 2 3 5 3 | 2 6 5 5 | 6 1 5 5 |
星兒閃閃，  月兒亮亮，  月光下面，  捉迷藏呀，  手兒拉緊，
```

```
6 1 2 2 | 2 3 5 3 | 2 6 1 1 | 2/4 1 6 1 6 | 5 6  1 |
眼兒放光，  圍住戰犯  在中央呀!    抓住戰犯  不放手，
```

```
0  0 | 2 3 2 3 | 5  — | 3 0 2 0 | 1  0 ||
嗨  嗨  一腳踢   到     太 平   洋。
```

— 3 —

为了能够进一步学习音乐，他在 1953 年 20 岁的时候辞去乡村教师工作，回到温州参加考试，无奈后来迫于历史原因，他在文化成绩合格的前提下仍无法得到学习的机会。从此，他放弃了音乐。

但是，音乐永远是他表达愉悦的一种方式，熟悉他的人都听过他的高声咏唱。其中，《黄河大合唱》里面的曲目是他的最爱，他一个人在盆景园时，我们能在远处听到他高亢的歌声："风在吼，马在叫，黄河在咆哮，黄河在咆哮……"

在他晚年时，同样爱好音乐的他的学生许挺立，经常会把自己抢到的好的音乐会票和老师一起去分享，胡乐国的手机里，还留下多次和许挺立去听音乐会时拍的现场照片。

他钟爱节奏：音乐的节奏，生活的节奏，盆景枝条的节奏……

温州大剧院外景——胡乐国拍摄

音乐会现场——胡乐国拍摄

二、摄影作品

　　胡乐国始终认为：摄影艺术和盆景艺术有相通之处，特别是，盆景艺术要透过摄影艺术和技巧为盆景作品的定型留下永久的定格。

　　除了他对摄影艺术的认知以外，他和摄影艺术有另一种缘分：他的摄影师好朋友们！

　　胡乐国是个不善交际的人，他的朋友不多，但是在他为数不多的朋友中，有好多位摄影家：比如知名摄影师邵度和邵家业父子，阮世璜，胡国荣，曹钢，还有他的早期领导孙守庄。这批朋友不仅在艺术理念上影响了他，还在技术交流中给了他很大的帮助，甚至他的很多作品的传世定型照都出自他们之手。

　　胡乐国为了更好地记录和表达盆景作品的定型，在 20 世纪 60 和 70 年代自学摄影和相关知识，同时还在他的摄影师朋友的指导下动手自行组装了照片印制和放大设备，他早期的作品记录照和部分作品定型照，从拍摄到底片冲印、相片制成都是自己一手完成的。

胡乐国自己拍摄、冲印的盆景作品照片

20 世纪 70 年代胡乐国拍摄的
黄山风景照片

20 世纪 80 年代胡乐国拍摄
的黄山风景照

21世纪用手机拍摄的风光照

三、园林造园

　　胡乐国对盆景的生长和展示空间有自己的要求，所以他自学相关园林造园知识，无论是 20 世纪 60 年代他工作的温州妙果寺盆景园，还是他后来亲自参加建设的江心屿温州盆景园，以及后来他指导建设的著名私人盆景园温州新西园、台州梁园，提供指导意见的宁波绿野"百师园"，都留有他思想的痕迹。

江心屿温州盆景园

温州新西园

台州梁园

宁波绿野山居"百师园"

四、书法金石

如果你行走在全国各地的盆景组织和盆景园，你会看到很多胡乐国为这些组织和盆景人或盆景园题写的墨宝，胡乐国自己认为他不是专业的书法家，但大家喜欢他的毛笔字，而他的题字能鼓励盆景人继续向前，他就会尽力而为！他去世以后，在他的手机中还留有很多各地盆景人希望能有他的题字的短信，他也答应大家等他身体好一些后一定为他们题写，但最后还是"欠"了很多无法兑现的承诺……

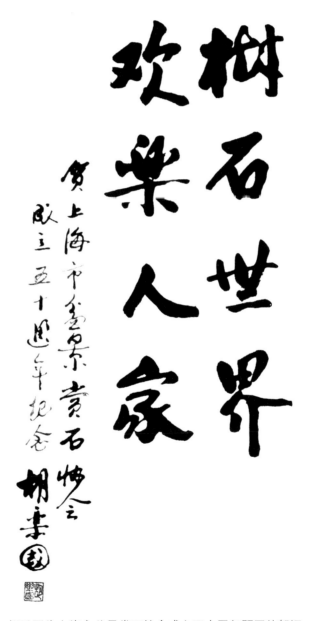

胡乐国为上海市盆景赏石协会成立五十周年题写的贺词

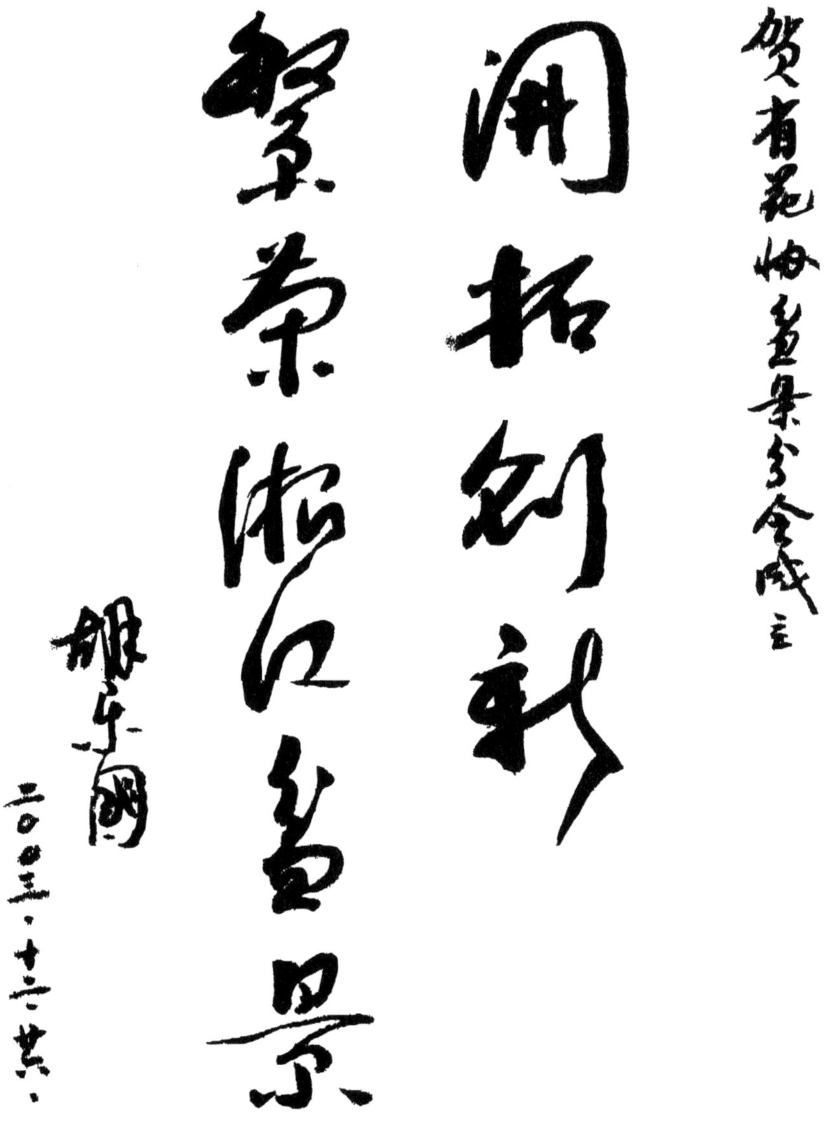

贺省花协盆景分会成立

开拓创新

繁荣浙江盆景

胡乐国

二〇〇三·十二黄·

胡乐国为浙江省花卉协会盆景分会成立的题词

胡乐国为《浙江盆景》一书题词

花此《花木盆景》百期大庆之际，作为贵刊最忠诚的朋友，书以多次谈恳地寄予热情祝贺！

眼看《花木盆景》从小到大，发展成为今天国内花木界朋友最受欢迎的杂志。书里创业唯艰，来之不易。这里面有着编者的无私奉献，读者、作者的热情支持。

花木、盆景、雅石……我都喜欢，惟对盆景情有独钟。希望能在贵刊看到更多更美的国内外盆景佳作，更希望在盆景艺术的创作园地看到一份《中国盆景》李石。

胡乐国
一九九九.十一.

胡乐国　中国盆景艺术

大师

4　花木盆景

胡乐国为《花木盆景》百期题词

梁园园艺重文化
松柏 梅花更精神
胡乐国
2011·元月

胡乐国为台州梁园题词

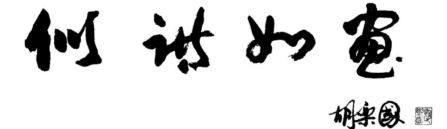

似诗如画

胡乐国

胡乐国为月波园题词

胡乐国为江西肖学华的沁园题写的园名

胡乐国为江西李飙的些园题写的园名

胡乐国为浙江楼学文的逸园题写的园名

胡乐国给学生陈关茂的盆景园题词

胡乐国为《温州盆景》题写的墨宝

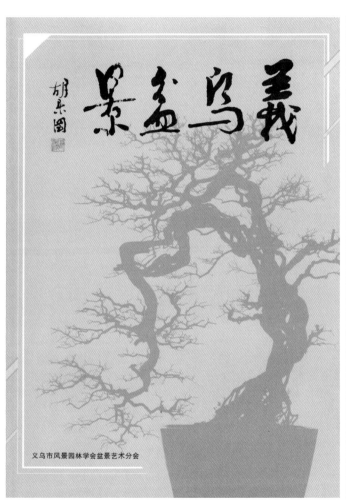

胡乐国为《义乌盆景》题词

胡乐国为《福宁盆景》题词

胡乐国还非常喜欢篆刻，收藏了各界人士为他和他的盆景制作的印章，其中包括：

胡乐国盆景作品的景名——榆林曲、好汉歌、向天涯

以及他的艺术和技术主张：高干合栽、师法自然、高干垂枝等

温州知名金石名家方介堪篆刻的"温州盆景"和知名书
法家林剑丹篆刻的胡乐国的名章

天地正气

第九章

天 地 正 气
胡乐国盆景艺术研讨会

————

CHAPTER NINE
Beyond Time and Space – Hu Leguo Penjing Art Conference

2019 年 8 月 10 日，"胡乐国盆景艺术研讨会"在温州雪山饭店召开，同期举办的还有"胡乐国大师逝世一周年纪念活动"和"浙风瓯韵盆景展"。

　　会议当天，温州遭遇特大暴风雨，与会的全国各地盆景组织代表和大师们航班被取消后，改乘火车抵达，火车最后也停开了，他们租车或驾车绕道抵达，这样的决心令人感动万分。

会议宣传画

一、胡乐国盆景艺术研讨会

　　胡乐国盆景艺术研讨会由中国风景园林学会花卉盆景赏石分会、浙江省风景园林学会盆景艺术分会和温州市园林学会主办,浙江省风景园林学会盆景艺术分会和温州市园林学会盆景艺术分会承办。

　　会议由中国风景园林学会花卉盆景赏石分会常务副理事长**李克文**先生主持。

会议现场照片

参加此次活动嘉宾有：

中国风景园林学会花卉盆景赏石分会名誉理事长、世界盆景友好联盟荣誉主席、国际盆景赏石协会中国地区委员会执行主席	胡运骅先生
浙江省花卉协会会长	邢最荣先生
浙江省风景园林学会秘书长	高姣英女士
温州市综合行政执法局副局长	王志旭先生
中国风景园林学会花卉盆景赏石分会常务副理事长	李克文先生
中国风景园林学会花卉盆景赏石分会常务副理事长、中国盆景艺术大师	赵庆泉先生
中国风景园林学会花卉盆景赏石分会常务副理事长、中国盆景艺术大师	魏积泉先生
中国风景园林学会花卉盆景赏石分会秘书长、中国盆景艺术大师	史佩元先生
"盆景乐园"网站站长	郑志林先生

胡乐国盆景艺术研讨会合影 2019年8月10日

全体与会人员合照

中国盆景艺术大师代表：（按姓氏笔划顺序）

王元康、（**韦群杰、石景涛、李云龙、田一卫**——因航班取消无法到达）、**邓文祥、刘传刚、冯连生、孙龙海、邢进科、沈柏平、陆志伟、范义成、徐昊、韩学年、夏国余、谢继书**先生；

日本著名盆景艺术家**小林国雄**先生；

分会**陆明珍、吴敏、郭新华、太云华**（因航班取消无法到达）等领导和浙江省各级分会的领导和业界同行；

温州电视台，中盆会 A 盆景网站，"盆景乐园"网站，《花木盆景》杂志，盆景世界文化传媒等媒体，胡乐国大师学生、胡乐国大师亲友等共约 250 人。

会议现场记录

会议现场记录

共有 22 位参会者在大会上作了发言：

温州市综合行政执法局副局长——**王志旭**

中国风景园林学会花卉盆景赏石分会理事长——**陈昌**（由秘书长**史佩元**代读）

浙江省风景园林学会秘书长——**高姣英**

中国风景园林学会花卉盆景赏石分会名誉理事长——**胡运骅**

中国盆景艺术大师——**潘仲连**（由他的学生**夏国余**代读）

中国盆景艺术大师——**赵庆泉**

清华大学建筑学院景观学系教授——**李树华**（由胡乐国的学生**卞海**代读）

日本著名盆景艺术家——**小林国雄**

中盆会上海分会名誉会长——**陆明珍**

中国盆景艺术大师——**徐昊**

著名盆景理论家——**徐民凯**

中国盆景艺术大师——**史佩元**

中国盆景艺术大师——**刘传刚**

原《中国花卉盆景》杂志总编——**刘芳林**

盆景世界文化传媒——**刘少红**

胡乐国学生——**卞海**

胡乐国学生——**潘菊明**

胡乐国学生——**胡向荣**

胡乐国学生——**金育林**

胡乐国学生——**吴克铭**

中国盆会浙江分会老会长——**王爱民**

胡乐国学生——**许挺立**

大会发言稿选登

胡运骅主席的发言稿——《向胡乐国大师学习》

胡乐国先生是为中国乃至世界盆景艺术的发展作出杰出贡献的盆景艺术大师。作为盆景大师创作几盆盆景作品并不难，但要创作出一批有个性、有特色、有独特风格的传世之作，则是难能可贵的。胡乐国大师长期在专业盆景园从事盆景创作和研究工作，六十余年如一日，认真创作，一丝不苟，创作出一批巍然挺立、气宇轩昂、画意浓郁、意境深远的高干垂枝、高干合栽的创新之作，开创了中国松树盆景的新风格。这些作品真正做到了源于自然而高于自然，艺术地再现了大自然古松的风韵。它们造型生动活泼，线条流畅，变化多端，且富含中国优秀文化艺术的内涵。

胡乐国大师的成功绝非偶然。我曾听过他优美的独唱表演，他当过音乐老师，具有深厚的文化艺术功底。与盆景结缘后则潜心研究，坚持不懈，终于水到渠成，瓜熟蒂落，成为著名的盆景艺术大师。

胡乐国大师思路敏捷，出手精准，常能化腐朽为神奇，将一些平庸的桩材创作成一盆盆精品盆景。故 2013 年国际盆景协会和世界盆景友好联盟在中国分别举行世界盆景大会时，都请胡乐国大师代表中国担纲盆景创作的嘉宾，两场表演后都是掌声雷动，大获成功。

胡乐国大师助人为乐，诲人不倦，经常为全国和省市的盆景培训班授课，撰写了近百篇学术论文和多本专著。他的学生中有的已成为当今中国盆景的中坚力量，他也经常到各地协会和盆景园指导工作。

胡乐国大师经常担任全国重大展览的评委，他公正客观的态度受到业界的一致好评与赞赏。

胡乐国大师宽厚仁慈，以德报怨。如有一次当地有人故意想陷害打击他，到法院状告他在一本盆景画册中侵权，他胜诉后宽宏大量，没有追究对方的错误，更没有提出索赔的要求。

　　今天我们在这里举行胡乐国大师盆景学术研讨会和追思会，衷心希望盆景界要虚心向胡乐国大师学习，让我们团结一致，共同努力，为谱写中国盆景历史的新篇章而奋斗！

胡运骅主席发言

潘仲连大师的发言稿——《先生仍与我们在一起》

　　胡乐国先生离我们而去已近周年了，回望先生的身影，宛如在昨，回忆其近半个世纪以来的行踪与音容笑貌，备感亲切。

　　先生把毕生精力奉献给了中国的盆景事业。其创作的众多精品，耀灿夺目，有口皆碑。虽按前人屠隆《考槃余事》所记，早在明代江浙盆景就已有"三五棵合栽，如入松林深处"的艺象问世，传至现当代，乐国先生对此又有自己的发挥，其造型手法与艺术风格卓然与他人有别，实为大家风范，独树一帜，这是不争的事实。

　　先生一生以灼热之心"传道、授业"，慕名投其门下求教的弟子熙熙攘攘，数以百计，此可谓"桃李不言，下自成蹊"者也。何以故？盖由先生自身魅力使然。先生的一生实乃"诲人不倦"的表率。业内能像他那样乐于提携后学的学长，实无出其右。这方面我自愧勿如，因为这需要有扎实功底和充分自信才能做到，我在这方面就很欠缺，而乐国先生对此则是大匠运斤，游刃有余，殊可钦佩。

　　先生毕生勤奋创业。直至晚年，未尝稍懈，其业绩可圈可点。其留给后人的精神感召已成为推动业界继续前行的强劲动力，先生仍将与我们行进在一起。

　　这里我还想提及，先生膝下能有向阳这样的才女长期与乃父切磋唱和，使亲情与艺境在自然交融中相得益彰，流诸笔端，读来便分外感人。这在整个园艺界兴许也是可遇而不可求的传奇，无疑会在当下怀念故人的悲凉中带给我们一份浓浓的暖意。

　　由于年事关系，不便远行，请允仅以此数语向先生及其宝眷致意。

因潘仲连大师健康原因，他的发言稿由学生夏国余大师代读

小林国雄先生的发言稿——《相知相遇》

15 年前的 2004 年，胡先生和杭州的鲍先生、日本盆栽作家协会的山田会长，初次来访我的盆景美术馆。

胡先生的盆景风格从不拘泥于日本常见的固定形状，而是表现出在大自然风雪严酷中逆境而生的顽强生命力。先生将空间和线条美妙地结合，择盆的品位审美都无不令人感动。

胡先生是我创作上受益良多的一位，他为盆景的普及和发展作出了巨大贡献，培养了许多的盆景爱好者和弟子，是盆景业界的启蒙者和伟大的教育家。先生对于不才小生在盆景上的热爱给予了很高的评价，谨致衷心的谢意！

胡先生的教诲永远铭记在我和广大盆景爱好者和弟子们的心中，先生爱盆景更爱大家，是心怀博大的大师。感恩在我的人生中与先生的相知相遇，合掌谢讫！

日本盆景大师小林国雄先生在会议上发言

中盆会上海分会名誉会长陆明珍女士的发言稿——《胡老师，盆景界的一个标杆》

各位领导、各位嘉宾、各位亲友、各位盆友，大家上午好！

今天中盆会、浙江省风景园林学会、温州市园林学会在这里举办胡老师盆景艺术研讨会暨展览的活动，很及时，这对传承胡老师的盆景艺术和技艺，推动我国盆景事业的发展，弘扬正能量，有很大的意义。

胡老师是我们盆景界的活动积极分子，他不但积极地参加全国各层次的展览活动、教学活动、评审考察活动，还写了不少论文，出版了不少专著。特别是他的松树盆景"高干合栽""高干垂枝"创导性的理论和实践，不但体现了中华民族的风格，而且得到了大家一致的认同和赞赏。他为我们后人留下了宝贵的财富。

我和胡老师相识20多年了，20多年来胡老师给我、给我们上海协会留下了深刻的印象，他不仅在技术上给予我们无私的指导，在为人上尤其是我们学习的榜样。

20多年来，我们从相识到相熟。只要是盆景上的需要、工作上的需要，胡老师都会给予大力的支持和帮助。在我们协会的盆景交流课上，有胡老师给我们上课；在我们协会的盆景操作练兵场上，有胡老师耐心指导；在我们协会的年展上，有胡老师评审和点评。在我们协会成立50周年的庆典上，胡老师又为我们题了词——"树石世界，欢乐人家"。为了普及盆景知识和制作技艺，他还不辞辛苦地为我们协会的团体会员单位上课，示范传授技艺。

胡老师为人谦虚随和，诚恳低调，实实在在，从不张扬，说话从无华丽之词。他总是用自己的行动来支持我们的工作，用自己的行动来弘扬盆景文化。今天我们在这里对胡老师追思和怀念，我也代表上海协会对胡老师给我们协会的支持和帮助再次表示感谢！愿他在天堂里听到我们的心声。

斯人虽已去，但胡老师永远是我们盆景界的一个标杆。他德艺双馨，为他所钟爱的盆景事业奉献了一生。他对盆景事业孜孜不倦的追求精神，他在盆景艺术上难能可贵的才华造诣，他的为人处世，他的人品素养，都是我们学习的楷模。望胡老师在天堂里感受到我们对他的怀念。

　　愿胡老师一路走好！

陆明珍会长在会议上发言

盆景世界文化传媒刘少红先生的发言稿——《怀念胡乐国先生》

尊敬的胡先生的至亲、生前至交好友们，你们好！

我因工作之便，有幸与胡乐国先生相识、相交，算来有 12 年的时间。在这 12 年的光阴里，我与先生虽因空间的距离晤面不多，但却因共同热爱、服务的盆景艺术，得以与先生亲近，得蒙先生关爱。在我心目中，先生是大师，是长者，更是良师，是益友。

至今清晰记得与先生的初识。那是 2006 年 8 月，作为一名仅有一年工作经验的新手编辑，我对刚刚接手的一个重要栏目"盆景教室"既踌躇满志又心怀忐忑。拜读了先生撰写的《名家教你做树木盆景》，我既有着强烈的愿望，想要将先生的真知灼见分享给我的读者，又担心我一个初出茅庐的新人约不到先生如此享誉国际、举足轻重的大师、前辈。我鼓足勇气致电先生，没想到，电话另一端的先生不仅耐心倾听我因紧张而啰嗦无序的表意，而且欣然应允，还谦逊地交代我，若发现问题可以放心修改。得知我才接手栏目，先生还鼓励我加强学习、好好工作。他热情的话语、爽朗的笑声，给了我这个"小编"莫大的自信与力量。回望 11 年的纸媒生涯，我经手编发的胡先生大作 15 篇，其中，连载 12 篇，论文 2 篇，怀念加藤三郎先生的文章 1 篇。每一次的约稿经历，都为我留下了难忘的、宝贵的回忆。

我的成长，离不开诸多师友的提携、扶持与关爱，我更从他们身上汲取到了无穷的知识养分——胡先生便是其中一位。先生的盆景理论体系完备，深入浅出，构建了我树木盆景理论与技艺的知识结构，使我深深受益。研习其理论，聆听其教诲，自然渴望得晤先生其面。那年，我开始主持"人物"栏目，专访海内外盆景界知名人士，我激动地将先生列为第一批采访对象之一。借着在泉州"中国杂木盆景研讨会"之机，我终于有幸在酒店房间专访以松树盆景闻名于世的胡先生。这是一位非常平易近人的采访对象，真诚、谦逊，丝毫没有"大师"的架子。他有问必答，言无不尽，不拔高自己，更不贬损他人。他低调、宽和、坦诚、质朴的人格魅力，给我留下了深刻的印象。在后来的待人接物、为人处世中，我经常会想起那个晚上，想起酒店柔和的灯光下，面容慈祥、形象高大的胡先生。

工作上，胡先生是我的良师，我景仰他、敬重他；生活中，胡先生更是我有幸得交的忘年之友，他如慈父一般牵挂我、惦念我，令我时常感受到历久而弥深的温暖。记得一天中午，我在杂志社接到先生的电话。那是经武汉转机的先生，在等待起飞的间隙专门来电，只为表达挂念——后来我常想，想天地之大、武汉之大，先生眼前，飞机舷窗外的这片土地上，竟有我这样一个小辈，令先生百忙中念及，令先生拿起手机，在通信录中一页页翻寻！个中情义，令我感怀至今：都说君子之交淡如水，但这浅淡的清水，却能折射出最绚丽夺目的光彩！及至2016年中秋，那时的我刚从杂志社离职，整日疲于为新的事业奔忙，疏于问候师友。先生却不忘在微信里问候我。得知我的近况，还一直想着要怎样帮助我。在我的微信里，一直保存着和先生的聊天记录。有一条留言，时值84岁高龄的先生写道：我苦在自己年龄大了，学不会电脑，只能用手机交流。前几天，我在向阳大姐的书中看到病榻上的胡先生，额上敷着降温贴，鼻梁上架着老花镜，高举着孱弱的双臂，用手机指导学生的盆景创作。想象到先生用手机与我联络的场景，不禁潸然泪下。

　　此情可待，却已成追忆。今天，我终于如愿来到温州，在会议现场观摩到先生名作。只可惜，树景犹在，物是人非……唯可欣慰的是，在先生离开我们一周年的日子里，我能与各位齐聚一堂，共致哀思。希望我们在这汇聚的哀思中，获得心灵的慰藉，让我们不再为我们的亲人、良师、益友的离去而悲伤，而哭泣，因为，他慈爱、真诚、闪光的灵魂，将永远与我们同在……

盆景世界文化传媒刘少红在会议上发言

胡乐国大师学生许挺立先生的发言稿——《胡乐国，中国盆景的"大书"》

我认识胡老师是 1979 年，那年我考入温州市园林技校，是学制三年定向分配的学生。

给我们上课的都是园林管理处的专家，胡乐国老师给我们开设了盆景课，从此"妙果寺"盆景园成了我的第二课堂。1982 年毕业时有三位同学留在盆景园工作，我被分配到半塘苗圃。后来温州"江心屿"盆景园建成，胡老就到"江心屿"盆景园主持工作。但"妙果寺"盆景园还在，留下了不少胡老师的作品。这时我也调到"妙果寺"盆景园工作，从此我也成了盆景人。

近 40 年的时间里。胡乐国老师成了我的"书"。"开蒙"的时候这本书图文并茂，浅显易读，引人入胜；"学馆"时候，这书里好词好句层出不穷，供我们随意抄录；"解经"的时候，这本书春秋笔法，引经据典，字字珠玑；但更多的时候它是《说文解字》，可以随时查阅。当然，有时候它是唐诗宋词，美不胜收，也能读到元人散曲杂剧，情景动人……

可去年的今天，这本书被"天堂"永久收藏，我们再也不能随时翻阅了。只有在夜深人静的时候，仰望天空，

老师，你在天堂可好？

胡乐国大师的学生兼同事许挺立在大会上的发言

潘仲连大师墨宝——中：潘仲连大师的学生夏国余大师，右：胡乐国大师的儿子兼学生胡向荣，左：胡乐国大师的学生温州盆景分会秘书长邵胜光

　　大会还接受了潘仲连大师、刘传钢大师和著名盆景艺术理论家徐民凯先生为大会作的题词墨宝。

刘传钢大师墨宝——右：刘传钢大师，左：胡乐国大师儿子胡向荣

徐民凯墨宝——右徐民凯，左胡向荣

二、胡乐国大师去世一周年纪念活动

　　胡乐国盆景艺术研讨会的最后，与会全体人员参加了"胡乐国大师去世一周年纪念活动"，纪念活动由胡乐国大师的长女胡向阳在大会屏幕上为大家展示了胡乐国大师长达半个多世纪的艺术活动的轨迹和参与的主要历史事件，这个介绍图文并茂，现场气氛非常感人。

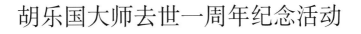

胡乐国（1934—2018）20 世纪 80 年代——之五

胡乐国大师去世一周年纪念活动

胡乐国（1934—2018）20 世纪 90 年代——之三
言传身教——主讲了大江南北很多的课堂

胡乐国大师去世一周年纪念活动

胡乐国（1934—2018）21 世纪 00 年代——之一　名作频出

胡乐国大师去世一周年纪念活动

这是他最后一次做盆景——2018 年 4 月 10 日

纪念活动现场屏幕节选

纪念活动最后，大师后人向研讨会主办方表示感谢，向不顾风雨来到
温州参加会议的所有与会者表示感谢

这场台风，阻拦不了来自四面八方的专家友人的脚步和
决心，吹散不去大家心中的怀念与景仰，大师的人格魅力和
艺术感召力在此可见一斑。

三、浙风瓯韵盆景展

研论会同期举行的盆景展的主要作品来自胡乐国大师的学生，他们希望用盆景作品来纪念他们的老师。

由于大会当日的强台风影响，盆景展被迫取消室外场地的展览，最后移了部分体量小的作品到大会室内现场，展览环境、采光等都受到了严重的影响，但是那份心意、那份热情一直萦绕在大会现场，长驻在人们的心里。

胡乐国大师的作品"临风图"出现在"浙瓯风韵盆景展"的现场，该作品曾是 1989 年第二届中国花卉博览会的一等奖作品

周西华作品：清风明月

应日朋作品：朽木逢春

朱伟波作品：顿挫抑扬

林小平作品：微形组合

浙风瓯韵盆景展现场

胡乐国大师学生团队的合照

第十章

风 骨

胡乐国盆景艺术的中外影响

———

CHAPTER TEN

Strength and Spirit – Worldwide Impacts

胡乐国大师走远了，但是他的人格品质和艺术影响是深远的。无论是在作品创作，还是在艺术理论，抑或艺术道德上。

我们在前面的九章中用事实罗列的方式把他对中国盆景艺术事业的贡献做了陈述，因此，在这里我们将不再重复，而是用综述的方式从三个角度来展现：

* 作品和创作方式
* 艺术理论探索
* 艺术责任和艺术道德

之后，我们请16位与大师有交集的各领域人士用他们的感悟为我们描述一个立体的胡乐国大师。

胡乐国大师的留痕清晰地和我们同行在文化传承的道路上⋯⋯

一、作品和创作方式

　　胡乐国大师20世纪70年代的作品用今天的审美高度来看仍然是富有韵味的，虽然当时我国的盆景基本还在恢复元气的阶段，大部分的作品还是在规则式的制作框架里面的。所以胡乐国的作品在1979年首次中国盆景艺术展出现时如同清流，刷新了大家的视觉，如"生死恋"的舍利干和神枝的使用；如"饱经风霜"充分利用柏树主干的扭曲，用树冠的绿叶烘托主干的沧桑，淋漓尽致地表达主题；再如"迎客"那舒展的主枝，巧妙地用大于主干的体量来表达热情和希冀。

《温州园林》一书中对温州盆景园和胡乐国的盆景作品的记录

　　这个记录在《温州园林》一书第65页的胡乐国在首届浙江省盆景展的一等奖作品"迎客"，给老一代浙江人民的印象是非常深刻的，我们从下面的照片可以看到。

照片由许挺立提供

　　1986年温州花木公司（原妙果寺地址）门口屏风上，就有老瓯塑艺术工作者以胡乐国的"迎客"盆景作品为蓝本制成瓯塑墙饰。它是很多人过往的回忆！照片中的四位年轻人是当天到郊县去旅游回来，在这个有"迎客"的墙饰前合影留念，从此有了永远的记忆！

浙江省第九届盆景艺术展主席台的胡乐国盆景作品的形象

胡乐国在 20 世纪 80 和 90 年代的作品树立了他独特的个人风格：挺拔，秀丽，雄壮，不屈！徐晓白教授为胡乐国的作品题词的"雄秀兼备"，正说明了这个风格特色。这个时期的著名作品"向天涯""天地正气""烂柯山中""傲骨凌云""信天游""临风图"等等，都是大家非常熟悉和喜爱的作品，它们成了中国盆景艺术的一种风格标识。

进入 21 世纪以后，胡乐国的作品风格在原有的基础上更加自然潇洒，从容不拘。作品在美的范畴里面，走出了所有的框架和束缚，达到忘我的境界。

浙江一盆景展会馆大楼外墙上挂着巨幅的胡乐国作品"向天涯"的照片

1989 年盆景挂历的封面，胡乐国作品"扶摇直上"

浙江省名人名家盆景作品展的主题板上胡乐国作品的形象

这个时期由于通信方便，他的作品的传播都很广，比如美国 Robert Kempinski 就在他的著作 *Introduction to Bonsai* 中启用了胡乐国大师的"踏歌行"和"幽谷潜龙"来做盆景欣赏的章节内容；世界盆栽友好联盟的《盆景世界》也刊登过胡乐国大师的作品作为亚洲盆景的介绍……

纵观胡乐国大师的盆景作品，它们都有一个非常突出的特点：作品素材都是非常平庸的，甚至是别人弃用的，经过他的手后，化腐朽为神奇，令人拍案！这也是胡乐国在制作理论中的一大主张的具体实践：充分利用素材本来的特点，扬长避短，因势利导，遵循自然规律，没有不好的素材，只有不好的盆景作者。

2013 年扬州国际盆景大会邀请了 10 位国际盆景大师做示范表演，胡乐国大师就是其中之一，他的精彩表演至今让人记忆深刻，得到来自世界各地的盆景艺术家和观众的好评。他在会议纪念墙上的留言是这样的："盆景，我生命的重要组成部分。"

摘自 *Introduciton to Bonsai*，作者：Robert Kempinski

二、艺术理论探索

胡乐国大师出色的盆景作品来自他坚定的创作理念，而理念来自于他在艺术理论领域的不断探索和勇于打破规律的积累。

胡乐国在 1993 年和 1994 年连续发表了《迎着世界潮流走》《让中国盆景朝着健康的方向发展》《面向世界 繁荣中国盆景》等文章，在中国盆景开始走向繁荣，开始打开思路看世界的关键时段，为大家指出正确看待自己、合理学习他人的非常切合实际的道路。

1998 年他在法国参加制作表演期间，发现欧洲人对中国盆景的认识有严重偏差，他适时地在法国盆景杂志《盆景家》上面发表《中国盆景概况》，这篇文章在法国的影响力非常大。

2002 年胡乐国大师在《花木盆景》杂志上发表了《谈"传统"》一文，文章一出，如一石激起千层浪，杂志后续刊登了许多来自各方面的讨论文章。这个讨论历时一年多，2003 年胡大师把这一年的讨论做了一个总结，在杂志再发了一篇《再谈"传统"》，为大家争议的何为传统，我们应该如何继承传统，摒弃禁锢，打开了思想枷锁，非常具有引领作用。

后续，他的文章《盆景是文化》《中国盆景的创新与发展》《人才是树 文化是根》等，都在文化的层面对中国盆景艺术的发展关键问题提出讨论：文化素质提升和创新实践开拓是我们发展的根本。这些重要的文章没有华丽的辞藻，非常准确地为行业的发展护航。

胡乐国结合自己近 50 年的实践经验和中外资料研究，大量走访自然树林，总结出"高干垂枝"这一松树盆景造型的规律。他 2008 年发表的《一方水土养一方盆景——谈松树盆景的"高干垂枝"》就和大家分享了这个技法，至今，它仍然影响着许多崇尚自然式盆景制作的艺术家的实践操作。

《五针松栽培和造型》，胡乐国编著
浙江科学技术出版社 1986 年 3 月出版
统一书号：16221-155

《温州盆景》（中国盆景艺术丛书），胡乐国编著
中国林业出版社 1999 年 8 月出版
ISBN 7-5038-2307-0

《中国浙派盆景》，胡乐国编著
上海科学出版社 2004 年 1 月出版
ISBN 7-5323-7353-3

《名家教你做树木盆景》，胡乐国编著
福建科学技术出版社 2006 年 7 月出版
ISBN 7-5335-2819-0

三、艺术责任和艺术道德

中国盆景艺术大师——这，对于胡乐国来说，不是一个头衔，它是责任，它是树立榜样的压力。

2001年胡乐国在接受建设部城建司和中国风景园林学会授予的"中国盆景艺术大师"的称号后代表大师发言时，一度热泪盈眶，哽咽难言，因为他有太多的感触了！

为了大局，为了艺术发展，为了与人为善，他受了太多的委屈了！右边这幅墨宝是温州知名书法家曾耕西1999年为胡乐国书写的，当时这位书法家已经96岁了，他深谙人世沉浮，所以知道胡乐国的"折腰"都是为了事业的繁荣。

也正是为了这份责任，胡乐国大师一刻不停地奔波在各地：视察，指导，讲课，示范表演。

胡乐国用他的一生，承担起国家赋予他的"大师"的称号，他用他隽永的作品，创新的理念，具有引领性的文章，高尚的人格和艺德，给业界留下了深远的影响。

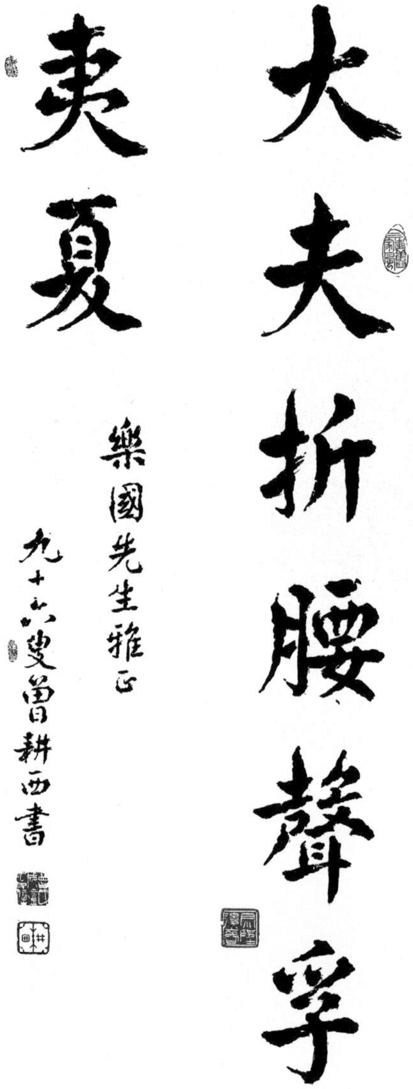

大夫折腰声孚夷夏

乐国先生雅正

九十六叟曾耕西书

永远在盆景艺术工作第一线的胡乐国老师。照片由赵庆泉提供，拍摄于 2009 年安徽

林國雄の中外文化記 ④

胡楽國追悼盆栽展

2019年 8月9日～10日
中国 温州 雪山飯店

中国の盆栽界に大きく貢献をした胡楽國先生が昨年の8月に亡くなられ、今年の8月9日、10日と温州の雪山飯店で追悼盆栽展が開催され、私も招待され弔辞を述べた。会場には先生が創った盆栽が百鉢近く飾られた中で盆栽討論会が開かれた。胡先生の作風は大自然の風雪や厳しい環境の場所で試練を生き抜いた「生命の厳しさ」を表現した作風である。また鉢合わせのセンスも群を抜いている。なによりも胡先生の偉業は中国盆栽の普及と発展に大きく尽力された事である。多くの盆栽愛好家の指導と弟子達を育成した立派な人物でいたらない私のような人間でも盆栽を愛する情熱を高く評価して頂き、心より感謝しております。

胡楽國先生の教えは私を始め多くの盆栽愛好家や弟子達の心の中に生きています。私が中国から学んだ事は、日本で多く見られる三角形の同じ型

をした盆栽ではなく、伸びやかで風趣風韻があり空間を創り幹や枝の線を引き出した作風である。日本の盆栽は規格に嵌まった樹形が多く、国風展などを観てもほっとする樹が少なくて疲れてしまう。私も盆栽を45年やって来てやっと盆栽が少し観えて来たところである。日本の盆栽作家では清香園・山田登美男氏の作品には彼の盆栽に対峙する執念と心が感じられる。日本の若い作家がもっと目的意識を持って自分の作品を創り出して欲しいものである。

※ 詳細記事は、〈http://nbsk.info/shanhai_kobayashi.html#tuitou〉をご参照ください。

悪天候を乗り越えての参加

《日本盆栽作家协会会报》第 27 号对胡乐国盆景艺术研讨会的报道

四、回音——活在大家心中的胡乐国大师

下面，来自不同领域和胡乐国大师有交集的人们，从他们的角度为我们描述了一个立体的胡乐国大师。

1 | 直须饱墨史留痕——胡乐国历史地位略述

徐民凯

撰写中国古代文学史的人，无论谁的笔下总少不了屈原、陶渊明、王维、李白、杜甫、欧阳修、苏轼；撰写中国近代绘画史的人，无论谁的笔下总少不了吴昌硕、黄宾虹、齐白石、潘天寿、徐悲鸿、张大千、高剑父。毋庸置疑，这些撰写中国古代文学史、近代绘画史的人无不才华横溢，无不人格独立，无不学术独立，但书中内容如此相同，行为如此一致，也许会让不少人感到不可思议。但一个不可忽略的事实是，这种现象并非天作巧合，也非私下里达成的某种默契，更非毫无底线的相互抄袭，而是由历史决定的，说得具体一些就是由书中人物自身具有的令作者无论在什么状况下都无法改变更无法拒绝的历史地位所决定的。

什么是历史地位？

先说地位，地位在社会学和人类学上是指一个人在社会上所得到的荣誉和声望；亦可解释为一个人在某群体中所有的身份。如社会地位，就是一个人在社会中的位置和排名。而历史地位，通常是某个人或某个事件在历史上所起到的作用、所产生的影响等，简言之就是一个人对历史具有一定的重要意义。当然，对于历史地位，可能不同的人有着不同的解读，但我的解读可能更简单明了一些，那就是在史书上留下的那一笔，才称得上是历史地位的真正体现。

世俗者往往将地位解读为人的官位和权势，其实这是一种误读。地位并非权势之人的专属。如唐代诗人孟浩然一生从没做过一官半职，但他的诗摆脱了初唐应制咏物的狭隘境界，更多地抒发了个人情怀，给开元诗坛带来了新鲜气息，而他的田园诗更是一气挥洒，妙格自然，与王维一道开创了田园诗派，中国诗史将这一诗派称为"王孟诗派"。孟浩然顺理成章地成为田园诗的宗师级人物，也同时奠定了其显赫的历史地位。再如张大千，一介布衣，但在艺术领域，他却是一个极具才华的人，绘画、书法、篆刻、诗词无所不通。在绘画方面张大千是中国画史上极为少见的最具全方位才能的画家，无论山水、人物还是花鸟都在中国绘画历史上写下了浓重一笔，特别在山水画方面，画风工写结合，重彩、水墨融为一体，尤其是开创了泼墨泼彩，发展了中国画新的艺术风格，被徐悲鸿先生誉为中国"五百年来第一人"。因此，张大千在中国绘画史上有着举足轻重的历史地位，成为名副其实的一代宗师。

说到宗师，其释义是指在某专业领域中那些具有非凡创造力，取得非凡成就、具有非凡影响力并极受尊崇而被奉为师表的人。如在盆景艺术领域，那些熟悉中国艺术精神，遵循自然规律，崇尚创作自由，拥有属于自己的独到的盆景审美情趣和审美理念，拥有属于自己的独特盆景表现形式和造型技法，在其身后拥有众多的追随者从而逐渐拢聚成一个庞大的社会群体，并有可能对后世产生极为深远的影响，这样的人，才是名副其实的盆景宗师。

盆景宗师，是盆景界无数人梦寐以求的一个高度。在中国，达到这样历史高度的人，实属凤毛麟角。那些技艺娴熟、盆景造型中规中矩甚至堪称精致的人，称其能工巧匠，这是无可辩驳的，但并非宗师。

胡乐国先生无疑达到了这个高度。

有人说胡先生平易近人，和蔼可亲；有人说胡先生诲人不倦，桃李天下；有人说胡先生技艺精湛，巧夺天工；有人说胡先生一生勤勉，成就斐然……更有人用"魅力"二字概括胡先生，这些虽有一定道理，但我仍觉得力有不逮，无法全部、完整地阐释和涵盖胡先生的历史贡献。

浙江是盆景大省，浙江盆景有自己的地域特色，风格独树一帜，在全国具有较大的影响力。浙江风格盆景的主要缔造者是"北潘南胡"，"北潘"即杭州的潘仲连先生，"南胡"即温州的胡乐国先生。早年间的温州盆景，深受苏、扬、通盆景的影响，没有自己的特色，往往只按照既成的规则、套路去制作盆景，人工痕迹很重。胡先生依据自身的学养和艺术天赋，将中国传统的诗书画艺术精髓融入盆景创作，大胆地依据自然界的原生树姿，破规则式为自然式，为盆景创新闯出一条新路。胡先生的盆景取材、造型、构图、技法都非常严谨，从不搜奇猎怪，注重作品的自然美特别是作品的外部神采、内在气质、神韵和强烈的时代感以及浓郁的书卷气，让无数人为之倾倒。

浙江人爱"玩"松，自古以来，莫不如是。宋代金华汤溪人刘松年爱画松，也画过松盆景；明代鄞县人屠隆在其所著《考槃余杂·盆玩笺》记载道："盆景有几案可置者最好，最古雅者，如天目之松，高不盈尺，针毛短簇，结对双本者，似入松林深处，令人六月忘暑。"到了当代，特别是改革开放以后，随着中国经济的腾飞，浙江盆景尤其是松树盆景更发展到一个全新的高度，"北潘南胡"，其功居首。胡先生曾写过一篇题为《一方水土养一方盆景——谈松树盆景的"高干垂枝"》的文章，苦心孤诣提出"高干垂枝"这一松树盆景造型理念，得到了海内外盆景界人士的广泛认可和激赏。著名盆景艺术大师赵庆泉先生指出，相对于日本松树盆景的矮壮型风格，"高干垂枝"飘逸潇洒，极具民族特色，是"最中国化的，最能体现中国松树盆景的风格特点"。"高干垂枝"，是胡先生多年艺术实践的概括和总结，改变了中国盆景自明清以来所形成的基本表现形式和技法：（1）圆弧状线条；（2）如蛇一般的过多扭弯盘曲；（3）过于人工化的片块型枝条处理。"高干垂枝"最能体现中国盆景崇尚自然的艺术精神；最能体现松树的拟人化的德操和品质，高贵、高雅、高俊、高洁。相对日本的盆景风格，"高干垂枝"最能体现中华文明之浩然正气和谦谦君子之风。

"高干垂枝"的造型一经胡先生倡导，立刻得到了盆景人的普遍赞同。胡先生自己也身体力行，创作了一大批令人击节的松树盆景作品，如《向天涯》《踏歌行》《临风图》《铁骨凌云》《烂柯山中》《信天游》等，都是对"高干垂枝"理念的最好诠释。

"高干垂枝"，字字万钧，每一个字都凝聚着胡先生的智慧、心血和汗水。堪称松树盆景造型的千秋范本。

胡先生有着丰富的盆景创作实践和经验，在盆景理论研究方面也颇有建树。他的《一方水土养一方盆景——谈松树盆景的"高干垂枝"》《谈"传统"》《再谈"传统"》等文章在盆景界颇有影响。胡先生主张创新，但从不忘传统，他明确指出"中国盆景艺术的传统所表现的主体特征应为：崇尚自然和借景抒情"。对于规则式盆景，他给出的定义是"受凝固的模式约束，受不可变通的规则的限制，它没有任何变化的可能"，而"有关盆景造型的艺术表现的手法和盆景艺术最高的追求境界——诗情画意、意境等在规则式盆景中找不到缘分来"。

作为一代宗师，胡先生深孚众望。同为浙江人的著名盆景艺术大师徐昊对胡先生始终充满敬意，他说胡先生"一件普普通通的素材，经他简约至极的创作表现，能让人读出血肉和灵魂"。"作品那深沉、动人的情感流露，无不令人为之感慨。他一生中不仅创作了大量深入人心的作品，更注重盆景人才的培养，并为此付出了积极的努力。""即使到了垂暮之年，在一些重大的盆景活动中，依然可以看见他白发苍苍的身影，听得见他朗朗的授课声。"对此，潘仲连先生也赞誉有加，他说，胡先生"一生以灼热之心'传道，授业'，慕名投其门下求教的弟子熙熙攘攘，数以百计，此可谓'桃李不言，下自成蹊'者也。何以故？盖由先生自身魅力使然。先生的一生实乃'诲人不倦'的表率。业内能像他那样乐于提携后学的学长，实无出其右。"在胡先生门下，刘荣森、胡向荣、吴克铭、任晓明、卞海、金育林、应日朋等在中国盆景界逐渐崭露头角，有的已声名鹊起。更为重要的是在胡先生生前身后，其学生、友好、仰慕者、追随者早已聚拢在一起并形成一个较大的社会群体，对当地盆景和后世盆景的普及和发展无不产生深远的影响。

1994年，胡先生被中国盆景艺术家协会授予"中国盆景艺术大师"荣誉称号；2001年，又被国家建设部城建司、中国风景园林学会联合授予"中国盆景艺术大师"荣誉称号；2011年，中国风景园林学会花卉盆景分会还授予他"盆景艺术终身成就奖"。2019年8月11日是胡乐国先生逝世周年纪念日，中国风景园林学会盆景赏石分会曾专门举办胡乐国盆景艺术研讨会暨胡乐国逝世周年追思会，国内外不少盆景名家，胡先生生前好友、学生、亲属等齐集一堂，不少人都作了深情的发言。赵庆泉先生、刘芳林女士在发言中，讲到动情处潸然泪下。我在那次研讨会上曾为胡先生西归周年题了一首绝句，曰：高干垂枝字万钧，千秋范本铸松魂。悠然乘鹤瑶台去，不带清风掠袖痕。

　　盖棺定论。我曾斗胆放言，将来不管由谁主笔撰写中国盆景史，胡先生都享有主笔者浓墨重彩的一笔。这一笔就是胡先生理所当然应得到的历史地位。

　　胡先生是中国盆景界直须饱墨史留痕的人。

　　论此话题，绝非多余。

　　怀念胡乐国先生！

知名盆景理论家徐民凯

2 | 技艺传世 清气长存——怀念胡乐国老师

郑永泰

　　胡乐国老师的名字我早在上世纪七八十年代就已经熟悉，1979 年在北京首届"中国盆景展览"上就领略到他的作品的魅力，稍后我集邮收集到的 T61《盆景艺术》特种邮票，其中胡老师的参展作品翠柏《生死恋》和圆柏《饱经风霜》印象犹深。

　　我和胡乐国老师第一次见面是在 2004 年泉州第六届"中国盆景展览"现场，基于工作原因，这是我第一次亲身参加全国性展览活动，当时我送展的四盆马尾松盆景受到盆景界关注，对于我这个新面孔，胡老师专门单独找到我，询问马尾松树种的生长情况，以及制作中的一些技艺细节，如怎么控制针叶等，还指出马尾松应是很有前景的新树种，而松树盆景是岭南盆景的弱项，开发马尾松这个地方树种，对岭南盆景的充实和发展有很大的作用，应好好总结推广，话里行间，流露出对中国盆景的关心，对岭南盆景的关注和对盆景新人的关怀，不乏肯定鼓励之词。胡老师作为盆景界资深前辈，全无架子，朴素低调，和蔼可亲，话语真诚，实实在在讲到点子上，当时自己心中敬佩之情油然而生，这第一印象至今记忆犹新。

　　盆景起源于中国，渊源于博大精深的中华文化，其传承和发展，也必须植根于中华文化而具有明显的民族特征，特别是中华文化中的文人内涵。胡老师通过对大量古籍书画的研究，对中国盆景的继承、创新和发展有着鲜明清晰的理念，并发表了不少甚有见地的相关文章，特别是在《中国奇石盆景根艺花卉大观》中刊登的《对盆景艺术的认识和理解》一文以及相继在《花木盆景》杂志上发表的《论传统》《再论传统》《盆景是文化》等文章中，分别阐述的"中国盆景艺术的传统所表现的主体特征，应为崇尚自然和触景生情"，"自然式盆景是中国盆景的正统，是中国盆景艺术的传统"，"创作盆景树木的艺术形象要符合树木的基本形态，并且要更高，更美，更好"。"受凝固的模式约束，受不可变通的规则的限制，它没有任何变化的可能"，"繁荣中国盆景就需要丰富多彩的形式"，"提倡朴素淡雅的形式，见精神"。这些论述的观点非常鲜明而有见地，在那流派盛行的年代，对中国盆景继承"师法自然"的优良自然式传统而不断创新和发展有着非常积极的影响，直至今天仍有重要的指导意义。

　　胡老师精于对松树盆景的制作和研究，他基于上述的创作理念，并借鉴画理，博采众家之长，进一步梳理完善综合阐述了五针松盆景"高干合栽"的理论，同时通过对自然界古老松树的考察研究，发现自然界的松树随着树龄的增长身干越来越高而枝条则逐渐下垂的自然生态，觉得这也是许多古画中的松树的表现形式，因而倡导松树盆景"高干垂枝"独特创作手法和造型表现形式，充分表现了松树的生态美、自然美，更是丰富了松树盆景的造型形式，深得盆景界的高度赞许、推崇和推广。

胡老师身体力行，辛勤耕耘，努力实践，创作出了一批具备中华文化内涵、具有民族特征的优秀经典作品，为他的创作理念和精深艺技做出了最好的诠释和表述。诸如"迎客""饱经风霜""生死恋""向天涯""榆林曲""踏歌行"等，每件作品都呈现出清新高雅、饱经沧桑的原生态自然美，而又有着丰富的内涵意境，完全看不到规则式、模式化或人工匠气痕迹，特别是"天地正气"的圆柏作品，那饱经沧桑、曲屈而昂挺的主干，以及顽强扭转向上的蓬勃生机的枝叶，折射出一种凛然正气，这是作者亲身体验的心志诉求，包含着深刻的精神内涵和"天人合一""情触于景"的技艺写照。

胡老师热爱盆景事业，他说过："我的一生只做一件事，那就是制作盆景。"他倾注毕生精力不渝追求，锲而不舍努力实践，成就了高超技艺，而又一身正气，既不受功利诱惑左右，更不受界内杂音所影响，真是难能可贵。胡老师为人谦和朴素，弘毅宽厚，诲人不倦。他四处讲课，传授技艺，直至年届八旬，仍不辞劳苦，亲自演示松树制作技艺，不愧为盆景界一代楷模，是真正深受盆景人崇敬的盆景艺术大师，他的高超技艺和高尚品德，将载入盆景史册，传世长存。

郑永泰和胡乐国大师合影

3 | 玉洁松贞 德艺流芳

徐昊

　　胡乐国先生离开我们已经一周年了，但他的名字和作品，依然时常出现在盆景人的视野里，每当看到他的作品的时候，就能看见他在松下微笑的身影。

　　他是新时代中国盆景的领军人物，也是当代浙江盆景风格的主要创立者和代表人物之一。他在长达半个多世纪的盆景人生中辛勤耕耘，创作出大量优秀的盆景作品，并将实践升华为理论，发表过众多深有见地的理论文章，出版了多部盆景专著，为中国盆景的创新、发展和进步作出了卓越的贡献。

　　他精于松树盆景创作，也擅长其它树种的表现。早在上世纪80年代初，他的松树盆景"迎客"，在展览中被印上报端广为传阅；他的两件柏树作品"饱经风霜"和"生死恋"曾被邮电部印制成首套盆景邮票在全国发行；他的榆树盆景曾获得意大利第五届国际园艺博览会金奖，作品及事迹见诸1986年的《浙江日报》，这对于盆景艺术刚开始在民间复兴的中国盆景界，影响无疑是巨大的。

　　如果说，胡乐国先生早期的松树作品"迎客"一改近代盆景柔弱造作的程式化之风，是对松树形神的回归和把握，那么，他的五针松作品"向天涯"，则代表了他中期作品的艺术境界和高度，透过作品自然新颖的个性化形式表现，能让人进入远山苍茫、云卷云舒的意境之中。而作品透露出来的清刚文雅的气息中，无疑承载着作者志存高远的情思——让思绪穿越无尽的远方，去探索美的真谛。

　　在他的客厅里，长年挂着他的几件得意之作的照片，其中有一件圆柏作品，记得题名叫"天地正气"，沧桑的主干向上几经曲折，至上部仿佛是被巨大的力量硬生生摧折向下着生，但树顶依然倔强地向上昂起，透露出一种不屈不挠的浩然正气。每次去看望胡老师的时候，我都会久久地凝视这件作品，从古柏的形神中，仿佛看到他艰辛的人生经历和不屈的心志。作者将深刻的精神内涵与鲜活的形式塑造融为一体，不仅展示了古柏历尽沧桑的个性之美，同时也蕴含着深刻隽永的精神启迪。

　　"大师"是一种荣誉，更是一种担当。记得2001年他获得中国盆景艺术大师荣誉称号，并代表受誉大师发言的时候，内心充满感慨地说："大师这个荣誉是对我过去成绩的肯定，也是对我今后人生的鞭策，我将更加努力，不负大师这个称号……"这就是他的担当精神，他这样说了，也如是践行。

胡乐国先生从单位退休以后，并未像常人一样选择享受晚年生活，他为了继续研究盆景艺术，置换了一套带有较大露天阳台的住宅，继续他的盆景创作研究，渐至两百余盆，躬身日课，一任花开花落。

他不断从传统文化中汲取养分，赋予作品更加丰富的人文内涵。他据于美学结合实践，总结倡导松树盆景的高干垂枝法，在盆景界产生了积极的影响，丰富了松树盆景的创作手法和表现形式。而高干垂枝法的应用，也使得他在松树创作表现中游刃有余，渐入化境，人树俱老。

黄山松作品"踏歌行"便是他晚年的代表作品之一。凌空欹斜的双干布势，苍古曲折的树干，经心而随性的垂枝，写意写心而冥契自然的形式构建，弥散着一种安和宁静的气氛，让古意清韵扑面而来，令人如嗅瀚墨之爽；而从那青山在眼清溪在侧的意境中，可以感觉到作者那份心寄幽壑林泉，盘桓于山水之间的旷达情怀和与世无争的心境。

胡乐国先生善于借景抒情，以作品诉说自己的内心感受。他晚年有一件松树作品叫"不了情"：主干横卧，依着中间的根，枯荣相连。一头是岁月留痕，另一头，在追寻着信念。空冥飞渡，时光匆匆，生命的时空有限。荡开心中的记忆，那未了的情缘，就定格在回眸的瞬间。一件普普通通的素材，经他简约至极的创作表现，能让人读出血肉和灵魂。他在作品中具体寄托了什么样的情感故事，我们不得而知，但作品那深沉、动人的情感流露，无不令人为之感慨。

他一生中不仅创作了大量深入人心的作品，更注重盆景人才的培养，并为此付出了积极的努力。他曾由衷地说过："我做了一辈子盆景，活到这个年纪，最希望看到的就是盆景界人才济济，后继有人。"因此，即使到了垂暮之年，在一些重大的盆景活动中，依然可以看见他白发苍苍的身影，听得见他朗朗的授课声。

胡乐国先生虽然已经离开了我们，但他的心灵之窗并未尘封，他的作品依然闪亮，向我们展示着他的艺术心路和情感世界。我们缅怀胡乐国先生，研究他的创作艺术，弘扬他不畏艰辛、始终如一的创作精神，学习他与人为善、乐于施教的高贵品格，是有助于推动我们盆景事业发展的。

玉洁松贞，德艺流芳。胡乐国先生是深受盆景人爱戴的长辈和老师，也是真正走进盆景人心中的艺术大师。他卓越的艺术成就和高尚的品格精神，必将在中国盆景史上留下光辉的一页。

徐昊和胡乐国大师 2012 年的合影

上述文稿为徐昊大师 2019 年在"胡乐国盆景艺术研讨会"上的发言稿，2021 年特别修改后成文

4 | 盆栽君子

小林国雄（日本）

胡乐国老师无比热爱诞生于中国的盆景，他是一个深深探求并洞彻了盆景本质的人！

他洞察了解每棵树的癖性和劣性，擅长自然、充满个性的作风。那活用了枝条和空间余白创作的作品，让人充分感受到在大自然的风雪下久经风霜而生存下来的生命的尊严。

此外，他的作品与盆的搭配也非常和谐，他将盆的个性、和谐、品位与盆栽相结合，绝妙地表现出树的魅力。

我想起老师晚年的时候曾经来到我的园中，他面对盆栽，认真仔细地观察。这种温厚、谦虚又有敏锐洞察力的姿态正适合称之为君子，我们这些后辈也从他身上学到很多。

希望这本书的读者们也能像胡大师那样废除陈旧观念，永远追问什么是盆栽之美，以此作为结束语。

日本著名盆栽艺术家小林国雄的文章日文手迹稿

5 | 向天涯听劲松吼——胡乐国先生琐忆

张夷

近期偷闲拾篚归撰《张夷交游录》之"园人集"，念叨着记些鹿城乐国公的琐忆，正寻思，乐国先生女公子向阳君致电，欲编《胡乐国艺术全集》，邀我写点啥，我即时应命，不加迟疑，其实，这也是我久久于心而未吐毫的心愿。白驹过隙，乐国夫子去天有午了，吾也借此行句，作一趟与天宫道兄的"空聊"，"神交"些多年来的念念心语。

余与乐国公当属忘年交。

1985 年，在中国盆景评比展览（上海虹口公园）上与乐国公偶遇，时胡老师已是蜚声盆坛的大家，在我心目中他是高山，而我则是刚从上海植物园盆景研究室修毕的盆景"小朋友"。当时我端着战战兢兢的态度向胡老师乞教了些艺惑，还与他聊了些彼此的家长里短，以此来掩饰我的紧张忐忑。胡老师是极解人意的，他一脸和蔼且慢条斯理的谈吐，间还道出了我是殷子敏、汪彝鼎两先生的学生，哈哈里冰释了我的拘束和矜持，顿时我觉得天是蓝的，空气是热的。老少言笑生出了许多欢意，也撺染了周遭围观者一起爽朗，关键是胡老师还当众赞说了我，说我"竟敢"于国展同期在苏州怡园举办着个人作品展览以及我的家学，真使我不好意思，无地自容，心想哪敢于"盆景殿堂"上抖漏我的一点肤浅稚艺呵，难为情煞我了。当然，胡老师是一脸真心，这从他认真向大家娓娓道来中便能体味到其对后学的荐励和褒扬。从此，老少订交，一续莫逆长谊数十载。

乐国公是位"老夫子"，乃秉法古人者。

中国盆景艺术家协会于 1988 年春在京成立，余作为最年轻的代表之一忝列盛会，当时徐晓白老、朱子安老、殷子敏老、汪彝鼎、陈思甫、潘仲连先生诸盆景耄耋前辈皆莅会。会间，胡老师与吾汪师、陆志伟、林凤书、秦翥翔等各家常有把盏笑谈，胡老师曾有戏言"吾等乃一群中国盆景小子"，何谓"小子"，其实乃与诸宿耆相较而言者，更有胡老师的逊言谦谦，使大家常能生出开怀，乐融融而成为永久的记忆。也于此间，乐国公谓予道："小张夷智于心，少而大慧，有余所不长处，故请勿以老师称我哉，吾亦呼君张夷兄了。"先生之大儒谦恭，实在使我不敢令命，诚惶诚恐。往后的日子，我自管还称先生谓老师，乐国公亦自管直呼张夷兄，这一不对称的逆天善好互称，一从便是近卅年。而今，天地各行，余唯有月近时，信寄月兔以递遥思矣。噫嘘唏，奈何天！

胡老师对中国盆景的大情怀是当大书特书的。尤于后起的培育、创建盆景学科学历教育诸体系工程建设，他当是现代盆景学教育的最早探索者之一。

记得 1992 年杏雨时节，乐国公得知我已尝试着办过全国盆景培训班，积累了些经验，也有与园林学校或职业学校联合培训的经历，致书叮嘱我选择一校作深度商榷，当然，学历教育或具相应资格证书并有优良学习条件的学校可优先考量。于是，先生数度往访，吾等一行考察了多所学校，也磋商了几所学府，然事与愿违，学历教育一关终是难过的坎，未能如愿促成美事，按胡老师说法，虽有抱憾，但也努力了。但整个过程中，胡老师的执着信念和甘为盆景孺子牛的坚强毅力深深感动了我，使我从另一侧角学习到了名山巨麓的家国情怀和宗学精神。

也还记得上世纪 80 年代末 90 年代初，余受到胡乐国老师、汪彝鼎老师盆景创新思维的影响，开始探索"砚式盆景"的新形式。初试的陋形、稚嫩的气息蕴就了第一代砚式盆景，终得呱呱堕地，首位观众即是他们二位老师。直至 2005 年第三代"砚式盆景"绽出成熟的面孔，举办了作品观摩研讨会。遥忆一路蹒跚走来，胡老师则一路悉心呵扶指正，甚或在风雨兼程、褒贬不一的逆境中，无数次给予了盆景家族新生命中肯的意见和信心，始终正能地赋予鼓励和鞭策，待得风格渐成，乃至先生往仙前，仍常有寄语和志勉。胡老师，其实您才是砚式盆景风格的真正领航者。致敬了，胡老师，愚晚率千百砚式盆景祈您天福！

乐国公的综合学养和传统人文质素也是了不得的。

自我接掌中国南社研究"堂倌"印后，由于国家下达的纪念研究任务重，大量社务和课题研究占据了中年多半人生，也疏漏了我心爱的砚式盆景。多少寒暑，胡老师常以"美其名曰"式的候电，还引邓小平"两手抓，两手都要硬"名言作诱导，提示我勿忘盆景，勿丢心向。他也常常与我对论南社文学、南社诗词，说与我最熟识的外祖父巢南翁的诗文气节和家国明理。其实，我是真心明白胡老师因势利导的良苦用心，殷促我坚持双向发力。每当我新作有成或新著梓出，他是比我自己都高兴的，甚或如孩顽般于电话中相与侃趣，开心淘淘而偕入真心境界。

……要记述的太多太多，碍于篇限。

呜呼，天不悯而急催乐国公冶盆景于天庭，地不怜吾人凡盆景大业顿此失名山！

忆遗律句：

"向天涯"听劲松吼，

　　瓯江涛帆一圣手，

　　"横空出世"江心洲。

　　"饱经风霜"方寸苦，

　　诗文遣卷洞天头。

　　书生踏歌名山屹，

　　"生死恋"吟古人愁，

　　"临风图"颂晋士节，

　　"向天涯"听劲松吼。

张夷 2000 年在他主持的"中国乡镇盆景博物馆"开馆仪式上和胡乐国一起欣赏台湾盆景艺术家梁悦美的制作表演，右一张夷，中间梁悦美，左一胡乐国

注：

"横空出世""饱经风霜""生死恋""临风图""向天涯"均胡乐国先生名作。

瓯江，温州别称；

江心洲，胡东国先生曾工作于此盆景园；

方寸、洞天，盆景，有方寸间的别有洞天之趣的美称；

名山，古时比称圣人君子；

晋士，喻魏晋时竹林七贤之士节；

劲松，喻胡乐国先生尤爱松柏盆景。

* 为尊重作者原创性，除个别字词外，基本未做改动。

6 | 给好友的最后一封信——追悼挚友胡乐国大师

梁悦美

中国盆景艺术家协会评选的第一届 1994 年"中国盆景艺术大师"共有 8 人：贺淦荪、潘仲连、梁悦美、胡乐国、王选民、陆志伟、胡荣庆、汪彝鼎。并由中国盆景艺术家协会终身名誉会长苏本一会长在北京颁授"中国盆景艺术大师"证书。

胡乐国大师为人低调谦和，待人慈祥可亲，重视友谊，一生与松结缘。他创作法"高干垂枝"注重于造型的技法。"高干合栽"注重于造型的构图，他的创作思想很新韵，走在创新的前端。胡大师思想从不传统化，造型特点大气、多变、不落俗。

1997 年，四川省成都市温江区举办"金马杯"。我与胡乐国、王选民、朱勤飞等几位大师在培训班授课，14 年前的全国盆栽展览和现在的不一样，由全国各地几天几夜好不容易才运到展览场的盆景，堆置在小山坡上，一望无际，差不多有一千多盆。我是点评老师，从清晨早上 8 点到深夜 10 点，夜里用手电筒照着点评，夜深才回到旅馆。展出的一千多棵盆景，只要展览主人站在他展出的盆景前面，我就一一和他研讨与改作。非常费时间，但是整棵盆栽马上树格提升，围观者掌声如雷。那天太累了，回到旅馆倒头就睡。第二天早上，我发现我放钱的皮匣整个丢了。身无分文、身处异乡的我，心里非常恐慌无助。我们几位大师第二天晚餐要回旅馆时，胡乐国大师塞一把钱，放进我的皮包，他说："听说你钱包掉了，你一定需要一些钱。"虽然当时我没有接受他的相助，但此恩此情永远记得。回到台湾后，我订了两年台湾发行的《盆景界》杂志，两年中每个月赠送寄给他，他很高兴，对我说他很仔细地阅读每一篇文章，非常感谢我。

2006 年胡乐国大师专程到台湾来看我。那天我忽然接到他电话，说他人在台北，我问："我好兴奋你真的来台北了，你在哪里？"他兴奋地说："在故宫博物院。"我说："我马上去接您，二十分钟后在故宫博物院正门口见。"我将他接到我的紫园盆栽艺术馆。胡大师每一棵都很仔细地在观赏，尤其是对我的小品盆栽区，特别观赏很久，说："你小品盆栽区布置得太好了。你把 200 棵小品盆栽放在 14 个古董石桌上，每一桌盆上的 10 多棵小盆景层次、流向调和。太美了！"太令人感动了！不停地惊叹！不停地赞美，令我好感动。我用最大盛情款待他，一直谈到晚上 12 点，才把他送回他们团体的旅馆中。两人依依不舍，珍重再见。

我俩都是第一届的"中国盆景艺术大师"。30 年的相知相惜，经常研讨盆学，无话不谈，如今，天人永隔，非常悲痛，心如刀割！每次思念他，我都会想起一首歌："回忆往事幻如梦，重寻梦境何处寻，人隔千里路幽幽，未曾遥问心已愁，待明月来问候。思念的人儿泪双流！"

在此，我用这篇文章哀悼他，给胡乐国挚友送上一份吊念与祝福。

梁悦美

Amy Liang

1994 年中国盆景艺术家协会评选的第一批大师的部分人员合照。右一胡乐国，右三梁悦美，照片由梁悦美提供

文章由梁悦美女士的女儿 Jenny Chang 邮件提供，文中个别处经过编者调整，如原文为"中国盆景爱好者协会"，编者根据实际情况调整成"中国盆景艺术家协会"等等。

文章中提到的中国盆景艺术家协会的第一批大师 8 人和名单与协会记录有出入，特此备注。

7 | 忆胡乐国老师的只言片语

韩学年

胡老师爱松我也爱松，因而对他更敬慕。

他是最早引起我关注和敬重的老师，因为我喜玩松，由此对业界有关松盆景的人、事、文都特别在意。胡老师很早涉猎松树，作品影响广远，在盆景界与其他数位前辈一样被尊为我国盆景的领军人物。他的作品以松为主，我是从书刊中了解胡老师的作品，但感受胡老师的人品却是我亲身所历。

2008年我参加中国风景园林学会盆景赏石分会在常州举办的"第二期盆景高级研修班"，这是我第一次参加省外盆景活动，个性使然，这样的活动我本不想参加，但当时我申报了盆景大师评定，与郑永泰老师交换意见，他说参加研修班是一个程序，此研修或是形式又或是摸底，郑老师劝服了我，于是我只身前往。班中二三十个人，除本省的几位认识外，外地的只认识刘传刚老师和潘煜龙老师，他们二人2006年到广东陈村参加盆景活动到过我园而认识，学习班的盆友大都互不相识。第一天胡老师与日本老师分别作了个松树创作示范，这是我第一次亲历别人的盆景操作，且这第一次还是我心里敬慕的胡老师。我专心观察老师的操作，我自己虽种松多年，但基本没那种对粗枝破干扎线拿弯刀雕舍利的操作技能，说实话，这第一次接触，我未能学到技艺，却给了我第一次目睹和接触到胡老师的机会，并感悟到胡老师的待人接物的品格。胡老师操作完后我离座走近树，用了一个装不懂的低级提问以有借口接近胡老师："胡老师，这个攀扎的铝线多长时间可以拆呢？"此话一出我自己心却一抖，心想这么低级的提问，这可是"高级"研修班呀！没想到胡老师没注视我却随口答："一年吧！"我感觉到老师没因这低级提问有所反感，这是我第一句与胡老师交谈的话，印象特别深刻。随后胡老师问我哪里的，我答广东并诚惶诚恐地递上名片。胡老师接上后一看，脱口说我记得这名字，这让我又一惊愕，胡老师学生后辈粉丝众多，而且他年纪也不算轻了，却能记得一个不认识的后辈名字！我从没到外地参加盆事活动，只是这一两年《花木盆景》杂志刊过几期我种山松的体会文章，这应是胡老师留记得名字印象的唯一来源，从这体现出他对业界的关注。

2008年第二期中国盆景高级研修班活动期间胡乐国大师和赵庆泉大师对韩学年作品进行点评

　　第二天是我们学员汇报操作。其实现场创作不适合岭南盆景制作，对这样现场创作方法我有所保留，但这是作业，既然参加也就要遵守规范。参加学习班要自带树材，我带去的是一盆养育多年的"素仁格"六月雪，安排参加研修班后，一段时间有意不修剪让其长势零乱，以使能"突出"到操作效果。这种创作并不能真正体现出创作效果，但却能让老师及学友间窥视到操作者的功底，我这小树操作很快完成，纵观会场只有这小树没铝线攀扎，其他人都是扎线调枝拼植搞创作，我只是剪枝脱叶做操作。操作完后我请上赵庆泉老师给我的作品指导意见，这是第一次与赵老师讨教，记得2005年赵庆泉老师到陈村参加BCI盆展，我是本地人，盆展负责人谢克英老师因另有任务不能陪伴，安排我陪同他及韦金笙老师同席吃饭，但自感身份名气之欠又或是个性，心怯未敢多语交谈，这次是壮着胆请教赵老师，我玩文素树也一段时间但没流露，却知晓赵老师喜弄文人树，赵老师诚心实意指出好丑，建议去掉两托更清雅，我没当他面下剪，待他离开仔细端详后剪去三托。第三天老师点评各位作业，点评到我的"作品"时，胡老师有点兴致，细观后对我说：作品不错，如换个圆盆替代长盆效果会更好。赵老师指着剪去的位置对胡老师讲说，这原有枝托，我建议他修剪他真剪去了，胡老师说不错。

短短几句话，又体现出两位老师对后学的平易近人与真知灼见。

2008年12月，胡运骅老师率行到顺德容桂商定授予容桂街道"中国盆景名镇"工作事宜，期间经郑永泰老师推荐到我园指导，不知何因胡运骅老师看到我的园区忽然有个构想，借各地老师盆友来参加容桂挂牌活动的时机，在"品松丘"办个松树盆景研究会。

2009年3月，胡运骅老师与胡乐国老师再到容桂落实活动事宜，并邀上胡乐国老师再访我园，这次由容桂会长引路，先到我家。我家不大，阳台种有数十盆较小的盆景，他建议老师去看看，我在家接访。这是我与两老师再会面，一个是两月前一个是一年前，这次已少了心怯陌生感。我的盆景放在四楼阳台，我怕已年逾七十的胡老师上四楼不方便，他却含笑说："不怕，我也住五楼。"上得阳台后其实大家都有点气喘，我问胡老师累了吧，他复：还行，两句话几个字，却让人感觉非常地亲近了。他观察松树很是仔细，看完后指着一盆以根代干的半悬崖树直率说："这盆我不喜欢，不自然，自然界里没有这样的形态的。"转身再指着另一盆稍矮的说："这盆我喜欢，自然！"他不用好与不好，而用了喜欢与不喜欢、自然与不自然来表达自己的观点，几句话让我感悟到胡老师的率直与语智，没伤他人也道出己见。

我的盆景主置"品松丘"，家里只是小且少，在"品松丘"胡老师看得更仔细，与胡运骅老师边看边聊，我怕打扰没有随同。我心想从胡老师对我家的两盆喜欢与不喜欢树对照，我大抵对老师的评价有个底，应不大喜爱我的松了。不料他看完后对着我说："韩先生，行！"一声"行"，道出了胡老师对我的作品的总体认可，也或是给胡运骅老师对举办松树盆景研究会的一个信心。一句"韩先生"，体现到他对同好的尊敬，要知道一年前的常州研修班，他与赵老师评议刘传刚老师的作品时，赵老师先点评，然后到胡老师接着评说："刚才小赵说了……"那句"小赵"一出口，话突然打住，望了望赵老师，胡老师可能觉得有点率直，马上以征询口吻问赵老师："我叫你小赵行吧？"赵老师也笑复可以。如以辈分之分，称"小赵"应无不妥，更显情谊，但胡老师还是细心，通过这细微的言语，反映出胡老师对友对事很有分寸。叫"韩先生"是对初认识我的尊重，却表现出生疏感，但一声"行"，却是不因关系对事实的一个肯定，我自知交际能力及作品与名气，"中国松树盆景研究会"那不该是"品松丘"可承载的，国内弄松的人不少，成绩名气大的也多，但两位老师却抛弃关系达成共识。研讨会借地"品松丘"，我倍感压力也深感荣光，同时也与学会达成共识，以我参加的大良盆景协会作承办单位，会后学会发给协会感谢信。

同年5月初，容桂"中国盆景名镇"与"中国松树盆景研究会"如期前后举办。第一天容桂盆协因展场工作紧张，托我代为招待分会几位领导老师晚饭，我把他们安排在我公司"缘园"花场用餐。广东天气热爱食粥，对他们说请大家吃"广东稀饭"，胡乐国老师问我什么广东稀饭，我说叫粥怕你们听不明白，他笑笑说那就叫广东稀饭！饭厅简洁，置饰了我的几个作品图片。

两天后"中国松树盆景研究会"在"品松丘"举行，胡老师作书面发言，发言前他讲了一段话："我多年前注意到有一盆用红色圆盆种的高干垂枝的山松，前两天在小餐厅我看到了这图照，今天在会场又看到了这盆松，终于对上号找到主人了。"胡老师所说对上号的松，是我那盆"彩袖轻拂"作品，一枝下探飘手枝似拂云，是早期种育较成熟，也因此拍图置饰饭厅，体量也合适而布置于研讨会会场，我不了解前期胡老师从何处获悉这盆图作，更没想到胡老师这么细心留有印象，再次体现出他对业界的关注。会后午餐，我坐在胡老师旁，发自内心对他说："胡老师，我没想到玩盆景能与你在一起吃上饭。"老师听后说："你别这样说。"显得和蔼亲切没架子，真是的，我玩盆景纯属自娱自乐，从没想到有那么多老师盆友到我的园子办个"中国松树盆景研讨会"，更没料到能与我平常敬慕的几位老师认识上，我也在会上发了言，说我以平常心玩盆景，希望别因研究会后打破我宁静的盆景生活。

2011年我到宁波绿野山庄参加分会举办的一个研讨会，在山庄看到和获知山庄主人袁心仪先生因胡老师自觉年事渐高怕照顾不周袁先生收藏的作品，会上安排我做了个发言，散会后胡老师走近笑着对我说："韩老师，你的普通话很难听呀！"我听了后很尴尬，不是觉他笑我讲不好普通话，而是那句韩老师，他叫我老师我不好受，但也由韩先生到韩老师，我觉得在老师心中我已不是行外人了，但愿他有机会能改叫我小韩。

会期虽见到胡老师和他的作品，但还是想回程时到温州拜访他。去拜访胡老师，是想回报他对我的松那个"行"字的致谢。通过卞海联系，胡老师应允，会后拉上陆志伟老师陪同，由卞海盆友送我们到台州再由陈荣森盆友接到胡老师家。胡老师说为玩盆景有意买带阳台的五楼，他陪我们上楼时中途休息一会，没有了三年前上我家阳台时的轻松感，他记得到我家时的问话，对我说现在上楼不行了，准备搬到儿子那里，他家有电梯，岁月不饶人。上到阳台上作品不多，他说袁老板悉我年岁大有意收藏了我的东西，作品有个归宿也心畅，但觉得闲闷，这些是后来买的桩坯，弄弄以消闲。我理解玩艺的盆景人对作品视如儿女，不看重金钱的，多年侍弄的作品离弃总会不舍，我猜估胡老师会为此经历一个复杂且心痛的时段，但与他谈话中却没体会出，听说袁先生已考虑到胡老师的心境，不时邀胡老师到山庄休息小住，让老师消困续缘。

闲谈间我说胡老师你的作品照拍得很好，我也自己拍图照，那是个不轻松的工作，老师年岁大更是不轻松，哪知他笑对我指向师母，有点得意又感激地说："部分照片是她拍的。"我有点意外，觉得师母也真行，她也有年岁了还能帮忙真是贤内助了。不少盆景家人别说帮忙，不反感已是不错了，我真觉胡老师有幸。离开他家时我问胡老师晚上能不能抽空，我想请他们吃个饭，他爽快应允。我很高兴胡老师携师母依约到我下榻的宾馆餐厅，无视年岁身份资历的差距，这让我感动，感受到这是胡老师对我最高的礼仪。我作东点菜，作为外地人未知本地什么菜好，也不知胡老师爱好，征询他的意见，他建议随意。我看到菜谱有个"佛跳墙"，这菜在广东算高档菜，一般饭馆没有，要预订，没想此餐厅有，心想点几个好点的菜吧！饭毕我叫服务员结账，哪知服务员说师母已结了，我听到心一抖，我有心请老师哪能让他花钱，我请服务员重结算退回师母的钱，谁知胡老师又笑笑说："不用啦，我都没请人吃过饭的。"我太受重了，老师一语我更似无地自容，怪自己大意疏忽，不知如何是好，这饭钱近两千元，于他收退休金的老者是个不小的开支，我极之自责，说如知道是老师请，打死不会点那"佛跳墙"，胡老师又笑笑。这顿饭至今仍是一个让我难放下且自责的心结。

2012年初，吴成发老师在广州办个展，分会甘伟林、胡运骅、胡乐国、赵庆泉、陈秋幽等领导和李克文先生参加了，开幕后省会曾安昌会长邀请几位领导到顺德一行，胡老师说不去了，我恳请他随行，他说已买机票当天回，我说把票给我，我叫公司同事替你改票，他爽快应允。我载他与甘伟林、陈秋幽老师，路上我在车上放乐曲，一首《莫斯科郊外的晚上》，胡老师不由自主轻声哼唱，我问胡老师你也喜欢听歌，陈秋幽抢复我说，胡老师年轻时很爱音乐的，歌也唱得好，让我又多了一个对胡老师的认识：多才多艺。

在顺德看了几个盆景人家园，也到了"品松丘"，使我多了一个交流机会，车内我听到他们交谈，谈吴成发老师个展，谈赵老师近时出的外文版文人树书，谈本次顺德看到的盆景，其中胡老师的一句话："看盆景还是在顺德。"我听到这话真替顺德盆景人自豪，这话不是对我说，而是几位领导谈心，让我"偷"听到。由此来看，几年前学会分会授予容桂"中国盆景名镇"，举办"中国松树盆景研讨会"是一个合适中肯的活动。

2016年，我接到一个不认识自报义乌盆友打给我的电话，说他们办盆展，邀请我与胡老师、赵老师一同参加他们的活动并作评委，我致谢却推辞。我认识的人少，除参加过学会组织的几个活动外，当时从没受邀参加过外地活动，更别说评比工作，一个人生地不熟的地方，他们怎么会请到我，我不解，且与胡老师赵老师同往作评委，我哪有这份量与胆量前往，因而婉拒了。两天后接到胡老师电话，问为什么义乌盆展请我不去，我直率说我不认识那里的人不去了，但不敢说怕与两老师共事，胡老师也是两句话："你认识我们嘛，过来吧！"我无语了，这话应是劝导我去，我看作是"命令"了，哪敢再推。这是与胡老师唯一的一次通话，为什么义乌盆展请到我，为什么胡老师会亲自打电话给我，还是不解，到义乌后也不敢问，应不会是胡老师关爱我的一个推荐吧？

与胡老师最后一次见面是2016年4月，到昆明参加盆展活动，与胡老师共处两三天，展会后期安排大家到元阳梯田，我去过也就没随行先回去了，后听说老师身体自始不适，以至没能再见。

数年与胡老师见面不多，言语也不多，但却句句铭记。他对我的作品直率说出喜欢与不喜欢，但没影响他后来说的"行"。

我也敢直率地说，胡老师的作品我也有喜欢与不喜欢，但不会因此减少我对他的敬慕。

作品除个人艺养，还受爱好、地域、年代、经济、桩坯等因素影响，都会存在尺短寸长，会评价不一的。但人品应会是有共识的，我感觉胡老师为人低调，平易近人，居高不傲！他没有因为他的资历、文养、学识、技艺、名望等而显得高人一等，他的言行举止、文章词语、作品题名等都贴近通俗大众，易悟易懂，贴心近人，没那掉书袋八股气，少那"高大上"的言辞，这是我敬慕他的主因。

胡老师的离去，使我失去他能叫我一声"小韩"的憧想。

胡乐国老师，我心中的不朽松！

2021 年 2 月 9 日

2012 年胡乐国大师到访韩学年的品松丘。左二韩学年，左三胡乐国

8 | 忆胡乐国先生齐鲁之行——精研善导 儒雅风范
范义成

流年似水，匆匆 20 载，恍如隔世。初遇胡乐国先生是在 2001 年 5 月份第五届中国盆景评比展览期间，我代表新泰盆景协会参与此次展览并有幸与胡先生相识。

依稀记得胡先生身着格子衫，一头银发，一副眼镜，亲切儒雅的气质，谦逊耐心的指导，给我留下了深刻的印象，胡先生对我的参展作品侧柏盆景《东岳魂》进行了点评，对侧柏盆景的发展给予极大关注和期望。在盆景评比展览期间，建设部城建司、中国风景园林学会为表彰胡先生等人对中国盆景事业作出的杰出贡献，联合授予他"中国盆景艺术大师"的称号，可以说是实至名归。作为晚生后学，胡先生的理论和思想给我的盆景艺术生涯带来了很大的影响，胡先生用他精研善导的艺术人生，为我们后辈树立了标杆和榜样。

同年，胡乐国先生应邀来到山东新泰传经送宝，一行还有浙江台州企业家梁景善先生等 4 人。胡先生作为盆景界德高望重的前辈师长，他的到来对整个新泰盆景界是一个很大的鼓舞。当日，新泰市盆景协会为胡先生举行了欢迎会，新泰盆景界人士以及盆景爱好者一同参加。会上，胡先生与大家进行了广泛交流，对提出的疑惑和困难进行了悉心解答，并就盆景技法、行业现状、创作理念、发展前景与新泰盆景人士进行了全面深入的交流，本次交流对新泰盆景行业的发展起到了极大促进作用。

在此期间，胡先生来到新泰盆景基地挨家挨户进行实地考察指导，着重对新泰本地盆景资源，尤其是侧柏盆景进行了研究和探讨，对新泰盆景人士就地取材，开创侧柏盆景先河给予了极大肯定，就侧柏盆景遭到盆景界业内的非议给予鼓励和赞扬，他认为："自然界的古柏大多是挺拔伟岸，柏树盆景更多的是展现出一种骨多肉少，彰显出古柏的古拙老辣、历经沧桑的形象。侧柏这个树种也是非常好的树种，要想将其做成优秀的盆景精品，必须在枝条的分布、过渡枝的培养上苦下功夫，对枝叶的处理，并不是一味的越丰满越好，还得疏密相间，枝叶清晰可见，遵循柏树盆景在自然界的生长规律和形象魅力。"

范义成和胡乐国大师的合影

胡乐国先生在《盆景观感》中称"松柏均为长寿树种，且柏树盆景的造型已在世界各国受到普遍重视，被认为是树木盆景艺术造型最高水准的体现"，并预测："流行柏树盆景，恰好表明我国正在攀登盆景艺术发展的新高峰，所以它的流行将是永远、永远的……"我们感谢侧柏盆景有像胡先生这样的知音。

胡先生新泰之行就盆景方面的问题毫不保留，有问必答，将其精研业务、打破传统、敢于创新的精神留在了新泰盆景界。胡先生亦师亦长，每每回忆起胡先生都感慨万千，仿若眼前。今时，唯有以对盆景的热爱与赤诚，以及更好的作品缅怀师长，追忆璀璨明星，效仿先人风范，续写盆景艺术事业新篇章。

2001年胡乐国到访山东新泰，范义成陪同视察。右一范义成，右二胡乐国

9 | 我与胡乐国老师的相识相遇

李飙

　　胡乐国先生驾鹤西去已有两年了。时光飞逝，斯人不在，可怀念之心却从未间断。忆及昔日与老师的交往，思绪迭起，旧影重现，更觉这是人生最妙而难得的一段经历。

　　我因盆景而与老师相识。那是2006年的乍暖还寒的春天，为了方便玩盆景，我购得一带露台的住宅，露台面积约160平方米，甚是欢喜，欲打造一个多少有点"味"儿的小园。既然是"园"，就该有个园名。经反复推敲，最终受元朝盆景为"些子景"称呼的启发，而本人又酷爱小型盆景，故而取名"些园"。园名确定后，急盼一位盆景界受人尊敬且德艺双馨的前辈来题写。我从全国盆景界诸多老师中列出几位名单，又通过省盆景协会魏友民会长获得老师们的通信地址，在不相识、不了解的情况下怀着忐忑不安的心情发信请求题字。记得是2006年3月22日写信给胡老师，想不到4月1日就收到胡老师寄来的墨宝，并附上一封短信，使我深受感动，兴奋不已，并纷纷告之好友，一同分享。

　　第七届中国盆景展览在南京玄武湖公园举办。2008年10月1日上午，在玄武湖公园盆景制作表演现场终于遇见了胡老师，这是我第一次见到老师。去南京之前，我特意把胡老师题写的"些园"及我的一些盆景拙作照片携带身上。当我把这些资料呈给胡老师并请求盆景指导时，老师是那样谦和可亲，笑意满面，精神抖擞，给人以极大鼓励。这一场景被我的好友肖学华用相机记录下来，成为了永久的纪念（见图片）。

　　2009年3月29日上午，胡乐国老师在省盆景协会魏友民会长、《花木盆景》杂志刘启华记者等陪同下来到南昌"沁园"指导，受到园主肖学华等爱好者的热烈欢迎。之后，胡老师为该园题写园名以作留念。同日下午，胡老师不顾疲劳来到了些园指导，并给我提了很多宝贵意见，使我受益非浅，终身难忘……每每想起，胡老师的一举一动又清晰地浮现在我的脑海，其德、其艺也真真切切地为我所感受。

胡乐国老师为李飙的些园题写的园名

在南京玄武湖公园第一次遇见胡乐国
大师时的留影。右为胡乐国大师，左
为李飙

10 | 一位老人与一本杂志的缘分

刘芳林

《中国花卉盆景》，一本已经从现实中消失的杂志。然而，她曾经的气质，曾经的辉煌，曾经的曲折，曾经的挣扎，从来也不曾从珍爱她的人心中消失过。在她走过的 34 年历程中，有许多与她风雨同行的脚印，这中间，一位珍爱她的老人坚实有力的足迹，最是让人不能忘怀。

这是一位做盆景的老人，一位做盆景做得风生水起、叱咤风云的老人，一位身后引得盆景人敬仰赞誉、怀念追忆的老人，一位注定和这本杂志有着千丝万缕联系的老人。这位老人，就是深耕盆坛一生的胡乐国大师。

其实，本不想以老人称呼他，虽然他过世时已年过八旬，但他那乐观向上的心态和求新探索的精神很是年轻。不过斟酌再三，为了彰显他厚重的底蕴、厚实的功力、厚道的人品，我还是决定启用这个听起来特别温厚的词。

作为在这本杂志工作了整整 30 年的人，我几乎见证了老人与这本杂志的交集和缘分，除了不了解开始 4 年的缘起。因此，我想以自己的所见所闻所历所感，讲讲老人和杂志的故事。尤其是杂志最后几年盆景刊创立之后，发生了很多令人感动的事情，值得好好记录一下。如果把老人与杂志的交往比作一幅画的话，那段时光正是浓墨重彩的一笔。

浓淡之间多愉悦

我和胡老师相识于 1988 年 4 月，也就是中国盆景艺术家协会成立的时候。我当时还是一个到杂志社工作仅仅 3 天的女孩，而胡乐国已是名满天下的盆景大家。我以为这位令人仰视的前辈不会关注小小不言的负责会议接待服务的我，没想到，和蔼的他竟然记住了我，每每遇到，都以"小刘"呼之，这一呼便是几十年。

会议结束时，他特意跟我说："你们杂志是咱们盆景界唯一的国字号杂志，有前途，你刚来，好好干！"跟着又补了一句："我老在你们杂志发文章的，以后咱们就熟悉了。"短短几句，让我感到了他对杂志的热情和对晚辈的关爱，尤其是他说话时的笑盈盈，给了我一份暖融融的感觉。

这一次初识，让我体会到了大家的谦和，更让我从心里佩服他的眼界和胆识。

听同事苏放介绍，中国盆景艺术家协会的成立，最早就源于胡老师1986年在第一届"中国盆景学术研讨会"上的提议。正是他的倡议，才有了后来《中国花卉盆景》杂志社牵头的一步步筹备实施，才有了后来这样一个在盆景界颇有影响的全国性民间社团，对此胡老师功不可没。

那一段时间，无论从哪个角度看，都给人一种很舒服的愉悦之感。

淡彩一抹有余韵

虽然此后很多年我主要分管花卉部分的编辑，很少涉及盆景，很少接触盆景圈，自然也没有像胡老师说的那样跟他建立起作者和编辑的密切联系，但这并不影响我们之后在中国盆景艺术家协会举办的一次次全国性盆景展览上相遇重逢，像老朋友一样叙旧交谈。几乎每一次，他都关切地问及杂志的状况，提出他的各种建议。我明白，杂志才是他装在心里的老朋友。

一本杂志，就像一个人一样，也会有脚深脚浅、高峰低谷，上世纪90年代中期以后，杂志的盆景部分渐渐走了下坡路。胡老师颇为敏感："你们杂志的盆景怎么弱下来了？唯一的全国性杂志啊，你们要保持自己的水准，对得起自己的位置。"话语间，胡乐国没有了一贯的笑意盈盈，神色中流露出少见的焦急与惋惜。

这里面原因很复杂。我没敢跟他说，由于自负盈亏，经费吃紧，杂志一直都没有一位专职的盆景编辑，久而久之，专注性和专业性自然弱化，失去和同行的竞争力。我也没敢跟他说，我们做过一次读者意见调查，发现喜欢花卉的读者远远多于喜欢盆景的读者，所以内容上就往花卉方面有所倾斜。后来反思，这么做既是对的，也是错的。对在顺应了当时读者的需求，错在明知弱了，还不做任何强化的努力，错失了一次次发展良机。这也正是胡老师恨铁不成钢的原因。

于是很长一段时间，杂志与胡老师的交往淡淡如水，却余韵绵长。

浓墨重彩最动人

转机来自于杂志自身的改变。2015年，杂志决定把盆景部分独立出来，创立盆景刊。

这是创刊 31 年来首次发生的巨大变化，虽然姗姗来迟，但还是在盆景圈引起了极大的反响，赞成的声音压倒一切，这里面一位老人的声音尤其显得坚定而厚重。也许，这一天他等得太久了！

▲一次重逢，迸发久蓄热情

胡乐国是那种心中永远荡漾着热情的性情中人，虽然表面常常风平浪静。2015 年 1 月，我跟同事一起去昆明参加云南盆景协会举办的大型盆景展览，与胡乐国大师久别重逢。当我将杂志即将推出盆景刊的想法告诉他时，他眼里顿时迸射出我从未见过的亮光。

"你们终于走出这一步了！"这位早已过了意气风发年龄的老人家，说出了深藏心底的一句话，然后竟然笑出了声。这既是他为这本杂志几度沧桑之后的重生而喜悦，也是他为自己久远的期盼而欣慰，更是他为欣欣向荣的盆景界将增添一个强有力的平台助力发展而兴奋。所有这些，都化作不遗余力的出谋划策、殷殷嘱托。

"这回啊，你们的起点一定要高，要大气，要有盆景期刊国家队的气魄！"接着进一步告诉我，你们是为盆景人办刊，要站在他们的角度去搭这个框架。你们要走下去，和盆景人多接触，了解他们在干什么，在想什么，想看什么，需要什么，你们了解得越深，办出的刊物就越有深度，越能符合他们的需求。

展览结束的时候，我和赵庆泉老师聊起与胡老师的交谈，并说我跟他约稿了，他也答应了，赵庆泉十分惊讶："是吗？他可是多年不写了，那你可得抓紧。"我的心再次掠过一丝感动，胡老师为了这本尚未降生的杂志，竟高兴得许下了多年未曾许下的心愿。

▲一次回访，感受大师胸怀

千呼万唤，盆景刊创刊号出版了。当我心怀忐忑地询问他的看法时，电话那头一句话，就让我把心放回了肚子里，燃起了继续努力的信心。"终于出来了，不容易，第一步走得很好，有底气，很周正。"接着话锋一转，"当然也有不足，等下我跟你细说。"

接下来他跟我说的诸如选题不够新颖、不够抓人以及排版过于拥挤等等问题，远远超过了前面，但我能很明显地品出老人家的深意。高兴是第一，发自肺腑；肯定是第二，鼓舞士气；批评是第三，反向激励；期望是第四，更上层楼。最后一点，无疑是最重要的，希望看到她更完美的呈现。

▲一个点拨，把脉新刊封面

此后，我时不时接到胡老师的电话，告诉我哪一期哪篇文章不错、哪里还有不足等等，当然关注点还是较多地落在杂志的"脸"上。

2015年10月，我和胡老师有幸在金华举办的盆景展上相遇，他又一次跟我说起了封面。"2015年9期的封面不错，作品够老道，造型也不俗。"我们边看展品边聊，他叮嘱我，封面作品一定要大气，要抢眼，也就是不光要有一流的整体形象，还要有比较完美的细节，不能有能让人挑出毛病的硬伤，哪怕是很小的地方。说白了，就是要耐看，要经得住端详，经得住推敲，经得住别人挑刺。他指着一件作品说："这里的作品我全看过了，有三件我觉得可以作你们的封面。"我全部拍照记录了。

他对封面的关注，还包括排版上的视觉效果。2016年第6期，杂志采用胡乐国的五针松作品"从容淡定"作封面，他特意打来电话，感谢之余，说："给你提个小小的建议。每个作品都有它的走势，当作品的走势朝右也就是朝向杂志外缘的时候，作品就不能居中，要稍微偏左一些，给作品的走势留出足够的施展空间，这样视觉上才比较和谐。当然，同理，如果作品走势朝左，就要稍微偏右一些。"我找来一比对，果不其然。

▲一个承诺，许下收官之作

2017年9期，我刊即将推出《黄山松盆景专辑》。当年1月，在公开征稿之前，我就提前向胡老师约稿了。老人家做了一辈子的松，黄山松是他除五针松之外最拿手的，我不找他找谁呢？何况，他从2015年在昆明答应我的约稿之后，一直还没有兑现。他的理由我其实很理解，年纪大了，脑子不灵光了。但是，黄山松不一样。我做好了被拒绝的准备，也做好了继续游说的准备，但没想到老人家居然很爽快地答应了。说起黄山松，依然宝刀不老。用他自己的话说，黄山松确实还没专门写过，他不想留下遗憾。

我大喜过望，跟老人家说，能写多大写多大，能写多长写多长，总之要一篇深入厚实的稿子，老人家也答应了，看来也正合他意。他很早就跟我说过，为了观察黄山松，他曾经十几次登上黄山，这样的苦功还有谁下过？

春节刚过，他就打来电话，说准备动笔了，让我帮他搜集一下关于黄山松的植物学资料，看来真的是拉开了很大的架势。但没几天又来电话，说身体有点不舒服。4月，他正式告诉我，身体可能出了比较大的问题，需要做个比较大的手术，原计划写的大文章可能不能如愿了，但他会尽其所能写篇相对简单的——他在信守自己的承诺。我很感动，同时掠过一丝不祥的预感。

6月，他把写好的文章发给我，说马上准备手术了。

原本是想完成一篇大作，让他这辈子对松的热爱和解读更加完美，没想到竟成了他此生的收官之作。荣幸？感动？遗憾？痛惜？都有吧。

▲一份牵挂，只在寻常之间

平平淡淡才是真。老人家对杂志的用心和牵挂全在不经意间流露出来。

听说我这里盆景作品图片积累不够充足，他把自己所有作品的照片分几次全都发给我，让我随时取用。偌大年纪，电脑不灵光，他先是找图片社帮忙发送，后来索性自己动手，竟也发送成功了。莫大的支持和信任，令我铭记于心。

据他女儿胡向阳后来和我讲，老人住上海她家的时候，父女俩常常一起逛花店。基本上每进一家，老人都会和店主人聊聊天。当店主人发现遇到了行家的时候，他就会告诉人家，你想多知道一些吗？那就订本杂志吧，《中国花卉盆景》就很好。看似举手之劳，但这帮我们拓展市场的心思就渗透在不经意的点点滴滴之中，润物细无声。

病榻之上，老人枕边唯一的读物就是《中国花卉盆景》，这是让人何其荣幸的事啊！如果不是他女儿拍了一张照片发给我，我还真无从知道。照片的光线很暗，枕头下露出了杂志的一角，刊名不全，但依稀可辨。此时此刻，我眼睛湿润了，心中涌动着的除了感动，还能有别的吗？

▲一次探望，注定生死诀别

2018年2月，春节之后，我们通了一次电话，明显感觉老人家的声音没有以前那么洪亮了。我还逗他："您这回感觉好了吧？""也没太好。"耄耋之年，竟回归了孩子一样的无助和简单，让我心里有一种痛。

2018年7月，老人进入弥留之际。我下定决心，一定要在他还能说话交流的时候去看他一眼，要不然我终生遗憾。可那时当期杂志的出版正在要劲儿的当口，我抽不出身。19日，杂志一送印厂，我就忙不迭地赶往温州。老人已陷入昏迷，从医院回到家里。幸运的是，我去的那一天他居然清醒了，虽然已不能说话，但意识很清楚，知道我是谁。他朝我点了一下头，然后一滴大大的泪珠从眼角滚落下来……他明白他这时候见任何人，都是永世的诀别。那份哀痛，令人不堪回首。

忽然想起，老人家和他牵挂的杂志，与这个世界告别的时间居然前后不超过半年，在他弥留之际，"她"也正在为自己的生存做拼死的挣扎。最后命运的同频，难道只是巧合吗？不，我们只能相信这是他们的缘分所致！

没人告诉他，此时此刻，"她"正在经历一场生死劫难，他始终活在"她"一定生生不息、蒸蒸日上的期望中，笃信不疑。他如果知道，自己一心一意牵挂的"她"在4个月之后就消亡了，该做何感想？他如果知道，"她"是经受了一言难尽的波折之后消亡的，又该做何感想？

所幸，他没有看到这一幕。

一位魂归天外的大师，一本戛然而止的杂志，曾经的交集，曾经的缘分，渐行渐远，令人唏嘘不已。但，他们历尽沧桑的足迹，他们划过天际的光芒，将铭记史册，长留世间。

2019年刘芳林在"胡乐国盆景艺术研讨会"上发言

11 | 我心目中的胡乐国大师

陈迪寅

每天走进自己的盆景园工作室，第一个映入眼帘的就是胡乐国大师亲笔题写的"润园"二字，有时我会不自觉地停下脚步仔细观望，仿佛在字中能找到胡老师制作盆景的艺术灵感。

认识胡乐国大师要追溯到 20 年前，当时金轮集团创建盆景园，我被董事长陆汉振调入盆景园，从事盆景园管理和盆景制作，后经朋友介绍，认识了这位德高望重的浙派高干垂枝创始人——中国盆景艺术一代宗师胡乐国大师。

我喜欢五针松，更喜欢胡老师创作的"向天涯""风骨""从容淡定""一览众山小""明月松间照"等许多五针松盆景作品，我虽然没有正式拜胡老师为师，但已是他的一位忠实粉丝。

2016 年底，应宁波绿野山居董事长袁心义邀请，我有幸在绿野山居百师苑工作了一年。这一年在我的盆景艺术生涯上是收获最大的一年。百师苑收藏了众多国内外盆景艺术大师和名家的作品，使我能亲手触摸到名家的盆景，那个时期，百师苑内收藏最多的是胡乐国大师创作的盆景作品，每一盆都是胡老师亲自培育多年的精品，因此我不但每天能观看胡老师的盆景，领略其艺术风格，而且在百师苑时常能听到胡老师的脚步声，这使我有更多的机会向这位老人家学习和请教。平时在修剪和整理他的盆景时，为了保持原有的风格，总要打电话询问一下胡老师，他对自己的每一盆作品的摆放位置和型态及生长情况都一目了然，总会详细耐心解答我的提问，并传授其养护管理经验，为此我更加敬佩这位和蔼可亲的前辈。

我与胡老师最后一次通电话是在 2018 年 3 月的一天，是胡老师打给我的。当时他说话声音很低，可他跟我通话有 5 分钟之久，后来了解到胡老师当时病情已非常严重了，但还是在关心盆景艺术并关怀着晚辈们，这对我来说是多么的感动和幸运，但也是我在某些方面留下的终身的遗憾。

陈迪寅和胡乐国老师为他题写的园名

　　胡老师虽然已经离开我们三年了，但他留下的盆景艺术财富取之不尽用之不竭，我们将永远怀念这位可敬可佩的盆景艺术大师。

　　胡乐国大师永垂不朽！

2021 年 6 月

12 | 斯人虽逝 风范永存

曹钢

斗转星移，岁月匆匆，他离开我们已有两年多了，他就是享有国际声誉的著名中国盆景艺术大师，浙派盆景艺术代表性人物，温州市非物质文化遗产保护项目《温州盆景》项目名录的申报者，"温州盆景"项目首位传承人胡乐国先生。

我认识他也有几十个年头了，亦师亦友，他为人忠厚，心地善良，对盆景制作艺术的研究有很深的造诣。早在20世纪90年代初，他在退休之前，把"温州盆景园"里的盆景细心地整理好拍照存档，让我来帮忙拍照。在拍摄的过程中，我更加了解了他对盆景艺术的不断追求和一丝不苟的精神。我们边拍边聊，每拍一盆盆景都给我介绍了各盆景的特点和最佳角度，发现画面有一点不顺眼的枝条立即给予修整，制作技法严谨，直到满意为止，他对在这里的盆景就像自己的孩子一样，精心呵护生机盎然。同时让我也学到了许多盆景艺术技法的基本知识，受益匪浅。

他提出的高杆垂枝的技法，是对松树盆景的立意观点，枝条下垂就像是自然界中的古松一样，显得更加苍老遒媚劲健，表现了松树独有的特性。师法自然而高于自然，一棵很一般的素材经他手制作出来的盆景，具有一种古雅拙朴、苍老虬劲的隽永之美，称他是盆景的魔术师也不为过。

作为一个国家级大师的艺术家，他从不高傲自大，且心怀若谷，平易近人。平时请教他的问题都耐心地给予解答，有几次我请他给我制作松树盆景，是有求必应，而且他还给配好了花盆，让人感激不尽。

在申报温州市非物质文化遗产保护项目"温州盆景"名录期间，他做了大量的准备工作，提供了许多相关温州盆景的历史和现状的详细资料。

近半个世纪以来，他悉心致力于盆景艺术的研究与创作，不断探索，为温州盆景艺术的普及和传承作出了卓越的贡献。

2021年2月25日于纽约

编者按：曹钢为摄影师。胡乐国著名的"向天涯"作品定型照的拍摄者即曹钢。

13 | 艺术里的宝贵真诚——忆恩师胡乐国闽山踏歌行

马树萱

　　我与恩师胡乐国相熟相知，在我的印象中他就是"向天涯"那棵傲然挺立的松树，展现出生气勃勃、豪迈奔涌的身姿，给人以一种抒情达志、风霜无惧、忘我奉献的乐观感受。他生前几十年指导推进闽东盆景艺术事业，古稀之年还多次深入闽山闽水，尽心尽责，倾注了大量心血，尤其在福鼎、霞浦，留下了闪光的脚印和德艺双馨的异彩。

　　恩师胡乐国为人谈吐不多，却不乏乐观主义精神。1988年他来福鼎，送我一个颇具收藏价值的蓝色釉盆，还风趣地说："景盆是盆景艺术的舞台，也是贮存繁衍艺术的沃土，就像如来佛掌天地宽阔。搞盆景就要学习孙猴子敢于斗法的精神。"恩师常以此富含深意的教诲，使我这个盆景的门外汉从中获得启发与灵感，认识盆景艺术创作需要智慧与勤奋、能力与努力，业余时日义无反顾地踏上求索盆景艺术的坎坷历程。

　　一路上恩师的指引像一盏明灯，经过20多年苦与乐的积累，我的盆景与根艺在全国大展上获有"最佳作品奖"、一等奖和二等奖，作品入编《中国当代盆景艺术》《中外盆景名家作品鉴赏》《中国根艺》等书，在国家级杂志上发表多篇论文与创作手记。1997年增补为中国盆景艺术家协会理事，1996年增补为中国根艺学术委员会常委。1999年被中国盆景艺术家协会授予"跨世纪中国杰出盆景艺术家"荣誉称号。2001年受聘担任福建省工艺美术《宁德》百花展评委。福建电视台多次播有个人专题片，《闽东日报》也多次刊登作品与专题文章，1990年举办了一次个人盆景和根艺展览，时任省委宣传部副部长、省文联主席许怀中，前福建省美协主席丁汀都为展览题字。艺术成果在福鼎撤县设市画册上刊照。

　　1998年、1999年我坐轮椅到上海做颈椎前后路手术，此后又腰椎间盘突出行动困难，不能再继续"爬坡"，只好"推着石头上山"，坚持在盆景艺术这个人造家园里。要说我对地方盆景的贡献，答卷就是恩师的言传身教，使我在福鼎园林艺术史上为后人留下一笔盆景艺术的最初记录。

　　恩师胡乐国不但在艺术思想上养育了我，在行动上还身体力行，他每次入闽总是走门串户先看盆景，再结合实际献艺讲台。

　　记得1996年一次杂木盆景座谈会上，恩师听了白琳镇叶金銮、王念奈二位同

2004 年马树萱和他的老师胡乐国大师的合照

好介绍，他们买有几十个树桩，刚起步学习盆景制作如瞎子摸象，很想请老师有机会现场指导。午餐时恩师要我安排饭后去白琳看看，我说白琳离城关 50 多里，山里公路多弯坎坷，要去还是午休后出发。恩师还是坚持"时间宝贵，饭后开路"。到了现场围绕因材施艺，几乎是看一个教一个。一站就是两个多钟头。大家都说胡老师是世界盆景名家，对乡下盆景爱好者如此用心奉献，实在难得，世间少见，确实是我们盆景的领雁人。正如潘仲连老师说的，恩师"一生实乃诲人不倦的表率"。

为了福鼎盆景春天的到来，他从与县委书记相谈，到为盆景爱好者传授技艺，一直都影响着福鼎盆景事业的发展，使盆协工作进一步得到政府的重视与社会的支持。

1992 年我参加海峡两岸盆景名花精品展，当时县里仅有两三部小车，特地安排一辆面包车到南京送展。1996 年我赴南阳出席中国根艺学术委员会常委扩大会，市长也特批按公差给予报销。每年举办一次盆景展览也形成制度，盆景成为地方文化的一个"亮点"，在两个文明建设活动中不断"派上用场"。我家因此被福建省妇联授予"五好文明家庭"称号，盆景文化的影响力与社会作用得到显现。

1999 年 10 月，霞浦花木盆景协会专程赴温州邀请恩师到霞浦讲授杂木盆景。恩师有关杂木盆景造型"杂种有序""似与不似之间"，具有山林风味的表现新意，在我们这里得到推崇与广泛采用。

恩师胡乐国一生跋涉于艺术之旅，上世纪 90 年代初，他与我谈论最多的，就是中国盆景艺术发展路向问题。不断警示："继承中国文化艺术传统的提法，一定要加上优良二字。"就是说继承前人的东西，一定要吸取前人健康的营养。在盆景表现上要继承"师法自然""苍劲健康"，真实反映自然客观的实在性。由于中国历史上连年战乱，天灾人祸，饱经忧患。"病态美""残缺美"成为古代文人墨客与旧时统治者抗争的一种审美创造。过去由于我们对这一审美态度缺少变通观点，盆景展览出现许多"畸形病弱""老态龙钟"的作品，有人还撰文把这些艺象拔高为"病残的身体，坚强的意志"等人杰形象。这种沾沾自喜，以弱代强，牵强过分，违背"宛自天开"原则的审美传递，也一度成为一些地方一些盆景爱好者的时髦追求。在海外一些朋友的眼里，所谓中国盆景艺术，就成了一道"陌生的风景"。

1992 年，在中国海峡两岸盆景名花研讨会上，两岸盆景艺术家在南京就共同关心的盆景艺术寻求共识，对中国盆景应该怎样革新发起了一场新的讨论。在我的意识里，恩师胡乐国又一次站在探求"革新"路向的最前沿，在《中国花卉盆景》杂志上发表了《盆景作品的健康美》等文论，吹响了盆景艺术"师发自然"健康发展的新号角。这个新号角，就是恩师一直殷勤警示，继承中国文化艺术优良传统，要吸取前人健康营养和弥新的思想。

2004 年，恩师胡乐国送我一本台湾梁悦美教授亲书赠给的《华风全国盆栽展》编书，并启示要认真吸取台湾盆景"健康才是美"的观点与技艺，为我认识台湾盆景艺术推开了一扇窗口。我对台湾盆景艺术家遵循自然运行的见地、精工极致的枝条修剪十分欣赏与崇拜。认为台湾与大陆在中国文化艺术传统审美的主体上心胸是一致的。中国园林"虽为人作，宛自天开"的艺术宗旨，也是大陆盆景美学的出发点。唐代雄强的书风，丰满的仕女画、气概宏大的诗篇，直至清代龚自珍的《病梅馆记》、当代赵庆泉大师深林幽竹、咫尺千里的水旱盆景，都是中国文化气度恢宏、追求健康美的主题歌。

进入新世纪，在继承中国文化优良传统的旗帜下，盆景界同仁不负时代重托，追回"文革"损失的时日，以往盆景"劫后余生"的"病态美"正变为"风华正茂"的健康美。盆景超凡之作，已异彩纷呈。这些都要归功于恩师胡乐国和老一辈盆景艺术家思想感情与心血的哺育。

由于我 2000 年搬家时，一箱照片资料全部遗失，历史成了残缺的记忆，难于再补。恩师踏着音乐的脚步走了，他把艺术里的宝贵真诚和盆景艺术春天留给人间，留给后代，留给他的学生们，回味往事，泪水又模糊了眼睛……

2021 年 1 月 30 日

14 | 音容宛在——怀念我的老师

石中泉

　　1993 年我和父亲陪同他就职公司的意大利老板参观江心屿温州盆景园，当时胡老师热情地招待了我们。那是我第一次近距离接触到老师，第一次惊讶于盆景的魅力。因为从西方商人的照相机里发现的不是我们取得的经济面貌和廉价商品，而是他们惊叹仰慕这带着民族文化特征、集宗教哲学、社会传统、地域环境、文化审美诸多于一身的盆景艺术。也正如日后老师一直所提倡中国盆景"民族性和世界性"的观点，这观点开辟了中国现代盆景理论发展方向，即诗情画意、风骨儒雅的中华民族独特的风格。

　　在艺道前行的日子里，因工作机会学习了日本盆栽技法，但日本文化的许多源头都来自中国，作为世界上的盆景职业人都会自然而然地关注着国内盆景的发展，当学海暮色迷茫，止步不前时，对我而言老师就是"灯"。因此每次回国总是带着国外所见所学去拜访胡老师，向老师讨教。探讨中老师从不计较我的冒昧直言，而且每次都能相谈甚欢，合影为念。在老师面前我总是孩子般兴奋地抢着描述刚学到的技术和审美的观点，一次老师听完，微笑着要我关注四个字："抒情，入画"，至今音容宛在……现在想想那就是中国盆景审美美学的基础。

　　人一开始学手艺，总觉得是自己的喜好而选择了职业，可走着走着，发现其实是这行业也看得起自己，才有缘遇到胡乐国老师。

　　1997 年因为喜欢盆景，回国一个人跑到扬州瘦西湖公园的盆景展参观（编者按：此时第四届中国盆景评比展览正在扬州举行），遇到老师，老师欣喜给我介绍了中国盆景历史地域文化所形成的各流派风格以及他的许多精辟见解。从此每次回国不管是探亲还是经商，一有时间空隙就去找老师，哪怕就聊几句都可获益非浅。获益不单是学业上的进步，更多收获于老师的品格为人。老师为人师表之魅力，诚如老师所要求的做树如人。也是对一个盆景人能提高发展之必备的要求。

石中泉和他的老师胡乐国大师在老师屋顶花园的合照

　　老师一生精品佳作无数，创作中往往是劣材弊品却能化腐为神，足以激励学生攀高涉远。一直在老师的关心下，侨居欧洲多年努力终于有一小园可供生计与创作，取名"中园"以励自己上承恩师先贤后启晚辈同好，传承发扬中华文明为人生价值。

15 | 学老师做个"赶时髦"的盆景人——谨以怀念恩师胡乐国先生

卞海

老师在我的印象中是位淡泊、谦和、纯粹、严谨的人，并且还是位赶时髦的人。"我老爸在盆景方面可是位赶时髦的人。"这是初次与向荣师兄见面时他和我聊天说的一句话。

记得，那是 2000 年的 10 月份，那是我来到温州平阳谢园工作的第二年。与老师相识不久，专程从平阳到温州拜访老师。事先与老师约好了时间。乘车大约 9 点就到了老师的住所，

老师与刘师兄已经等候着了，师母非常热情地准备了点心。与老师攀谈了一会儿，就上了楼顶盆景园观摩学习。并不太大的楼顶摆满了形态各异的盆景，主要以松树为主，也有少许柏树和杂木。这时老师与我聊到温州地区主要以制作松树为主，柏树的制作很少，有意让我制作棵柏树，看看手法进行些交流。当时我正有求教之意，便欣然地答应了。于是，就挑了棵柏树进行制作，老师在旁边仔细观看，并不时询问制作的原理，我也把一些困惑向老师求教。老师一直以谦和相互探讨的形式与我交流，让我从中受益匪浅。大约吃过午饭后向荣师兄也来了。初次见面，相互认识了一下我们就聊了起来。向荣给我的印象是位挺严肃的人，当聊起老师时他难得带些玩笑对我说："我老爸在盆景方面可是位赶时髦的人。"一句不经意的话却让我印象深刻。当时，和老师还不是很熟悉，但和老师不多的交流中，就感觉到老师对盆景的新的树种、新手法、新的形式的探索与认可。

随着时间推移，与老师接触和交流得越来越多。向荣师兄说的"我老爸在盆景方面可是位赶时髦的人"这句话在我心里就越发的深刻。老师在盆景方面不仅是个赶时髦的人，他还是位引领时髦的人。他提出的创作理念和创作形式至今还引领着中国盆景。

卞海在老师胡乐国大师家制作盆景——师徒愉快地讨论盆景制作

16 | 忆与胡老师的二三事

许挺立

记忆是一棵树。春来冬去，她生长着。萌芽抽枝，花开果落，……久而久之，留存下来时常窜到跟前的就那么几条老枝，愈久姿态愈发的动人。

胡老师在我的记忆里就有这么几条老枝——

倒倒落

有一次园林处同事一行十来人游天台山国清寺，"放生池"池壁一棵老榆树全身枝条朝水面泻去。

胡老师赞道："真有势，倒倒落！"（温州方言：顺势而下，气势磅礴）

十六年

那年正月初二，和沙开义一起给老师拜年。我问老师："黑松籽播到成型要多少年？""十六年！"至今还在疑惑：不是十五年？也不是十七年？不过快了，再过两年这些黑松就十六岁了！

真有力

一次和老师在温州大剧院看戴玉强个人演唱会，回家路上，老师说："好听，真有力！"

看老师的树，你会说："好看！真有力！"

"有空哎！"

老师喜欢音乐，我也是。弄到大剧院音乐会门票时总会给老师打电话。但老师常到各地去忙盆景，错过演出难免遗憾。

"有空哎！"是我听音乐会前听到最悦耳的声音。

胡乐国大师的学生许挺立

回忆是美好的，再艰难的过去，交给岁月，就算成了枯枝，也是我的心灵的"舍利"，老师，您说呢？

五、留痕——同行在古老艺术推陈出新的路上

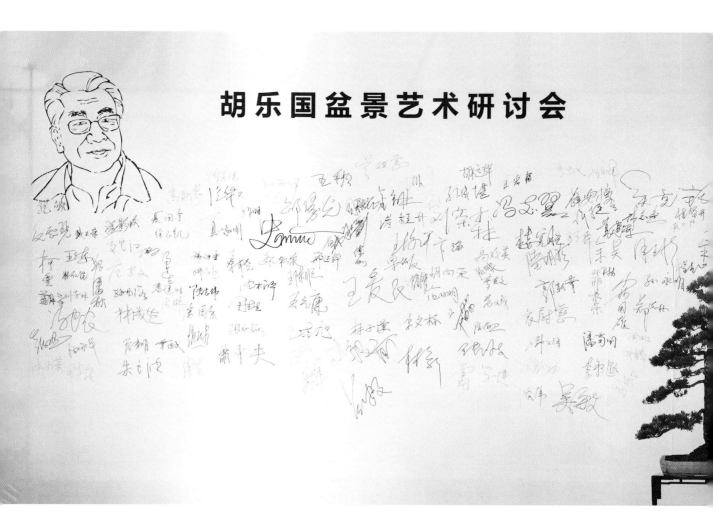

2019 年 8 月，胡乐国盆景艺术研讨会

2019 年 8 月，胡乐国大师去世一周年时，中国风景园林学会花卉盆景分会在大师的故乡温州市举办了"胡乐国盆景艺术研讨会"——会议当天遇上超强台风，但是来自日本和全国各地的分会代表，大部分国家级的盆景艺术大师都赶到了现场，会议几度全体热泪盈眶，场面非常感人。

2020 年 8 月，吕浦公园盆景园开园

2020 年 8 月，胡乐国大师去世两周年时，温州市政府命名了胡乐国大师参与建设的温州吕浦公园为盆景主题公园。主题公园开园时，大师的学生团体在公园举办了浙风瓯韵风格盆景展，之后，大师的学生轮流在盆景主题公园为市民举行盆景公益讲座，宣传和推广盆景艺术。

2020 年 8 月 11 日，温州吕浦公园盆景园开园仪式上部分胡乐国大师的好友学生合影

胡乐国大师的学生们为大众举行的盆景公益讲座，为盆景艺术的推广继续努力

2021 年 8 月，中国盆景艺术大师胡乐国盆景作品图片展

2021 年 8 月，胡乐国大师去世三周年时，他的后人和学生团队在温州市主要的文化场馆和图书馆。举办"中国盆景艺术大师胡乐国盆景作品图片展"，用文化教育和文化宣传的方式纪念这位卓越的中国国家级盆景艺术大师！

2021 年 8 月 10 日和 11 日分别在温州市文化馆和温州市图书馆开幕的"中国盆景艺术大师胡乐国盆景作品图片展"开幕

2021 年 8 月温州市文化馆"中国盆景艺术大师胡乐国盆景作品图片展"现场

2021 年 8 月在温州市文化馆举行的"中国盆景艺术大师胡乐国盆景作品图片展"现场

2021 年 8 月在温州市图书馆展厅举行的 "中国盆景艺术大师胡乐国盆景作品图片展" 现场

胡乐国大师的影响还在延续……

后记一：往事历历

胡向荣

父亲于我，亦师亦友亦父。我们共历人生几十载。俯仰一世，感慨系之。往事如云，浮现心头。

在我小时候，父亲在节假日常携家人往仙岩舅婆家住上一二日，常带我们姐弟一起去爬山，我们对大自然的热爱就是从童年和父亲的相处中开始的——

在梅雨潭，他告诉我们朱自清先生的"绿"，写的就是这里；

在化成洞，我们看到了那棵震惊世界的著名的"千年茶花王"金心茶花。

我们性格中的坚韧也是在跟着父亲爬山中形成雏形的——

那时我年幼任性，走得累了不想再前进，父亲便鼓励我坚持一会儿，再坚持一会儿，就能走到目的地了。这份坚持，成了我们姐弟的生活习性。

1990年我进入了温州园林管理处工作，和父亲成了同事，同时开始跟他学习盆景的制作和养护。此时，原妙果寺花圃内的盆景已迁移至江心屿景区。父亲是1994年退休的，在这短短的四年中，也和他一起经历了许多风雨：首先，温州盆景园所在地江心屿景区由原来的园林管理处划归鹿城区政府管辖，区政府在江心屿设立了办事处，这样温州盆景园就脱离了原园林系统的业务主管和专业渠道。其次，由于新的系统工作重心和关注点不同，父亲主持的盆景专业工作受到边缘化，使他不得不提前离开工作岗位，在无奈和悲凉的心境中告别了心爱的盆景园。这是我和父亲心中永远的痛。

作为在盆景艺术方面的老师，他对我的影响是非常深刻的，他把自己对盆景艺术和技术的理解用最接近生活和最通俗的语言及例子毫无保留地和大家交流：

· 我在初学盆景制作时，从底部的枝条开始一直往上整，到顶部时经常犯难：选哪条枝条作顶好？父亲告诉我不必刻意去做出一个顶来，就近的小枝条拉几条过来制成一块蓬型即可，他还告诉我其实自然界除了杉木类、银杏等有明显的树顶外，其它大部分没有明显的树顶，我在江心屿景区走了一圈，看到高大的香樟、榕树、榔榆等树木确实没有明显的顶部，只有一个硕大的树冠。回家找出父亲收藏的黄山松树相册看看：抚琴松、黑虎松莫不如此，最有特点的是那棵迎客松了，顶部只是一片，像撑开的一把大雨伞。

· 一次在省风景园林学会盆景艺术研究分会讲座上，父亲告诉学员枝条生于树干左侧的就让它放于左侧，哪怕右侧缺少枝条也别将左侧枝生硬地拉向右侧。这时他举了一个很贴切的例子：我人站在讲台前，讲台左边放着一只茶杯，我要喝水伸出左手去拿杯子，大家都会觉得很顺其自然，反之我若侧过身来用右手伸去拿，你们是否觉得很别扭？这时台下发出一阵会心的笑声。

· 另一次，他带我和一批学生参加制作实践。素材中一棵松树的同一部位长出两条粗细不一的枝条，父亲毫不犹豫地拿起剪刀将粗的那个枝条剪了下来。围观的人们心疼地问为什么剪粗的留细的，父亲回答说：树干相当于人的躯干，而树枝好比四肢；如果有一个人四肢与躯体一样粗，这个人还像人吗？树也同理，干粗枝细才顺理成章。此时众人无语，心中应是默默地佩服。

父亲在晚年才过上一段相对平稳的生活，但他没有像大多数人一样安享晚年，而是再次开始新的创作。他在自家楼顶的小天地里重新挥毫泼墨。"风骨""踏歌行""不了情""幽谷潜龙"等一大批传世之作皆于此间问世，同时他也笔耕不辍，写成了许多盆景艺术技术资料和多部专业著作，更是奔走在全国各地的展览和教学课堂上。

回顾父亲的一生，可谓困难重重，波折不断，但他的非凡之处，是他能在不顺的困境中，忍辱负重，坚毅前行，做出不寻常的业绩。这种精神也是我和姐姐用我们最大的努力把他一生主要的艺术作品、艺术探讨理论文章和艺术活动集结成书的动力。我们相信人生有涯，艺术无涯，祝愿父亲的艺术长青！

在本书的采写过程中，有幸得到父亲的老领导孙守庄先生、邹永治先生以及老同事付奕彬先生、翁时浩先生、许挺立先生、王金庭先生等多人的大力支持，在此向他们表示衷心的感谢！

2021 年 7 月　于温州

本书编著之一胡向荣和他的父亲胡乐国。1985 年拍摄于第一届中国盆景评比展览现场

后记二：风雨的洗礼

胡向阳

这本书应该说是"在暴风雨中诞生"的！

如果没有 2019 年 8 月 10 日"胡乐国盆景艺术研讨会"当天的那场史上罕见的强台风，如果没有在巨大的困难中依然义无反顾地来到温州的——

来自全国各地盆景协会的领导和代表，

数量众多的几代中国盆景大师们，

盆景业内人士和爱好者，

父亲的学生团队，

远途从日本到来的盆景艺术家。

——如果没有他们的意志，他们的热泪，他们的肺腑之言，我和弟弟向荣没有这样的勇气来面对父亲一生走过的路和做过的事。

如果没有这场暴风雨，我们不可能与父亲一起走过几十年的同行者们有如此特别的交集，他们对父亲的崇敬，对我们的鼓励，给了我们最大的力量。

研讨会和这场风雨过后，我们为研讨会出了一本纪念册，希望把这个感天动地的事件做个记录，和大家共同保存。这本纪念册得到了与会领导和大师们的认可，这样就更坚定了我们编写父亲艺术全集的决心，前辈们对我们这样说：这本书的重要性已不仅仅在某个人了！

——是啊，父亲的前半生所经历的，都是那个时代从零开始的大事件，当时信息传播落后，很多历史重要细节都没有或者没有完整的记录，而我们的父亲留下的大量工作笔记、现场记录照片，都能为那个时代做最好的佐证！而父亲的后半生，几乎没有了自我，他快乐地奔走在各个盆景园，各个会议和展会，直到他去世时，都还没有享受过一天颐养天年的老年生活。还有什么理由不做这么一件事情呢？

于是，我和弟弟向荣开始分工合作：他负责实地走访，沿着父亲的足迹，寻找他早年涉足过的每一个角落。每一段行程，他都给我发回所有的细节，加上图片或证据照片；有时候现场碰到意外收获或特别的感动，他会按捺不住给我拨打电话。有些他花了很大的精力和很久的时间考证出来的事实，最后在书中可能只有一句话；而另外一些，书中因篇幅原因都没有列入。因为我们只是希望书中的每一个字都踏实。

就这样，我们奋斗了10个月，所有事实核对和取证工作基本完成后，我才列了一个框架，非常认真地给赵庆泉老师写了一封信，希望他为这本书写"前言"——没有人比他更有资格了！赵老师只给我回了一句话：义不容辞！2020年10月，我们收到了赵老师的"前言"。它，如同定海神针，使得我们后面的工作非常顺利地进展下去。

8个月后，文字工作也接近尾声，为了使这本书的宽度走出我们作为子女的局限，我们向和父亲有过交集的部分业内人士发出了邀请，希望他们从他们的角度为这本书写一篇短文，和大家分享他们眼中的胡乐国，这样，父亲的形象就会更加立体，更加全面。

收到这些文章后，我和弟弟的心又一次经历了一场"暴风雨"：这些真诚，这些感动，没有经过如此心灵的碰撞是无法体验这字里行间的深情的，我们一次又一次地热泪盈眶。

希望这本书在告慰我们的父亲的同时，也是大家共同的回忆，以及是可以经常翻阅的参考书，抑或在将来，能为后面书写历史的人们提供一些事实脚注。

历时两年的书写过程中，要感谢的人太多了。毫不夸张地说，几乎涉及了国内大部分省份：认识的和不认识的人们从四面八方给我们发来历史照片，提供事件细节凭证，建议梳理思路等等，在这里就不一一写名字了，因为漏了谁都是不

本书编著之一胡向阳和她的父亲胡乐国

敬，而且我们实在无法全部列出，所以，我们以最诚挚的心，说一声：感谢！

最后我们想对我们的父亲说一声感谢：因为您，我们重新阅读了一次生命；因为您，我们感受到了来自四面八方无尽的温暖；这两年的书写过程，我们的生命也变得厚重有度，风雨难侵！

2021 年 8 月 5 日　于上海

"天地正气"，圆柏，高 102 厘米，获 1997 年第四届中国盆景评比展览金奖，胡乐国作品

参考文献　　References

- 《盆景艺术展览》，盆景艺术展览办公室，北京特种工艺画册编辑部合编，编辑：付珊仪，柳尚华；摄影：鲍载禄，刘春田等；1980 年

- 《中国花卉盆景》杂志，主办：中国环境科学学会；1985 年—2018 年

- 《五针松栽培和造型》，胡乐国编著，浙江科学技术出版社 1986 年版

- 《花木盆景》杂志，主办：湖北省绿化委员会；1986 年—2018 年

- 《中国盆景》，胡运骅著，万里书店 1987 年版

- 《中国盆景——佳作赏析与技艺》，胡运骅、韦金笙主编，安徽科学技术出版社 1988 年版

- 《中国盆景流派佳作荟萃——浙江盆景》，林伟新、方永熙摄影，广西人民出版社 1988 年版

- 《温州园林》，温州市园林管理处《温州园林》编委会编，海洋出版社 1989 年版。

- 《中国盆景造型艺术分析》，赵庆泉文，王志英画，同济大学出版社 1989 年版

- ***Bonsai of the World***，World Bonsai Friendship Federation（世界盆栽友好联盟）1993 年刊

- 《盆景学》，彭春生、李淑萍主编，中国林业出版社 1994 年版

- 《中国盆景流派技法大全》，彭春生主编，广西科学技术出版社 1998 年版

- 《温州盆景》（中国盆景艺术丛书），胡乐国编著，中国林业出版社 1999 年版

- 《中国盆景》，赵庆泉编著，朝华出版社 1999 年版

- 《中国盆景》，中国风景园林学会花卉盆景分会付珊仪主编，上海科学技术出版社 2002 年版

- 《中国浙派盆景》，胡乐国编著，上海科学出版社 2004 年版

- 《上海盆景赏石》，主办：上海市盆景赏石协会；2005 年—2006 年

- 《名家教你做树木盆景》，胡乐国编著，福建科学技术出版社 2006 年版

- 《树木盆景》（名家授艺十日通），胡乐国编著，福建科学技术出版社 2007 年版

- 《第七届中国盆景展览会拔粹》，第七届中国盆景展览会组委会编；2008 年

- *Introduction to Bonsai*，作者：Robert Kempinski，Haskill Creek Publishing 2008 年版

- 《盆景的形式美与造型实例》，肖遣编著，安徽科学出版社 2010 年版

- 《中国盆景学术论文集》，中国花卉盆景协会编印，1989 年；《中国盆景论文集》第二集，中国风景园林学会花卉盆景分会，1997 年；《中国盆景学术论文集》第三辑，中国风景园林学会花卉盆景分会编，华中科技大学出版社 2012 年版

- 《2013 国际盆景大会纪念》，张福堂、汤卫华主编；2014 年

- 《浙风瓯韵盆景作品集》，胡乐国主编，中国民族摄影艺术出版社 2015 年版

- 《胡乐国盆景作品》，胡乐国著，浙江大学出版社 2018 年版

- 《浙江盆景》，浙江省风景园林学会盆景艺术分会编，王爱民、王陈顺、朱炜主编，浙江摄影出版社 2019 年版

图书在版编目（CIP）数据

向天涯：中国盆景艺术大师胡乐国艺术全集 / 胡向荣，
胡向阳编著 . — 杭州：浙江大学出版社，2022.3
ISBN 978-7-308-22358-4

Ⅰ . ①向… Ⅱ . ①胡… ②胡… Ⅲ . ①盆景－观赏园
艺－中国－图集 Ⅳ . ① S688.1-64

中国版本图书馆 CIP 数据核字 (2022) 第 032129 号

向天涯：中国盆景艺术大师胡乐国艺术全集

胡向荣　胡向阳　编著

责任编辑　李海燕

责任校对　孙秀丽

装帧设计　雷建军

出版发行　浙江大学出版社
　　　　　（杭州市天目山路 148 号　邮政编码 310007）
　　　　　（网址：http://www.zjupress.com）

排　　版　杭州棱智广告有限公司

印　　刷　浙江海虹彩色印务有限公司

开　　本　889mm×1194 mm　1/16

印　　张　46.75

字　　数　600 千

版 印 次　2022 年 3 月第 1 版　2022 年 3 月第 1 次印刷

书　　号　ISBN 978-7-308-22358-4

定　　价　480.00 元